「複合林産型」で創る国産材ビジネスの新潮流

川上・川下の新たな連携システムとは

遠藤日雄 著

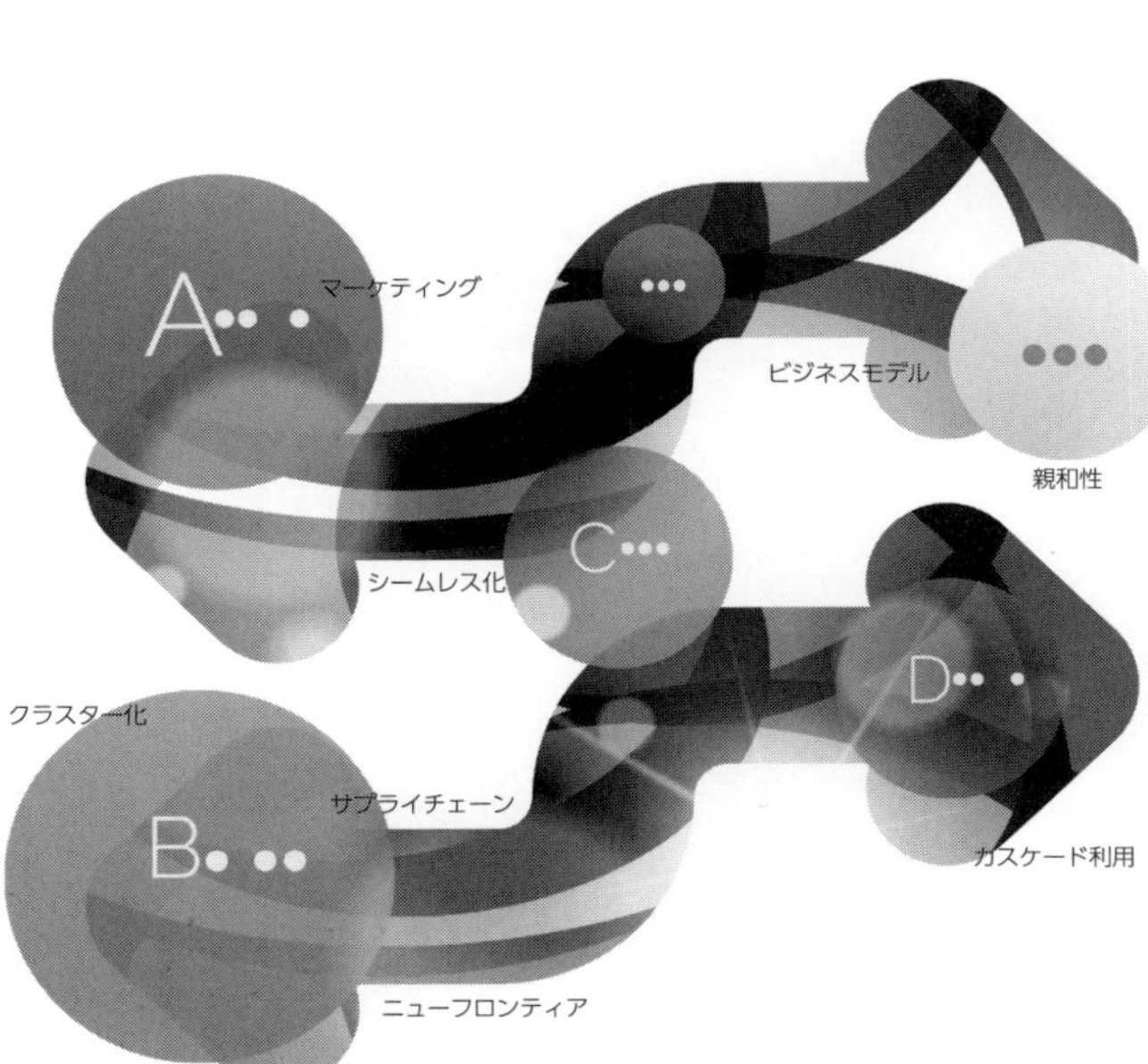

全国林業改良普及協会

まえがき

国産材業界が激変している。じつに目まぐるしく変わっている。2000年代に入って始まったこのドラスティックな変化をどのように理解したらいいのか？　そして「激変」の「先」をどう読んだらいいのか？　本書の目的はこの全体的な構図を明示することである。道は険しそうだ。だが怯《ひる》んでいるわけにはいかない。なぜなら「激変」の「先」に国産材のビジネスチャンスが確実に見えるからだ。国産材業界はいい線を行っている。かつてこれほど躍動感にあふれた国産材業界はあっただろうか。

その全体的な構図を明示するためには「我々はどこから来たのか？　我々は何者か？　我々はどこへ行くのか？」というゴーギャンの有名な絵のように、まず国産材業界の激変はいつどのようにして起こったのか、その経緯を明らかにしなければなるまい。次いで「激変」の「現在」を抉《えぐ》り取り、それがいったい何を意味しているのかを考察する必要がある。そしてこれらを踏まえて「激変」の「先」を読み取る作業が求められる。

そのためにはしっかりとした議論のフレームワークを設定する必要がある。そこで本書では「川下の激変に川上はどう対応すべきか」という議論の大枠を設けた。「激変」を直視すると、それは川下を中心に起きている現象であることは誰の目にも明らかである。これに川上がなかなか対応しきれていないのが偽りのない姿だ。この乖離をどう埋めて国産材業界が全体として発展していくべきなのか、この問題意識を議論の中心に据えた。

それを念頭に、次のような叙述方法を採った。文字通り「激変」を巨視的に捉えていこうというもので、次の第1章〜第4章で構成されている。まず「マクロ解説編『複合林産型』ビジネスの創造」を設けた。

《第1章「複合林産型」ビジネス創出に向けて》

ゴーギャンの「我々は何者か」に該当する章として位置づけたい。「何者」とは名前や身分の不明な者の謂《い》いである。それに対して「複合林産型」ビジネスという名称がふさわしいのではと考え、その理由や背景を説明している。

《第2章「複合林産型」ビジネス形成の条件》

ここではさらに議論を進め、どのような条件が整えば「複合林産型」ビジネスが形成されるのか、つまり名実ともに「複合林産型」ビジネスの輪郭が整うのか、その条件を事例を含めて考察している。

《第3章「複合林産型」ビジネスへ至る道筋》

この章はゴーギャンの「我々はどこから来たのか」に相当する。ここでのキーワードは3つある。「柱取り林業」「柱取り製材」「木造持ち家本位」政策だ。戦後の森林・林業・木材産業政策はこれらが三位一体となって展開してきたが、現在それが行き詰まりの観を呈している。その延長線上に「複合林産型」ビジネスが芽ばえてきたことを、歴史的な視点から明らかにしている。なお「柱取り林業」「柱取り製材」「木造持ち家本位」は本書全体を貫くキーワードでもある。

《第4章　新たな国産材輸出ビジネスの胎動》

この章はゴーギャンの「我々はどこへ行くのか」を考えるために設けた。ではなぜ今、国産材輸出ビジネスなのか。それはここ数年の国産材輸出ビジネスを「環太平洋」という視点で整理していくと、国産材の計り知れないビジネスチャンスが見えてくるからだ。環太平洋の一角に浮上した森林大国日本の血湧き肉躍る「激変」の「先」を提示した。

マクロとくれば次はミクロだ。マクロを総論とすればミクロは各論にあたる。そこで「ミクロ解説編　国産材業界の経営・技術革新」として、次の第5章～第8章を組んでみた。

《第5章　木材流通の経営・技術革新の事例》

この章は「川下の激変に川上はどう対応すべきか」という本書のテーマを事例で肉付けることを目的としている。2つの事例を紹介している。

〈その1〉は「川上・川下の利害を超えた連携流通ビジネス―東信木材センター協同組合連合会」である。川上・川下を宿命的な対立と捉えるのではなく、双方が連携すれば国産材のビジネスチャンスが確実に膨らんでいくことを力強く示している。

〈その2〉は「川下で創出された実需に川上はどう対応すべきか―その〝解〟を示唆する群馬県森林組合連合会渋川県産材センター」である。川下で創出された実需に川上は組織的にどのように対応すべきか？　渋川センターはその1つの〝解〟を明示している。

《第6章　「A材問題」打開に向けた経営・技術革新》

ここでは「A材問題」の打開策を考えるため、3つの事例を紹介している。いずれも地に足を付けた身近な領域から「A材問題」打開のヒントが得られる。

《第7章　「スギ大径材問題」とその打開策》

現在、南九州を中心に深刻化している「スギ大径材問題」とはどのようなものか？　それをどう打開すべきか？　いくつかの事例をもとにそれを考えてみた。

《第8章　皆伐跡地の再造林をどうするか》

川下を中心に激変している国産材業界であるが、その一方で川上では皆伐跡地の再造林が遅々として進まない。川上・川下双方にとってじつに悩ましい問題だ。皆伐跡地の再造林をどう実現していくか。ここではその手法を3つの事例をもとに考察してみた。いずれも示唆に富む取り組みである。

マクロ解説編及びミクロ解説編を補足するために巻末に「補注」を設けた。用語解説を兼ねているが、1つのテーマ（例えば「森林盗伐」）に関するコラムとしても読んでいただけると思う。

年代表記は原則として西暦とし、その後に元号（M〈明治〉、T〈大正〉、S〈昭和〉、H〈平成〉と略記）を算用数字で記した。また丸太、原木、素材という言葉は、そのときどきの状況に応じて使い、一般の読者にも読みやすくしたつもりである。

2018（H30）年9月

遠藤日雄

目次

マクロ解説編　「複合林産型」ビジネスの創造

第1章　「複合林産型」ビジネス創出に向けて

第2章　「複合林産型」ビジネス形成の条件

第3章 「複合林産型」ビジネスへ至る道筋

第4章　新たな国産材輸出ビジネスの胎動

―丸太から製材品への可能性を探る―

ミクロ解説編　国産材業界の経営・技術革新

第5章　木材流通の経営・技術革新の事例

第6章 「A材問題」打開に向けた経営・技術革新

第7章 「スギ大径材問題」とその打開策

第8章 皆伐跡地の再造林をどうするか

第1章
「複合林産型」ビジネス創出に向けて

「日向の国」から「複合林産型」ビジネスの〝曙光〟

「日向の国」と書いて「ひむかのくに」と読む。『日本書記』に曰く「是の国は直く日の出づる方に向けり」と。その「日向の国」から新たな国産材ビジネスの〝曙光〟が見え始めた。

〝曙光〟をもたらしているのは中国木材・日向《ひゅうが》工場だ（**写真1-1**）。2013（H25）年、宮崎県日向市の細島港を臨む14万坪の広大な工業団地に進出、翌2014（H26）年9月に未利用材（小径材）製材ラインが稼働、以後計画どおりに建設が進み、現在その輪郭を整えてフル稼働している。注文に生産が追いつかないほどの繁忙を極めている。

当初の計画では、スギ原木（丸太）を年間30万㎥製材すると公表して林材業関係者の度肝を抜いたものだったが、いとも簡単にこれをクリア、現在、年間50万㎥超体制を確立している。これだけでも驚きだが、さらに同じ敷地内で第2工場（スギ中径材製材工場と木質バイオマス発電施設）の建設が始まっている。製材は2019年5月、発電は2022年稼働予定という。第1、第2工場を合わせると100万㎥の丸太消費量になるというから、国産材業界史上初の超大型製材工場の誕生となる。

中国木材・日向工場に注目したのは、その製材規模の巨大さもさることながら、この工場が「激変する国産材業界」の「先」を示唆しているからだ（補注、244頁）。

日向工場はスギ集成管柱《くだばしら》（補注、244頁）の生産工場である。したがって製材の中心は中径材からのラミナ挽きになるが（**写真1-2**）、小径材、大径材製材も基本はラミナ挽きである（一部、タルキ、野縁、間柱などのムク製品も製材）。

ラミナは乾燥（天然乾燥+人工乾燥）した後、集成材工場に運ばれ、強度、含水率を計測し、接着、積層して集成管柱に仕上げられる。製材・加工→集成材の生産ラインの概略はこのようになる。

写真1-1　中国木材・日向工場の鳥瞰図
出典：中国木材

写真1-2　中国木材・日向工場のメイン・スギ中径材製材ライン

写真1-3　手前が木質バイオマス発電施設、後方は熱供給施設

製材経営3つのコンセプト

日向工場の製材コンセプトは3つある。第1は森林（スギ人工林）から出た丸太は小径材から大径材まですべて受け入れ、もうこれ以上製材できないところまで徹底的に使い尽くすことである。そのために元口1mまでのスギ大径材の剥皮《はくひ》が可能なリングバーカーを特注したり、大径材のバチ取り機を設置するなど、年々増加しているスギ大径材を積極的に受け入れる体制を整えている。

第2は製材の副産物である木材チップをマテリアル用とサーマル用に分別し、前者は製紙メーカーへ販売し、後者は工場内に併設する木質バイオマス発電施設（1万8000kW）及び熱利用施設（**写真1-3**）の燃料としてボイラーに投入することである。

写真1-4は日向工場に搬入されたスギ小径材（未利用材）の仕分け・選別風景だ。他の製材工場や木質バイオマス発電所なら、この程度の丸太は

写真1-4　スギ小径材（未利用材）をマテリアル用とサーマル用に仕分け・選別

十把一絡《じゅっぱひとから》げ、チップにしてボイラーへ投入するが、ここではご覧のように製材用と燃料チップ用に仕分け・選別している。この写真では社員の手作業で仕分け・選別作業を行っているが、いずれ機械選別ができるようにと計画している。

マテリアル用とサーマル用の分別にここまでこだわりを見せているのは、堀川保幸会長の製材経営哲学（後述）が末端まで浸透しているからにほかならない。

第３のコンセプトは国産材製材工場なのに臨海型というビジネスモデルを採用したことである。細島港は外港ルートを確保したコンテナ港だ。既に製材品の輸出を始めており、２０１６（H28）年は約８０００㎥の製材品を中国、台湾、韓国へ輸出している。

第１、第２のコンセプトをここでは「複合林産型」ビジネスと名付けたい。第３のコンセプト、すなわち臨海型は、今後の少子・高齢化に伴う新設住宅着工戸数の減少や深刻化する空き家問題などに対応し、海外に需要を求めるためだ。

しかし臨海型といっても海の向こうだけを視野に収めているわけではない。内陸にも心憎いばかりの目配りがある。九州の地図を開くとわかるように、日向の背後には諸塚、五ヶ瀬、高千穂（宮崎県）、県境を越えると小国（熊本県）、日田（大分県）、八女（福岡県）という九州でも屈指の充実したスギ人工林地帯が1つの帯のように連なっている。

製材経営にとって、原料丸太の採算圏は100km前後といわれているが、日向にコンパスの芯をあて半径100kmの円を描いてみると、これらの人工林がほぼ円内に収まる。背後の豊富な森林資源を利用しながら、海外へも視野を広げるには、日向はもってこいの場所なのだ。

競争力の源泉は「複合林産」力

中国木材の堀川会長は日向工場をこれからの「国産材製材の成功モデル」にしたいと、穏やかな口調ながらも信念をにじませて次のように語る。

「『複合林産型』ビジネスといっても、はじめに木質バイオマス発電ありきではない。出材された丸太は大中小にかかわらず徹底的に製材し尽くし、残りをボイラーへ投入するのが森林利用の本来の姿だ。日向工場ではこれまで産業廃棄物として邪魔者扱いされていたバーク（樹皮）も燃料としてボイラーに投入している。また工場内で発生したおが粉を燃料用倉庫に集めるためのベルトコンベアを設置した。これによって丸太の利用率は110〜120%にアップした」。

また日向工場が国産材製材でありながら臨海型であることについては、次のように力説する。「シンクタンクが今後の新設住宅着工数を予測している。10年後には50〜60万戸に減少するというのが各社共通の予測のようだが、もっと落ち込む可能性もある。少子・高齢化に加え、現在、日本列島には820万戸の空き家がある。〝家賃総崩れ〟

時代の到来は目前だ。下手をすれば50万戸を割るかもしれない。それに伴って製材品の国内需要が激減する。日本の森林の有効利用を考えれば、どうしても海外輸出を考えざるをえない」。

スギ集成管柱の競争相手は欧州産ホワイトウッド（ＷＷ）集成管柱だ。そのＷＷは日本の集成管柱市場の７～８割と圧倒的なシェアを占めている。日向工場はそれと真っ向から競争するという明確な意図のもとに開設された。そしてその競争力の源泉になるのが「複合林産」力というわけだ。その「力」は着実に発揮されており、ＷＷ集成管柱との熾烈な価格競争が展開されている。「注文に生産が追いつかない」と先述したのはこのためだ。

マクロ解説編第2章で詳述するが、２００６（H18）年頃から世界の針葉樹丸太の価格が高騰し、２０１７（H29）年は年頭から米材の高値品薄状態が続いている。わが国米マツ製材最大手の中国木材ですら、原料の米マツ丸太を入手するのに苦労しているという。堀川会長（当時社長）は、佐賀県伊万里に木材コンビナート（補注、２４６頁）を立ち上げたその頃（２００２〈H14〉年）から、近い将来、外材入手が困難になる時代が必ずやってくる、今のうちから大型国産材工場を中核としたインフラ整備の必要があると語っていたことを思い出す。当時は国産材需給が最悪で、国産材業界の「先」が不透明だったにもかかわらず、今日の状況を読み取った慧眼《けいがん》力にはただただ敬服するばかりである。

地域完結「複合林産型」ビジネスを志向するトーセン

中国木材・日向工場の「複合林産型」ビジネスは暁天《ぎょうてん》の星ではない。ウッティかわい（岩手県）、協和木材（福島県）、トーセン（栃木県）、二宮木材（同）、銘建工業（岡山県）、中国木材・伊万里事業所（佐賀県）、松本木材（福岡県）、ウッドエナジー協同組合（宮崎県）など、綺羅《きら》、星のごとく日本列島北から南へ多数立地している。

なかでもトーセンが推進している「複合林産型」ビジネスは、中国木材・日向工場が1企業完結であるのに対して、地域完結「複合林産型」ビジネスを実践している点で、地域創生のヒントを与えてくれる。

トーセンは「母船式木流システム」でその名が全国に知られている。同社が名付けた「ウッドロード」（群馬から鹿沼、日光、八溝山系にかけて北関東を斜めに横切る形で賦存する成熟した人工林。**図1-1**）に母船6工場と17のキャッチャーボート工場が分業・連携して非公式なネットワーク（補注、247頁）を組みながら、製材加工、販売事業を展開している。同社はもともとスギ小径木製材（母屋・桁）からスタートしたが、徐々に力をつけ、KD柱角・間柱、集成材、木質バイオマス発電・熱供給事業と着実に「複合林産型」ビジネスを進化させてきた。

そのなかで注目したいのが同社自らが命名した「那珂川モデル」だ。栃木県那珂川町を舞台に「製材＋木質バイオマス発電＋熱供給」の「複合林産型」ビジネスを実践し、磨きをかけている。同町は栃木県北東部、茨城県に隣接する過疎の町である。人口約1万7000人、産業といえば農業（稲作＋イチゴ栽培）以外これといったものはない。

過疎化のなかで町立那珂川中学校が廃校を余儀なくされたが、その跡地を利用して、「那珂川モデル」すなわち〈製材工場（県北木材協同組合那珂川工場。主としてスギ柱角と間柱を製材）＋木質バイオマス発電事業（自社消費と売電）＋温水木質バイオマスボイラー設備による熱利用事業〉ビジネスを推進している（**写真1-5**）。

木質バイオマス事業の原料（木材チップ）は、製材端材のほか、「木の駅プロジェクト」（地域住民による林地残材収集）で集荷した間伐・未利用材をチップ化してボイラーに投入し発電・熱供給を行っている。熱は自社製材工場の人工乾燥に供するほか、工業用、養鰻業、ハウス栽培（マンゴー、

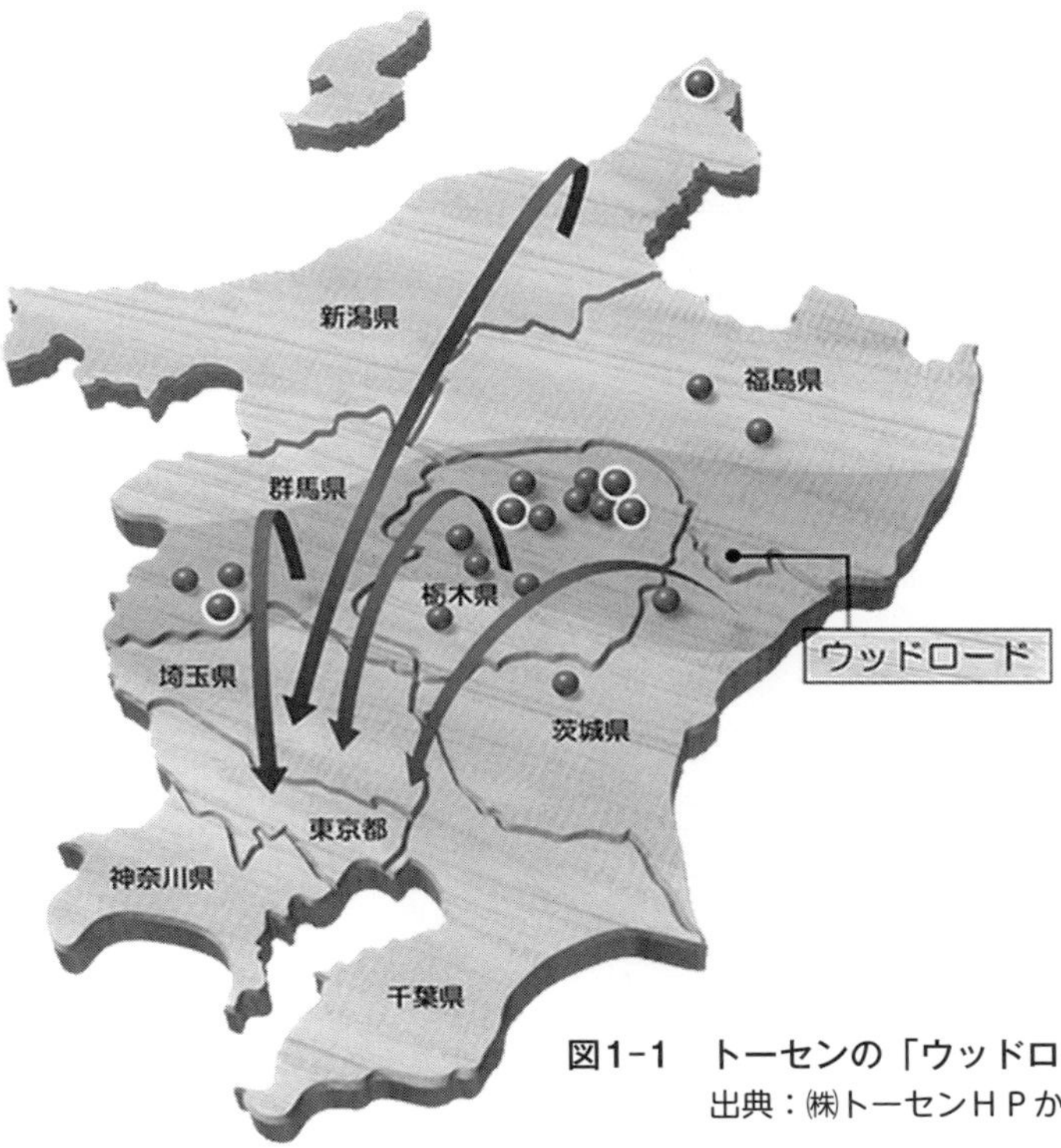

図1-1　トーセンの「ウッドロード」構想
出典：㈱トーセンＨＰから引用

写真１-５　廃校跡地を利用したトーセンの「那珂川モデル」（製材工場）

ナスなど）に利用している。

ユニークな点は地元商工会と連携し、「木の駅プロジェクト」で納入された間伐材の対価として「地域通貨」（**写真1－6**）を支払っていることだ。末口径6cm以上、長さ1m以上の丸太を5000円／t前後で買い取っているが、その際、現金代わりに「地域通貨」（地域振興券「森の恵《めぐみ》」）を支払っている。この資金源は県北木材協同組合、那珂川町、森林組合、商工会、林業振興会、そしてトーセンの寄付金である。この「森の恵」は町内55の店舗で使用できるが、最も多いのは肥料購入に充てるもので、次いで電気製品、食品、寝具などの順になっているという。

以上とは別に、那珂川工場から車で10分の場所に、大型木質ボイラーを設置（2016〈H28〉年）した（**写真1－7**）。那珂川工場から木材チップを供給し、目と鼻の先にある住友金属鉱山シボレックス・栃木工場へパイプを通じて蒸気を販売している。住友金属にしてみれば重油の節約に繋がることになるし、さらに工場から戻ってくる温水（90～95℃）の余熱を利用してビニールハウス農業施設（那珂川町地域資源活用協同組合）でマンゴー、ドラゴンフルーツ、トマト、ナスの栽培をしている。ここで栽培されたナスは「バイオナス」の〝銘柄〟が定着し消費者にも好評だという。

東泉清壽・トーセン社長が熱っぽく説く。「中東からコストとリスクをかけて運んできた石油を使うよりも、『那珂川モデル』を実践することによって地域経済発展に寄与できる。『那珂川モデル』を数珠のように繋げることによって地域創生は可能だと確信している」。

さらに東泉社長は「複合林産型」ビジネスこそが外材に対する競争力の源泉になると次のように持論を展開する。「わが国の製材業は『歩留まり50％』で外材（特に欧州材）と競争してきたが、これでは勝負にならない。欧州では森林資源のフル活用が製材競争力の基盤になっている。例えばドイツの場合、立木の50％を製材用に、残りの20％

写真1-6　地域通貨「森の恵」
出典：㈱トーセン

写真１-7　中央上がチップボイラー、左が住友金属鉱山工場、右下が養鰻、右上が果物、野菜の温室栽培
出典：㈱トーセン

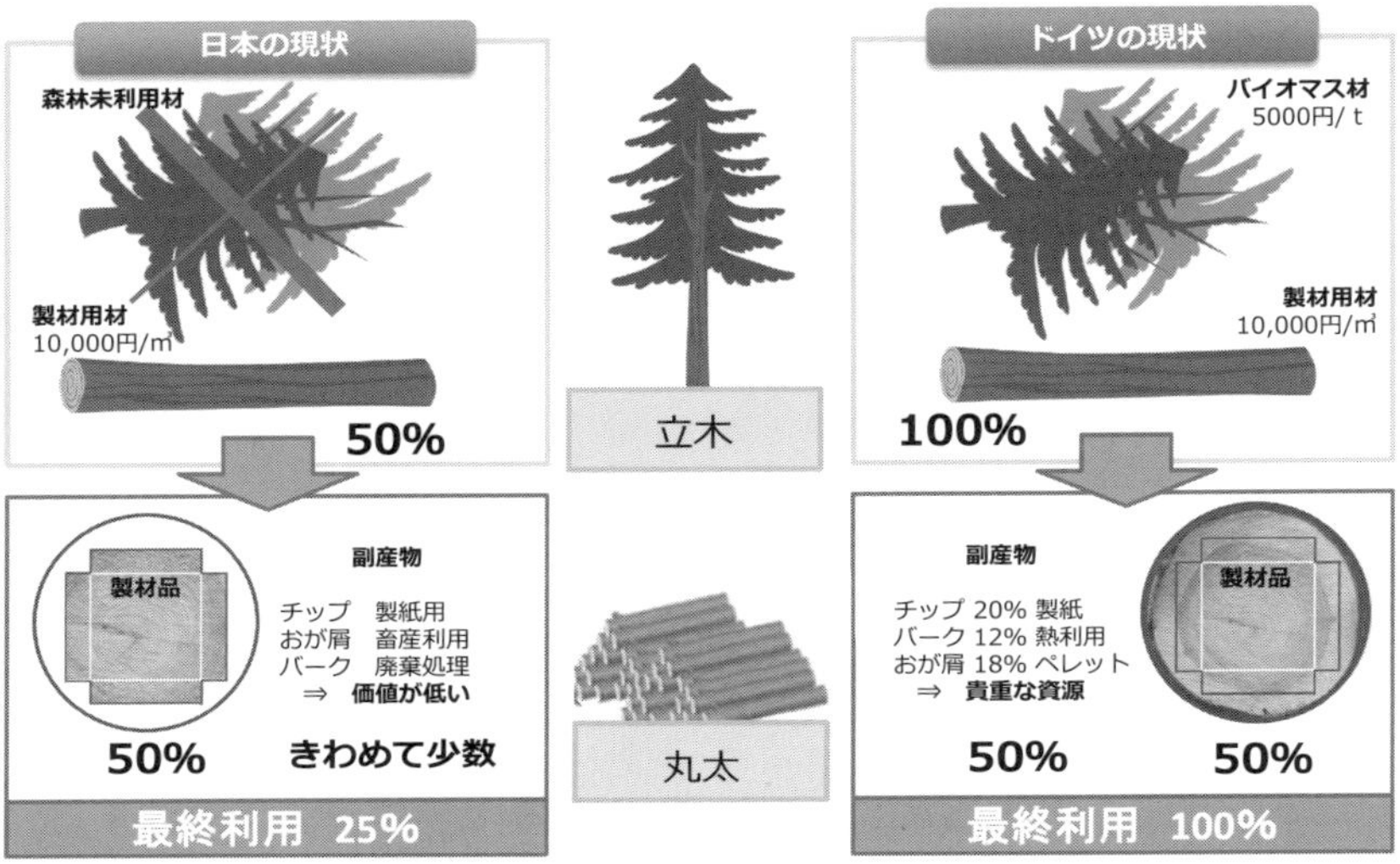

図1-2　「複合林産」力の日独の違い
出典：㈱トーセン

をチップにして製紙用に、18％のおが粉をペレット用に、12％のバークを発電・熱利用にと100％利用している（**図1-2**）。これに対して日本は製材用の50％以外の有効利用に積極的に取り組んでこなかった。これが彼我の競争力の差だ。今こそ『複合林産』力で『歩留まり50％』から脱却すべきだ」。

グループ完結「複合林産型」ビジネス
―ファーストプライウッド、ウッティかわい、川井林業―

「複合林産型」ビジネスはグループ単位でも形成されつつある。青森県六戸町にわが国最大級の国産材ＬＶＬ（補注、２４７頁）工場を建設した飯田グループホールディングス（以下、飯田ＧＨＤと略称）の木材ビジネスからその姿勢を明確に読み取れる。

ＬＶＬ工場（**写真1-8**）を運営するファースト

写真1-8　ファーストプライウッドの工場風景

プライウッドは飯田ＧＨＤが１００％出資し、これに川井林業（岩手）、日新林業（島根）、青森県森林組合連合会が共同出資する形で２０１４（Ｈ26）年に設立された。

翌年秋にはＪＡＳ（日本農林規格）の認定を取得し、年間12～14万㎥の国産材丸太消費ベースで順調にスタートした。今年４月には新工場（青森プライウッド。年間スギ丸太消費量10万㎥）の建設操業を公表し、国産材業界をアッといわせている（現在の工場は長さ４ｍのラインに設定しているが、いずれは６ｍ、８ｍの長尺材に対応可能なラインへバージョンアップする計画。また２×４も生産品目に入れる予定）。

現在、わが国にはスギＬＶＬ工場は５～６社あるといわれているが、ファーストプライウッドの工場はその敷地面積（東京ドーム４個分）といい、生産規模・生産性といい、他社の追随を許さない。

ところでなぜ製材や集成材工場ではなくＬＶＬなのか。同社の澤田令社長はその理由を次のように語る。「製材は丸太を四角にするだけだ。製材歩留まりは40～50％、これでは国際競争に耐えられない。これに対してLVLの歩留まりは、合板同様60～70％に達する。またLVLは強度や寸法精度など建築材料としての完成度が高い。〝これからの商品〟として非住宅分野を含めた新たなマーケットが期待できる。10年前からLVLをやってみたいと考えていたが、今がチャンスと判断した。LVLは合板と違って国内に量産工場がない。これからが勝負だ」。

澤田社長がLVLを〝新たな商品〟と位置づけるにはそれなりの理由がある。第1はLVLが強度性能が担保された工業製品（エンジニアードウッド）であること。現在は筋交い、母屋・桁、タルキなどとして使われているが、今後は柱や梁としても利用が可能である。第2はLVLは平行合板と通称されるように軸材としての利用が一般的であるが、直交層を入れたLVB（補注、247頁）は面材としても使えるため、用途がさらに広がる可能性が強いこと。第3は、今後はカナダ産のSPFが主流になっているツーバイフォー（2×4）（補注、251頁）住宅材としても使える可能性が大きいこと。特に2×6材や2×10材などのサイズにも柔軟に対応できるのがLVLの強みである。

ファーストプライウッドの工場がある六戸町は、青森県三八上北地域に位置している。ここには公社造林を中心に豊富なスギ人工林が賦存している。また北に足を延ばすと、下北半島に国有林のスギ人工林が潤沢にある。加えて同工場から八戸港まで車で約30分。八戸港は青森、むつ小川原と並ぶ青森県の重要港だ。不言実行・不撓不屈《ふとうふくつ》の澤田社長は口にこそ出さないが、やがて国産材LVLの2×4部材を八戸港から北米に輸出することも視野に入れているに違いない。こう考えると、六戸工場の国際競争力に対する優位性が窺い知れる。

ところで澤田社長はウッティかわい（岩手県宮古市）とその関連会社川井林業（同）の社長でもある。ウッティかわいは3つの事業からなっている。

すなわち、

①製材事業（最新鋭のワンウェイチップキャンター ラインで、３人で年間４万㎥の丸太を消費）、

②集成材製造事業（２工場で年間25万㎥の丸太〈スギ、カラマツ、アカマツなど〉を消費。構造用集成材工場では国産材丸太使用量日本一）、

③木質バイオマス発電事業（５８００㎥）、

である（３事業所とも岩手県宮古市）。

一方、川井林業には本社工場（岩手県宮古市）と雫石工場（岩手県雫石町）があるが、両工場ともウッティかわいへラミナを供給する工場である。ウッティかわい、川井林業による年間丸太消費量は、現在20～30万㎥であるが、ファーストプライウッドが本格稼働すれば40～50万㎥に増加することになる。

現在のところファーストプライウッドと〔ウッティかわい＋川井林業〕の直接的な関係はないものの、グループ全体で「複合林産」力を強化するために〝次世代の森林造成〟の検討に入り、徐々に連携体制を整えている。

以上のように、川井林業がグループ全体として「製材＋集成材＋ＬＶＬ＋木質バイオマス発電」の「複合林産型」ビジネスを実現している（**図１-３**）。

澤田社長はこれを次の言葉で総括する。「木質バイオマス発電という新たな需要先ができたことで、これまで二束三文だったＣ材、Ｄ材の価値が高まっている。製紙用チップなど既存の流通ルートに支障をきたさないよう配慮しながら、ＦＩＴ制度（再生可能エネルギーの固定価格買取制度）をうまく利用して山元還元を増やしていきたい。欧州の「複合林産型」企業は、紙・パルプから製材、集成材、ＬＶＬ、ＯＳＢ（補注、２４９頁）などあらゆる製品を手がけることで全体の歩留まりを高めている。日本の『複合林産型』ビジネスを考えるうえで大いに参考になる」。

図1-3　ファーストプライウッド、ウッティかわい、川井林業の位置

広がりを見せるグループ単位の「複合林産型」ビジネス

グループを単位とした「複合林産型」ビジネスは、今後さらに広がる様相を見せている。世界製紙業界ベスト5に入る王子ホールディングスの『決算・経営説明会資料』（２０１４〈H26〉年5月）には、「もはや製紙企業ではない」を謳《うた》い文句に、グローバルな視点から「総合林産事業戦略」を重点的に推進していくことが明記されている。それは同ホールディングスの「日南プロジェクト」からもそれを窺うことができる。王子グリーンエナジー発電所（宮崎県日南市。２万５０００kW。木質バイオマス8割と石炭2割の混焼。**写真1-9**）を中心に、「製紙＋製材＋木質バイオマス発電」にさらにB材を有効利活用できる施設の整備も視野に入れ、グループ全体で木材のカスケード利用を実現するモデルを模索している。

写真1-9　王子グリーンエナジー発電所（宮崎県日南市）

このように木質バイオマス発電（熱供給も含む）を核とし、その周辺に当初は小規模ながらも製材（A材利用）、合板（B材利用）工場を設置したり、C材を海外輸出に回すようなビジネスが広がっていく気配を見せている。その背景には、A～D材をすべてサーマル用に回すのではなく、カスケード利用をして向き向きの需要に充てるほうがビジネスとして賢明という考え方が芽生えていることがあげられる。

以上、「複合林産型」ビジネスを3タイプに分けて解説したが、堀川会長、東泉社長、澤田社長に共通した理念が通底していることに改めて驚きを禁じ得ない。それだけ「複合林産型」ビジネスが現実味を帯びているということだ。

日本版「複合林産型」ビジネスとはどのようなものか

以上の堀川会長、東泉社長、澤田社長の見解をヒントに、激変する国産材業界の「先」をどう読むか。以下、私見を交えて整理すると次のようになる。

1 これまでの国産材製材は、〈「柱取り林業」＋「木造持ち家本位」〉政策と表裏をなし、A材（柱を中心とした構造材）製材に収益を求める経営を続けてきた（詳細は「マクロ解説編第3章『複合林産型』ビジネスへ至る道筋」を参照）。しかしこの「3点セット」は限界に達した。何よりも「木造持ち家本位」政策が今後の少子・高齢化のなかでその有効性を失ってしまったからだ。

そこで「製材歩留まり50％」から脱却し、「森林総合利用」（ＡＢＣＤ材のカスケード利用）と結びついた「複合林産型」ビジネスの創出が必要である。これこそが外材（特に欧州材）との競争力の源泉になるし、現実にこの動きが全国各地で大きなうねりになっていることは既に見たとおりである。

2 「複合林産型」ビジネスの確立は川上にもメリットをもたらす。丸太を高く買うことによって「山元還元」ができ、立木価格アップに繋がるからである。それを中国木材・日向工場が受け入れているスギ大径材を例に考えてみよう。２０１７（H29）年の同工場のスギ大径材の買入れ平均価格は約1万２５００円／㎥である。現在、南九州を中心にスギ大径材が増加傾向にあるが、これといった用途に乏しいため、厄介物扱いされているのが現状だ。そこで窮余の一策として中国へ輸出するケースも見られるが、港渡し価格は1万５００円前後が相場である。この価格は国内相場（９０００円台）よりかなり高い。以上の実態を勘案すれば、中国木材・日向工場のスギ大径材買入れ価格はかなり高いことがわかるだろう。問題はこうした丸太価格を確実に立木価格に反映させるシステムが必要であるが、そのことはマクロ解説編第2章「『複合林産型』ビジネス形成の条件」で考えてみたい。

3 「複合林産型」ビジネスを推進するためには、

それに見合った森林経営が必要になる。王子ホールディングスはもともと国内に膨大な森林を所有しているので言うに及ばずだが、中国木材やトーセンは着実に社有林を集積しつつ、「複合林産型」にふさわしい森林経営に着手している。さらに注目したいのは、ファーストプライウッドグループが今後の「複合林産型」を充実化するため、〝次世代の森林造成〟の検討に入っていることだ。同グループでは従来のスギ、ヒノキの植林だけでなく、アスペン、ポプラなどといった早生樹の造林に積極的に取り組み、その成長経過を調べている。その理由は、アスペンやポプラは「植え放しでよく、手間がかからず、林業労働で過酷な下刈り作業を省くことができる」（澤田社長）からだ。

４日本の「複合林産型」は製紙事業を中心とした欧州型と違い（「マクロ解説編第３章『複合林産型』ビジネスへ至る道筋」を参照）、木質バイオマス発電・熱供給とセットになった形で展開しそうな可能性が強い。製材加工業と木質バイオマス発電（熱供給を含む）業は親和性が高い。この意味では２０１２（H24）年から始まったＦＩＴが「複合林産型」を確立するうえで、重要な役割を果たす可能性大である。ただし、これまでの事例でも明らかなように、国産材未利用材あるいは製材加工端材を利用してこそのＦＩＴである。海外からＰＫＳ（補注、２４９頁）を輸入し、それで利益を上げようとする売電ビジネスとは一線を画したい。

誰《た》がためにボイラーを燃やすのか？

しかし残念なことに、ＦＩＴが「複合林産型」ビジネスの足を引っ張りかねない事態を引き起こしている。ＦＩＴは２０１２（H24）年７月から導入されたが、その一部が改正され新ＦＩＴ法として２０１７（H29）年４月から施行された。改正のなかで「複合林産型」に悪影響を及ぼしそうなのが電力買取価格への入札制度の導入だ。

ＦＩＴの対象は、太陽光、風力、小水力、バイオマス、地熱であるが、現在大きな議論を呼んでいるのがバイオマスである。その背景にはＦＩＴ認定量の急増がある。バイオマス発電設備のＦＩＴ認定量は既に１２００万kWを超えている。

ここで問題になるのが、ＦＩＴ区分の「一般木材等バイオマス等」だ。このなかに外材を主要燃料とするものが含まれ、この量が急増しているのである（その認定量は２０３０年度想定量の3倍に達しているといわれる）。この「一般木材」を燃料とした木質バイオマス発電のうち一定規模の大型発電施設を対象に入札制度が導入されることになった。

「複合林産型」ビジネスのお手本とでもいうべき、中国木材・日向工場の木質バイオマス発電施設の出力規模は1万８０００kWだが、木質バイオマス発電施設の出力規模と製材規模には当然相関関係がある。一般論として年間30万㎥の国産材丸太を消費する製材工場が「複合林産型」を実現するためには1万５０００~2万kWの発電施設が必要になるといわれている。

しかし改正ＦＩＴでは1万kW以上の発電所の電力買取価格が入札となり、「一般木材」のカテゴリーに属するＰＫＳや輸入チップとの競争を強いられることになる。せっかくここまできた日本の「複合林産型」ビジネスが瓦解《がかい》してしまう危険性がある。私たちはこの改正ＦＩＴの入札制度に対して「待った」をかけるべきだ。外国産「一般材」の利益のためにボイラーを燃やすのではない。できれば「一般木材」に新たに国産材というカテゴリーを設けてほしいが、これはＷＴＯに抵触する恐れがあるため、実現は難しい。となれば、入札制度の対象を2万kW以上にするなどの措置が求められよう。いずれにしても国産材業界あげてこの議論を展開し、関係者に警鐘を乱打すべきであろう。

ＦＩＴ終了後どうするかについては、今後、議論を深める必要があるが、国産材業界にとって大事なことは、それまでにＦＩＴを活用して競争力を確立すること、この一言に尽きる。

国産材利用の木質バイオマス発電は、繰り返しになるが「最初に発電ありき」ではない。熱供給を併用してＡＢＣＤ材をカスケード利用し、廃材をボイラーに投入する姿勢が不可欠である。

5 「複合林産型」ビジネス確立は焦眉《しょうび》の課題である。というのも日本とＥＵ（欧州連合）のＥＰＡ（経済連携協定）交渉が大枠で合意に達し、林産物10品目の関税が８年をかけて撤廃することが決まったからだ。

この大枠合意は、国産材需要（特に柱、梁などの構造材）拡大の行く手に暗雲をもたらしている。現在、わが国に輸入されている構造用集成材のじつに86％をＥＵが占めている。現在これに３・９％の関税がかけられているわけだが、８年かけて０％にすることになった。０％ということは輸入コストが低下し、そのぶん日本での販売価格を値下げできることを意味している。日本にとって欧州産材はさらに脅威を増すことは容易に想像できよう。

ところが、日本国内の欧州産構造材の価格変動要因は需給バランスと円・ユーロの為替相場の変動であり、関税撤廃はこの範囲に収まる程度のものにすぎない。したがって恐れるに足らずと楽観視する向きもある。しかしそうではあるまい。日本版「複合林産型」ビジネスでスギ（カラマツ）集成管柱を製造しているメーカーはウッティかわい、協和木材、中国木材・伊万里事業所、同日向工場など、まだまだ少ない。ＥＵ産地が関税撤廃を契機に価格水準を今より下げ、日本市場での席巻を虎視眈々《こしたんたん》と狙っていることは間違いない。それだけに日本版「複合林産型」ビジネスの確立が急がれる。

写真１-10　稼働し始めた外山木材志布志第６工場の高速６軸モルダー

ニューフロンティアを求めて

ニューフロンティアとは「新天地」のことを意味する。米国の西部開拓時代、自由と豊かさを求め、困難に立ち向かった開拓者精神のことだ。

国産材業界でも「新天地」を求めて旧国産材産地から抜け出るケースがあちこちで見られるようになった。以下では、今話題を呼んでいる２つの事例を紹介しながらその意味を考えてみたい。

外山木材（宮崎県都城市）はスギ丸太消費量15万㎥／年に達する大型量産工場である。柱、間柱、足場板を得意とし、特に足場板では他社の追随を許さない。現在３つの製材工場が都城市内で稼働しているが、それに加えて、現在、鹿児島県志布志市の７万坪に達する広大な敷地に、40億円の巨費を投じ新たな製材工場（外山木材志布志第６工場）を建設中だ。２０１８（Ｈ30）年２月に第１期工場が完了し、モルダー加工ライン、小割・結束機械ラインが稼働している（**写真１-10**）。

写真1-11　さつまファインウッドのスギスタッド（サンプル）。上はＦＪスタッド

外山木材が「新天地」を求め、わが国屈指の国産材産地・都城を出て新工場を建設した目的は２つある。第１は志布志工場から車で30分に位置するさつまファインウッド（鹿児島県霧島市）へ２×４（ツーバイフォー）住宅のスギスタッド（**写真1-11**）を供給すること。第２は将来、志布志港から製材品の海外輸出を狙ってのことだ。

さつまファインウッド（**写真1-12**）は伊万里木材市場（佐賀県伊万里市）が中心となり、２０１３（H25）年に開設されたスギ２×４ＪＡＳ製品の製造流通拠点だ。周辺の協力製材工場から集荷したグリン（未乾燥）のラフスタッドを天然・人工乾燥し（**写真1-13**）、さらにＦＪ（フィンガージョイント）、モルダー掛けなど高次加工を施して大東建託など大手ハウスメーカーへ販売している。

ところで伊万里木材市場は、鹿児島県曽於市に南九州営業所（原木市場）を構えている。さつまファインウッドから車で30分、外山木材志布志第６工場からもやはり車で30分の所に位置している。

写真1-12　さつまファインウッド

写真1-13　スタッドの天然乾燥

同営業所は伊万里木材市場の業容拡大、特に素材集荷力の強化、拡大の一環として設置されたものだ。開設当初の2011（H23）年12月の素材取扱い量はわずか3000㎥であったが、その後増加の一途をたどり、2016（H28）年には13万5000㎥の実績を上げるまでに成長した。わずか5年間でなぜここまで到達できたのか。そこには、同営業所が周辺二十数社の素材生産業者を組織した森栄会の素材生産活動がある。森栄会の積極的な立木購入、伐出活動によって、素材供給力が飛躍的に高まった。

　南九州営業所の事業発展は、そのまま伊万里木材市場の業容拡大に重なる。同社の素材生産・流通ビジネスの斬新さは、「激変する国産材業界」の「先」を読むヒントを与えてくれる。南九州営業所は新規需要を創出しながら素材生産・流通を拡大させている。さつまファインウッドもその一環として設立されたものだ。こうして2013（H25）年32万8679㎥→2017（H29）年53万7574㎥と素材取扱い量を増加させた。単独の原木市場としては全国第1位である。

　驚くことなかれ、そのさつまファインウッドがスギ2×4住宅の周辺部材（フェンス材）を米国へ輸出し始めたのだ。その背景には米国でフェンス用のウェスタンレッドシダー（日本では米スギと呼ばれている）の需給が逼迫し価格が高騰している事情がある（詳細は、マクロ解説編第4章を参照）。

　同社の林雅文社長はその「先」を次のように読む。「日本にとっての米国とは米材輸入国としての認識しかなかった。しかしここにきて彼の国が日本産木材の輸出先としての可能性を強めてきた。現在、弊社では2×4住宅の周辺材、つまりスギフェンス材を北米に輸出しているが、近いうちにデッキ材を、さらには〝本丸（住宅）〟に迫りたい。既に〝本丸〟の一部をなす破風板《はふいた》（屋根の妻〈端〉側に山形に付ける板）の注文がきている。北米産2×4住宅のSPF（S：スプルース、P：パイン、F：ファー）コンポーネントに比べて国産スギは品質

（寸法・精度）の面で優位に立っている。あとは製品供給力をいかに強めるかにかかっている。外山木材志布志第6工場はその力強い後押しになる」。

2×4は世界住宅の基準だ。林社長は、次のメッセージを世界に向けて発信し、決意を新たにしている。〝As our producing capacity is high,we will do our best to expand our sales by developing new customers. In the past several years, export of home-grown lumber become brisk. It is planning to ship its products to North America.〟（Japan Lumber Journal.February 15, 2018）

米国へスギ2×4住宅を輸出！　こんなことを考えた国産材業界関係者がいただろうか。それだけ国産材業界は激変しているのだ（詳細は、マクロ解説編第4章「新たな国産材輸出ビジネスの胎動」参照）。

ニューフロンティアを求めて山形へ
―協和木材―

もう1つの話題を紹介しよう。国産材製材大手の協和木材がニューフロンティアを求めて山形県新庄市に進出、スギ集成管柱工場を開設したことだ。この工場では年間12万㎥のスギ原木を消費し3万6000㎥のスギ集成管柱を生産している。

山形県は国産材業界地図では「無風地帯」であった。新庄市とは指呼《しこ》の中《うち》にある真室川町で、庄司製材所が独り気を吐いているだけで他には見るべきものがなかった。そこへ協和木材が進出したのだ。

協和木材の製材・集成材工場は福島県南の塙町にある。ここは福島、茨城、栃木3県にまたがる八溝山系の麓に位置し、トーセン、二宮木材、宮の郷木材事業協同組合などの錚々《そうそう》たる製材・集成材工場が立地する国産材産地である。

協和木材はこの産地から抜け出る形で山形県に

ニューフロンティアを求めた。ニューフロンティアには「未開拓・新分野」という意味のほかに「技術の最先端」というニュアンスも込められている。協和木材新庄工場はそれを絵に描いたような存在で、稼働早々大手プレカット工場数社から「ホワイトウッド集成管柱と同等あるいはそれ以上の品質」のお墨付きをもらっている。品質の高さもさることながら価格にも注目したい。ホワイトウッド集成管柱が1本1800円前後であるのに対して協和木材新庄工場は1600円／本という価格（プレカット工場着）だ。中国木材・日向工場とともに欧州材と真っ向から勝負できる集成材工場として期待を寄せられているというのも十分に肯《うなず》ける。

ニューフロンティアは脱「国産材産地」

伊万里木材市場及び関連施設・事業体を地図に落としたのが**図1－4**である。一見して、これまでの国産材産地のイメージとはだいぶかけ離れたものとなっていると思うが、いかがであろうか。

これまでの国産材産地の代表例として引き合いに出されるのが大分県の日田産地だ。戦前からの古い産地で『昭和51年度林業白書』は同産地の特徴を次のように要領よく説明している。「製材工場の高い生産性と、優秀な加工技術、販売力による木材の商品性の向上が製材工場の企業的競争力を強め、これに即応して強力な集荷能力をもつ流通部門における原木市売市場等の事業体の整備が進み、この結果、周辺地域の森林組合その他の丸太生産を行う事業体の活動の活発化、さらには林家の林業生産活動の活発化が促進される等、加工流通部門の側からの働きかけにより、木材をめぐる経済活動において地域集積の利益が効果的に発揮されている事例は、その規模、内容の差はあれ他の地域にもみることができる」（圏点筆者、以下同様）（注1）。

これは新古典派経済学の開祖Ａ・マーシャルの

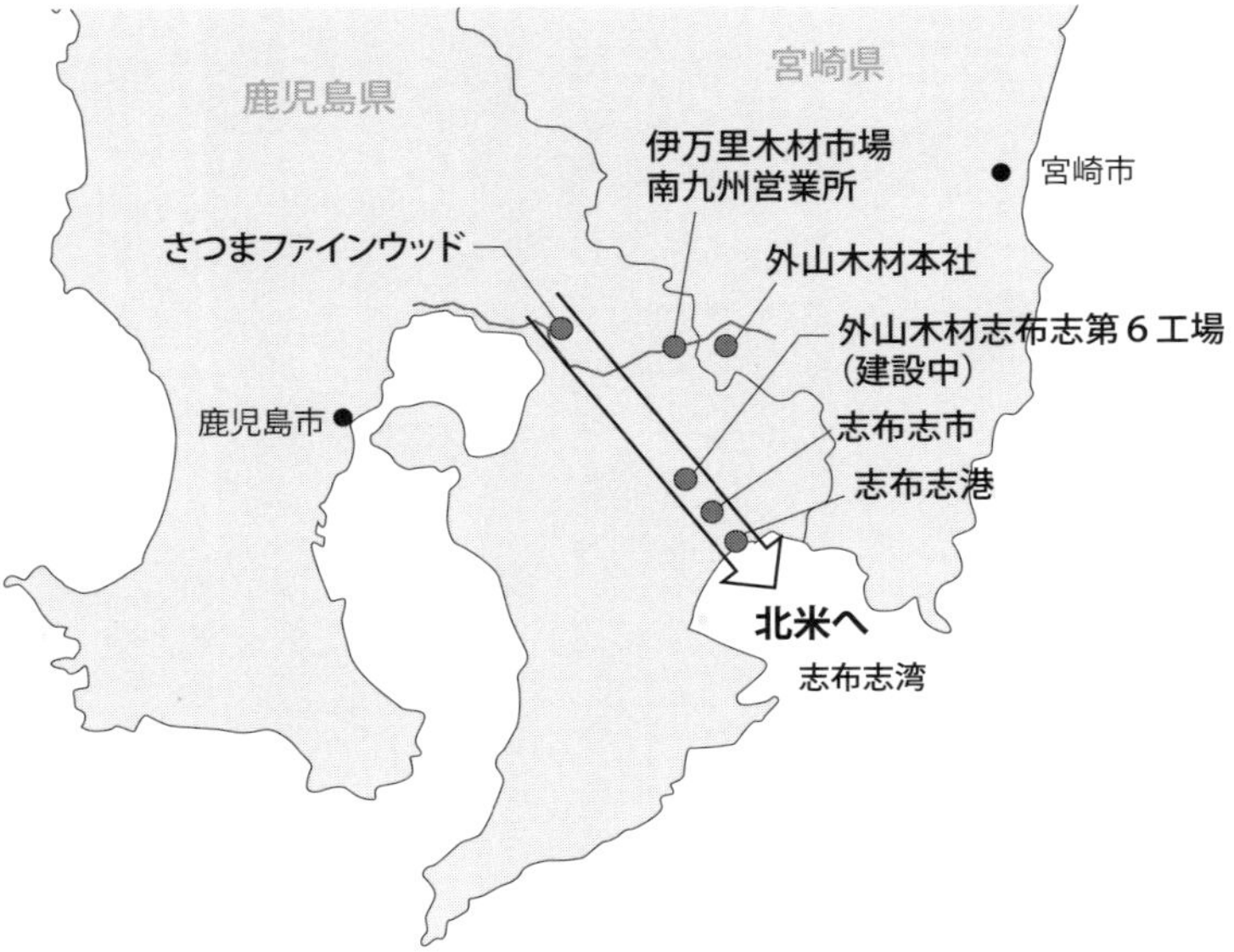

図1-4　伊万里木材市場南九州営業所、さつまファインウッド、外山木材志布志第６工場、志布志港の位置

「地域特化産業」と重なる。すなわち「ある特定の地区に同種の小企業が多数集積すること、すなわちふつう産業立地と呼ばれている現象」(注2)と同義である。「地域特化産業」とは「いろいろな原因が多数に寄り集まって産業の立地をきめるのだが、そのなかでも気象や土壌の性質、近隣あるいは水陸の便のあるところに鉱山や採石場があることなど、自然的条件が重要な役割をはたしてきた」(注3)。

日田産地は筑後川上流に位置するわが国有数の国産材産地である。その端緒を開いたのは16世紀中葉、筑後川の水運(筏流し)を利用して河口大川の家具製造と結びついたことに遡る。当時、焼畑と結びつく形でスギの挿木造林が随所で見られたが、産地としての輪郭を整え始めたのは日清・日露戦争を契機とした産業革命以降である。すなわち、官営八幡製鉄所の開設によって炭鉱用坑木需要が急増し、その需要に対する供給地としてその存在感を増したのである。

これをマーシャルの「地域特化産業」に即していえば、第1に筑後川及びその支流を利用した丸太の管流し、筏流しが可能であったこと、第2に焼畑と結びついたスギの植林が展開されたことなど「自然条件が重要な役割を果たしてきた」（マーシャル）ことである。

「自然条件が重要な役割を果たし」た国産材産地は日田だけではない。青梅（足場丸太）、西川（足場丸太）、天竜（スギ羽柄材）、北山（磨丸太）、吉野（樽丸材）、木頭（スギ雨戸板）、飫肥（弁甲材）など多数存在していた。

注１：『昭和51年度図説林業白書』、農林統計協会、1977年、21頁。
注２：Ａ・マーシャル、馬場啓之助訳『経済学原理Ⅱ』、東洋経済新報社、1966年、249頁。
注３：同右、269頁。

産地に果たす「外部経済」の役割

『白書』が言及している「地域集積の利益」とはマーシャルの「外部経済」に該当する。「外部経済」とは何か。マーシャルは次のように説明している。少々長いが引用してみる。「産業がその立地を選択してしまうと、ながくその地にとどまるようである。同じ技能を要する業種に従事する人々がたがいにその近隣のものからうる利便にはたいへん大きなものがあるからである。その業種の秘訣はもはや秘訣ではなくなる。それはいわば一般にひろくひろまってしまって、子供でもしらずしらずのあいだにこれを学んでしまう。よい仕事は正しく評価される。機械、生産の工程、事業経営の一般的組織などで発明や改良が行われると、その功績がたちまち口の端にのぼる。ある人が新しいアイディアをうちだすと、他のものもこれを取りあげ、これにかれら自身の考案を加えて、さらに新しいアイディアを生みだす素地をつくっていく。やがて近隣には補助産業が起こってきて、道具や原材料を供給し、流通を組織化し、いろんな点で原材料の経済をたすける」（注4）。平たくいえば、同業種が同じ地域に集まることによって、みんなで切磋琢磨しながら発展していこうという「雰囲気」が醸成されるのが「外部経済」である。

これを日田産地に即していえば、①日田という特定の地域に製材工場が多数立地することによってお互い情報交換ができること。②他社が開発した技術を模倣できること。③原木の安定的な入手のために流通組織（素材生産の組織化や原木市売市場の開設）をつくることによって利便性を獲得できること。④1社では難しい遠隔地への製材品出荷も共同出荷することによって打開できること、などである。要するにある特定の地域に同業者が集まることによって一種の連帯感が形成され（ときには足の引っ張り合いもあるが）、「一緒にやっていこう」という「雰囲気」が形成されるのである。これが旧「国産材産地」の特徴であった。

注4：A・マーシャル、馬場啓之助訳『経済学原理Ⅱ』、東洋経済新報社、1966年、255頁。

「国産材産地」から「森林・林業・木材産業クラスター」へ

しかし前掲**図1-4**はマーシャルの産地＝「地域特化産業」イメージとは明らかに異なっている。それはマイケル・E・ポーターが提唱した「産業クラスター」に近い。

クラスターとは「ブドウの房」のように企業、大学、研究機関、自治体などが地理的に集積し（ただし、ポーターはその範囲を明示していない）、相互の連携・競争を通じて新たな付加価値（イノベーション）を創出する状態のことをいう。その代表例が米国カリフォルニア州のシリコン・バレーである。

ポーターによれば「産業クラスター」の要件は4つある。**図1-5**はそれを示したもので、「競

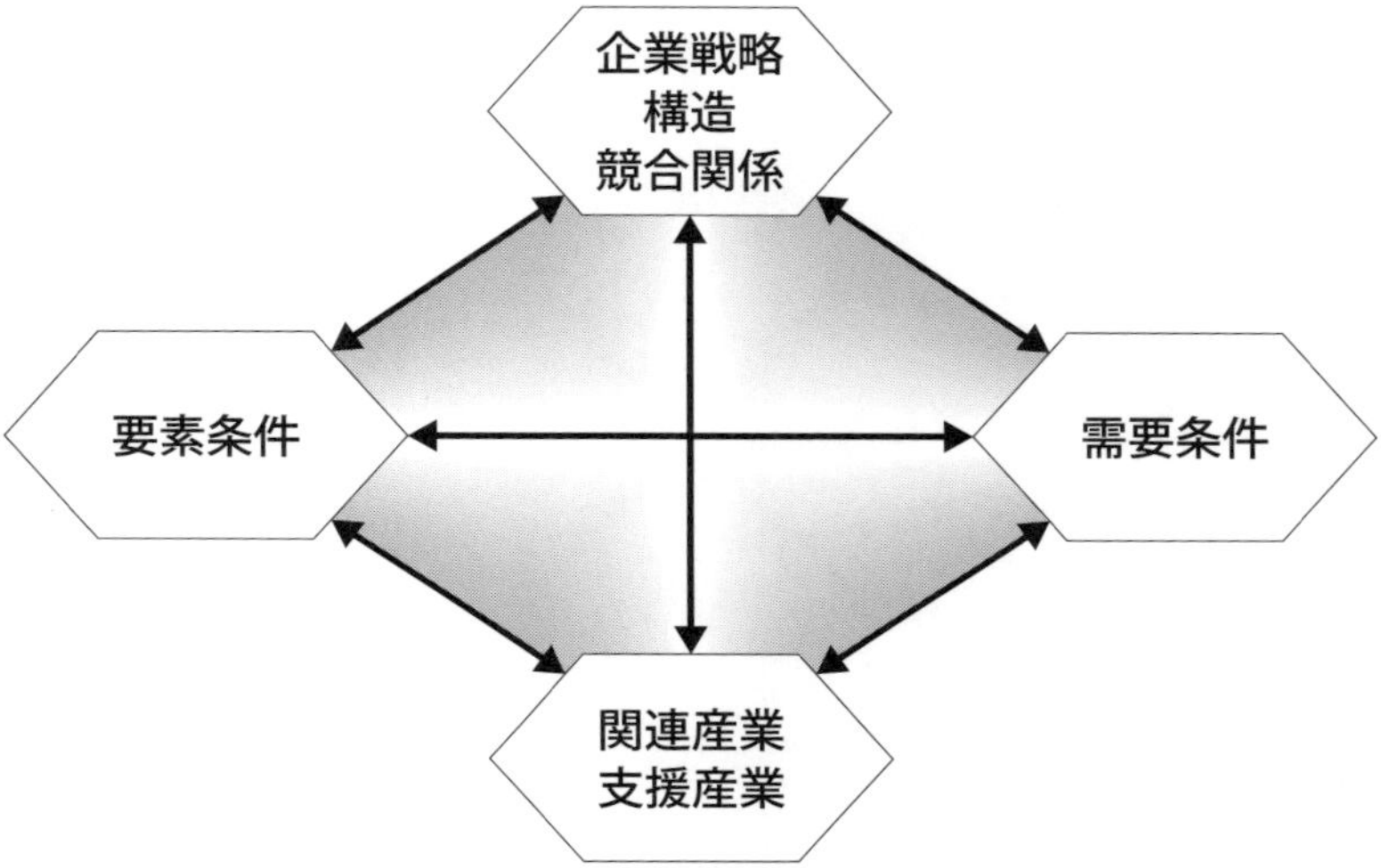

図1-5　ポーターの競争優位を示すダイヤモンド
出典：マイケル・E・ポーター『競争戦略論Ⅱ』、ダイヤモンド社、1999年、13頁

争優位を示すダイヤモンド」と呼ばれる。４つの要因、すなわち

①要素条件（熟練労働者やインフラストラクチャーなど、任意の産業で競争するのに必要な生産要素に関するポジション）、

②需要条件（その産業の製品やサービスに対する国内市場の需要の性質を示す）、

③関連産業・支援産業（国際競争力をもつ供給産業とその他の関連産業が存在するか否かを示す）、

④企業戦略・構造・競合関係（企業の設立・組織・経営や、国内での競合関係の性質を左右する条件）

が、企業の競争力に繋がっていく。同時に、ダイヤモンドの各頂点（またはシステムとしてのダイヤモンド全体）が、国際競争において成功を収めるための必須要件に影響を与える。

本章にかかわって重要なことは「クラスター」は、分野の大小を問わず、多くの産業で成立する。……大小さまざまな経済規模に、都市にも地方にも、またさまざまな地理レベル（国、州、都市圏、市など）に、クラスターは存在する」（注5）ことである。事実、ポーターはカリフォルニアのブドウ栽培とワイン製造を例にワインクラスターが成立することを示している。このように産業クラスターはハイテク産業に限定されたものでなく、森林・林業・木材産業分野で形成されてもなんら不思議はない。

図1-4に関連してもう1つ注目したいことがある。それは森林・林業・木材産業クラスターの形成と表裏をなして、ロジスティクスやサプライチェーンマネジメント（SCM）（補注、251頁）の考え方が現場から芽生え始めたことだ。現場の従事者たちは、あらかじめビジネス書を読んでロジスティクスやSCMの概念を学び、それを現場で実践しようとしたわけではない。日々の現場作業のなかで、事後的に体得したというほうが当たっている。喫茶店でコーヒー1杯が売れたら、そのぶんのコーヒー豆を補充しなければ経営は成り立たない。そんな簡単なことを彼らは日々の実践のなかで身をもって体験したのである。

図1-6は伊万里木材市場が実践しているSCMだ。同図から見て取れるように、伊万里木材市場は川上（森林整備）と川下（製材、合板などの木材産業）の中間に立って素材生産・流通を中心的なビジネスとしながらも、川上と川下を結びつけるコーディネーターの役割、換言すれば商社的な役割を果たしている。

木材商社の一般的なイメージとは**図1-7**のようなものであろう。かつての木材商社は、フィリピン、ボルネオ、マレーシア、インドネシアなどの天然林を開発し、それを伐採して日本へ運んだというイメージが強いが、現在は、図のように川上と川下を結ぶトータルコーディネーターとしての役割を強く発揮している。そのことはわが国を代表する住友林業フォレストサービス、王子木材緑化、物林などの木材ビジネスを見ても明らかだ。

さて煩雑さを避けるため、**図1-4**には伊万里木材市場関連の主要事業体の位置だけを示したが、

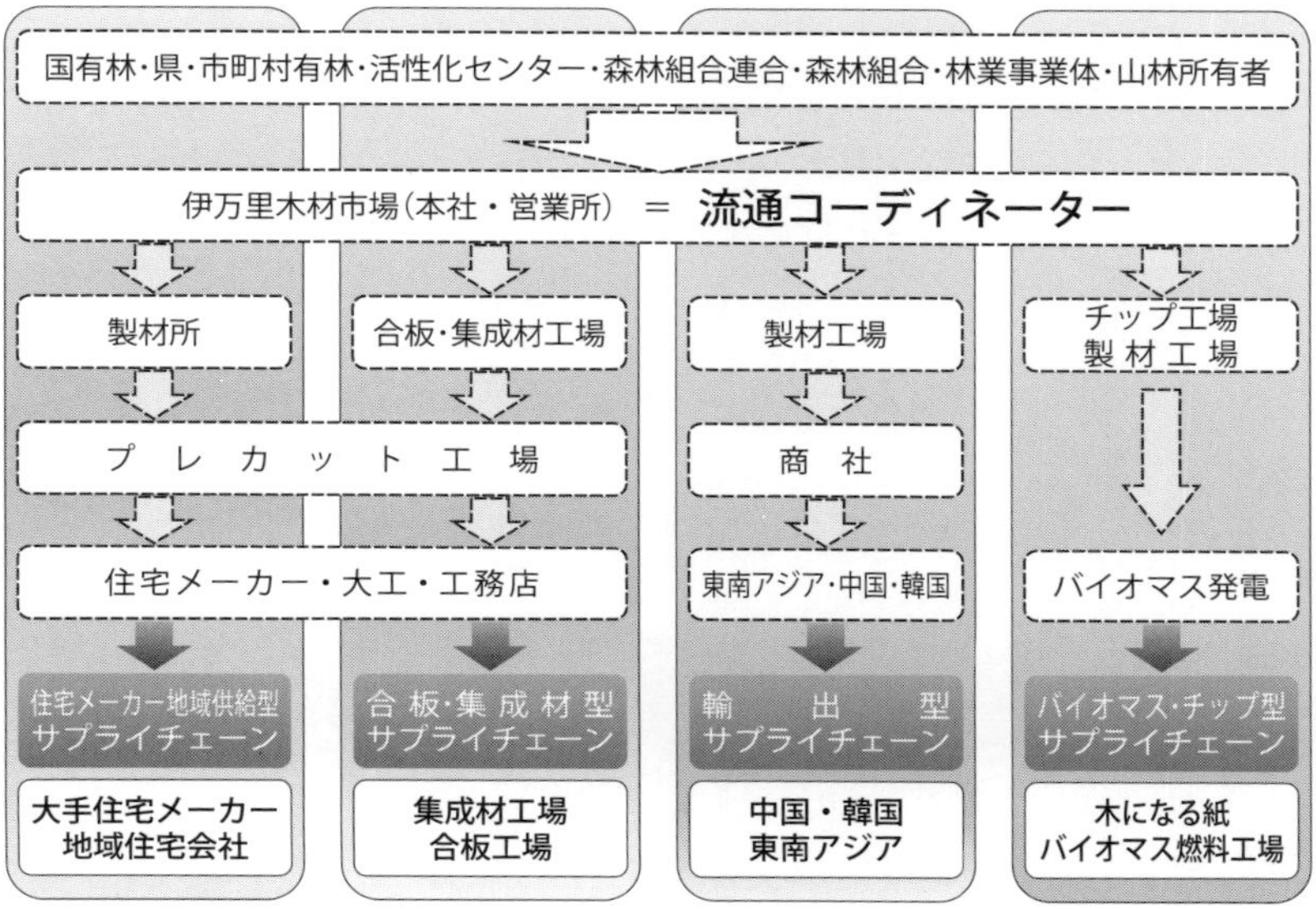

図1-6　伊万里木材市場のＳＣＭの考え方

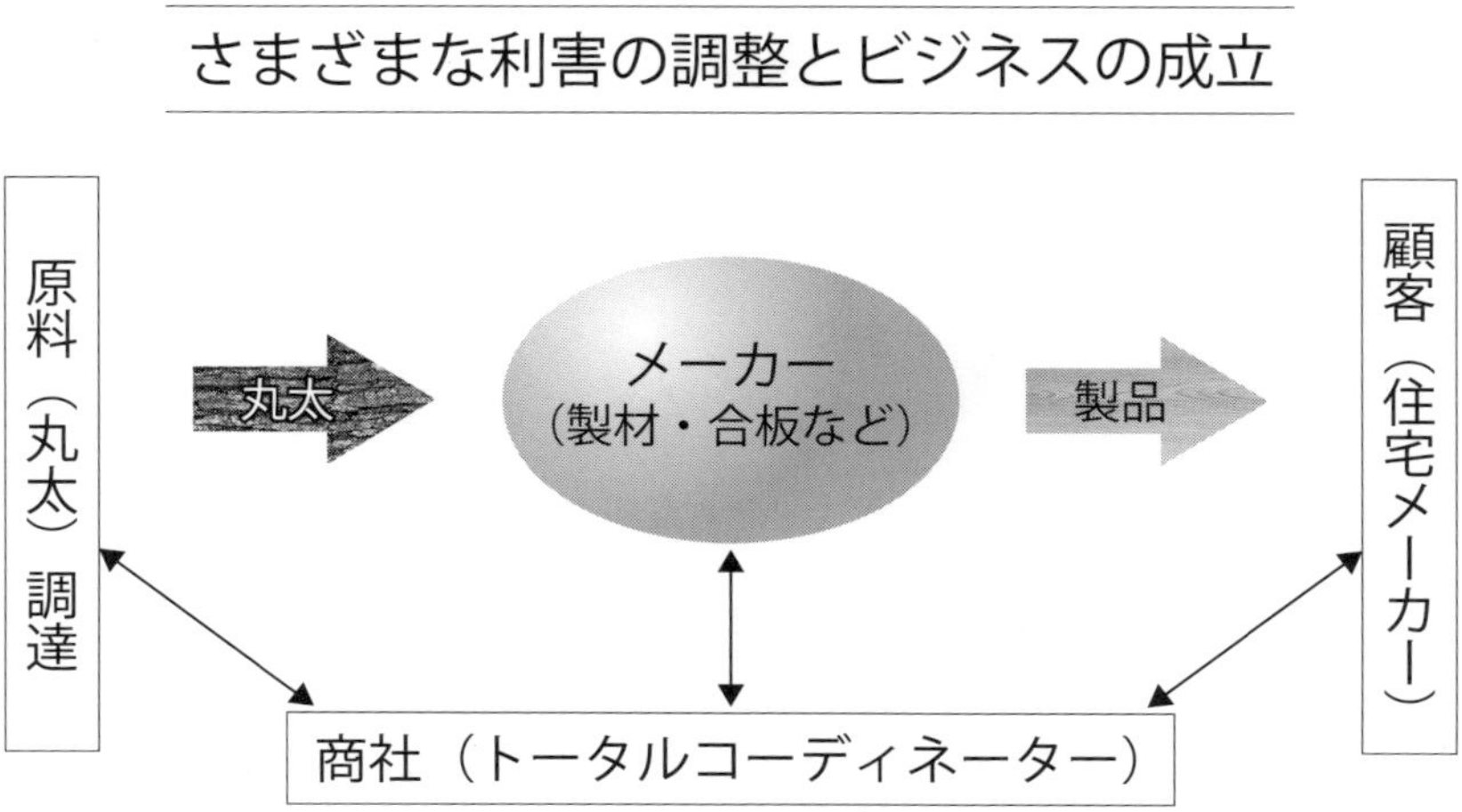

図1-7　木材商社の一般的なイメージ

このほかにも九州各地の大中小素材生産事業体、二十数社に及ぶ製材工場等との原木・製材品取引がある。そしてこれらが非公式ネットワークで結ばれている。それを基盤に各事業体は競争を意識しながらも相互協働を機能させながら将来の技術革新の可能性も秘めている（その1つが2×4住宅輸出）。

ところで伊万里木材市場は本社をおく伊万里工業団地で、中国木材・伊万里事業所、西九州木材協同組合と伊万里木材コンビナート事業を展開しており、この一環として伊万里港から東南アジアへ国産材丸太を輸出している。

図1－4にそれを加えてイメージ化したのが**図1－8**だ。この伊万里と志布志を結ぶルートをなんと名付けたらいいのだろうか。規模こそ異なれ、中国の習近平政権が目指している「一帯一路」を彷彿とさせる気宇壮大《きうそうだい》、これまでの国産材産地とはひと味もふた味も違う血湧き肉躍る森林・林業・木材産業クラスターではないだろうか。

注5：マイケル・E・ポーター・竹内弘高訳『競争戦略論Ⅱ』、ダイヤモンド社、1999年、76頁。

脱「国産材産地」はなぜ起こったのか？

では大手製材業者に「脱『国産材産地』」を促し、クラスター形成へと導いたものとは何か。国産材製材品の人工乾燥化と集成材化、つまり製材品のエンジニアードウッド化の進展である。

どういうことか？　詳細は、マクロ解説編第4章に譲るとして、さしあたり簡潔に説明しておくと次のようになる。旧国産材産地とはマーシャルの「地域特化産業」の謂《い》いであるが、ここでは主として鉄鉱石など再生不可能な地下資源の採取についての言及にとどまっている。しかしこれを農林産物にひきつけて議論することは十分可能である。

同じ業種（どちらかといえば中小規模の生産者）が、生産物を単独ではなく共同で有利に販売しよ

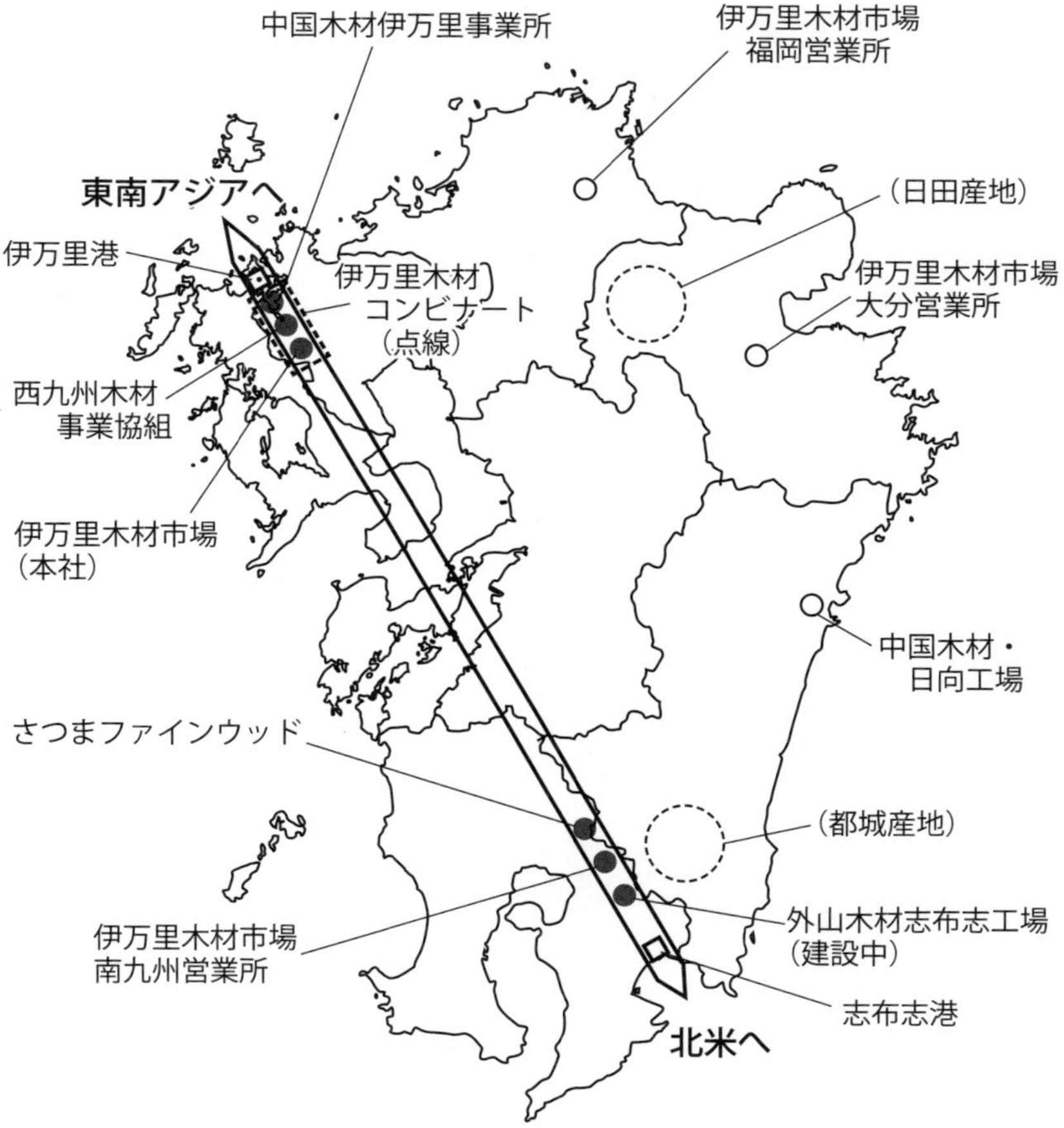

図1-8　伊万里木材市場の「一帯一路」構想

うとする産地の代表は農産物であり林産物である。農産物も林産物もともに生物資源である。したがって林産物（丸太）の場合、材の質（年輪幅、初期含水率、強度、節の多少など）にはおのずとバラツキがある。これをKD化あるいは集成材化することによって、生物資源から工業製品（エンジニアードウッド）へと転換できる途が拓ける。

では製材工場や集成材工場がエンジニアードウッド化に社運を賭ける意味は何か。それは在庫をもち、出荷調整が可能になることだ。グリン材の場合、極端にいえば、昨日カラスが止まっていたスギ立木を伐採し、翌日それを製材してすぐ出荷していた。というよりも即出荷せざるをえなかった。在庫しておくと曲がりや捻れが生じてクレームの対象になるからだ。

しかしKD製品や集成材にすれば在庫が可能になる。不況時には出荷を縮小し、好況になったらどんどん出す。在庫管理と出荷調整ができるということは、製材・加工業がそれだけ近代的な企業として成長したことにほかならない。近代企業に近づけば近づくほど、自社独自の技術革新の可能性が高まる。特に製材品の人工乾燥技術は製材企業独自のものであり、共通マニュアルはない。企業秘密に属する。そこには「一緒にやっていこう」という「雰囲気」などが醸成される余地はない。もはや「外部経済」の恩恵を受けなくとも1企業で競争できる。産地間競争から企業間競争への移行だ。それまで産地に埋没していた企業の主体性が発揮できる。外山木材や協和木材が旧「国産材産地」を離脱してニューフロンティアを求める根拠がここにある。

合板メーカーもニューフロンティアを求めて

ニューフロンティアを求めて立地移動しているのは製材業だけではない。合板メーカーやLVL工場も然りだ。例えば合板工場。1990年代までの合板工場といえば、そのほとんどが臨海型ビジネスモデルであった。外材丸太（北洋材、南洋材など）を輸入し、水面貯木をし、そこからクレーンで丸太を吊り上げてロータリーレースで単板を剥くのが一般的であった。

しかし２０００年代に入ると異変が起こった。森の合板協同組合（岐阜県中津川市。**写真1-14**）、北上プライウッド㈱（岩手県北上市。**写真1-15**）などのように資源立地型（内陸型）の合板メーカーが現れた。続いて新栄合板工業（熊本県水俣市）は大分県玖珠町へ、日新グループ（本社鳥取県境港市）が三重県多気町へそれぞれ新工場を建設することになっている。いずれもニューフロンティア、すなわち海から森への移動である。

これは何を意味しているのか。従来のビジネスモデル臨海型に固執することなく、将来の進むべき方向性とシナリオをしっかりと描き、他社との競争優位を確立するための選択にほかならない。ただし臨海型に固執しないということが海外輸出を視野の外においた戦略なのかといえば、けっしてそうではない。

その好例が北上プライウッドの「結の合板工場」（年間10万㎥の国産材丸太を消費）だ。同工場は合板業最大手のセイホクグループが新たな合板製造拠点として開設した国産材１００％の内陸型工場である。同工場は奥羽山脈の東側山間部に位置し、ここを中心に四方八方からスギ、カラマツ、アカマツ丸太を集荷できる。しかも東北新幹線北上駅から車で約25分、東北自動車道北上江釣子ＩＣから約15分、秋田自動車道北上西ＩＣから5分、「車で秋田（セイホクグループに属する秋田プライウッドがある）、石巻（同セイホクがある）までそれぞれ2時間、必要なときに単板が入手できる。そして関東にも近い」（同社・林孝彦取締役）絶好の場所に立地している。

ここで「関東に近い」とは、内陸型でありながら海外を視野に入れていることを意味している。全国で初めて内陸通関拠点となったＪＲ盛岡貨物

写真1-14　森の合板協同組合工場

写真1-15　北上プライウッドの合板工場

ターミナル駅の内陸通関物流基地・保税蔵置場（インランド・デポ）で通関手続きを済ませれば、そのまま鉄道で京浜港（東京、川崎、横浜）まで合板を輸送し、そこから海外へ輸出できる（「結の合板工場」からＪＲ盛岡貨物ターミナル駅まで車で1時間弱）。

京浜港はコンテナ貨物の取扱い量が国内トップの国際貿易港であり、ＪＲ盛岡駅とは15両の40フィートコンテナ貨車が毎日往復している。このルートを利用し、まずは12cm厚・３×６サイズを中心とした国産材合板のコンテナ輸出を軌道に乗せ、台湾に続いて中国、韓国へも販路を拡大していく計画だ。つまり「結の合板工場」は内陸型でありながら海外輸出も視野に入れて開設された新しいタイプの工場になる。

三重県多気町へ新工場建設を決定した日新は、この工場でフロア台板、内装用合板、塗装型枠合板など、非構造用合板生産（月産６０００㎥）を目的に建設するものだ。少子・高齢化に伴う新設住宅着工戸数の減少に対応してのことは明らかだ（新栄合板工業の大分工場新設も同様の目的に違いない）。

いずれにしても「国産材業界の激変」の「先」を読み取り、競争優位の立地を選択した結果のニューフロンティア志向である。

クラスター化に対応した素材生産・流通再編

以上のような森林・林業・木材産業クラスターの展開は、素材の生産・流通再編を促さずにはおかない。丸太の需要が変われば、供給形態も変わるし、両者を橋渡しする流通もそれにふさわしいものへと再編されるのは当然のことだからである。その特徴を一言でいえば、素材の大ロット需要の発生とそれに対する供給の変化であり、そこから派生する素材の広域流通化である。

本章冒頭で紹介した中国木材・日向工場の年間

スギ素材消費量は50万㎥である。単純計算して1ヵ月で約4万2000㎥だ。土日を含めた3班2シフト制を敷いているから、30日稼働としても1日1400㎥のスギ丸太を消費する。10tトラックが1日140台工場に出入りすることになる。

こうした大ロット需要を賄うためには、月2回程度の原木市場の市売（セリ）に参加するような原料確保方法では限界があることは明らかである。大ロット需要に対応した新たな素材生産・流通組織が必要になるし、同時に丸太の取り引き・販売方法も旧来の市売とは異なった形態をとらざるをえない。そして、各地にそのような組織が形成されつつある。

大ロット化の背景は何か？

素材需要の大ロット化に対応した新たな素材生産・流通組織が出現したのは、2000年代に入ってからのことである。これを後押ししたのが2004（H16）年から3年間実施された林野庁の「新流通・加工システム」プロジェクトだ。この補助事業の目的は、B材（曲がり材や間伐材）を中心に集成材、合板メーカーに大ロットかつ低コストで丸太を安定的に供給するシステムを構築しようというものであった。全国10ヵ所（北海道、岩手、宮城、秋田、石川、島根など合板工場が立地している県）でモデル事業が展開された。これが功を奏し、B材の利用量は2004年の45万㎥から2006（H18）年のわずか3年間に121万㎥にまで増加した。それまでせいぜいチップ用でしかなかったB材が合板用として利用されるようになり、価格も4000円／㎥前後から一挙に8000円／㎥台へとアップした。

ちょうどその頃、ロシアに資源ナショナリズムが台頭し始めた。これを背景にロシア政府は、2007（H19）年2月に、ロシア産丸太の輸出関税を段階的に引き上げる方針を表明、2009（H21）年には課税率を一気に80％に引き上げると発表した。この常識外れの高課税率は見送られたものの、税率はそれまでの6・5%が25%に引き上げられた。これによって合板製造業界は一斉に〝ロシア材離れ〟を起こし、国産材丸太への原料転換を図った。

合板工場の丸太消費量は膨大だ。ロータリーレースで次から次へと単板を剥いていく。例えば新栄合板工業（熊本県）の国産材丸太消費量は月間2万㎥、1日に剥く丸太の本数（2m換算）は1万2000本になるという。

こうした大ロット丸太の安定入荷体制を構築するためには、それなりの供給力をもった素材生産・流通組織に依存せざるをえない。こうしたなかで、集成材、合板向けの新たな供給ルートが形成されるようになった。中間土場という発想が出てきたのもこの頃からである。すなわち、従来は小ロットかつ単価が低いため、採算面でコストが嵩むと敬遠されていたB材丸太が、伐採現場と需要家の間に原木の持ち込みベースを整備（検量や重機などを含む）することによって、まとまった量を集荷・販売できるようになった。これを市売という販売方式ではなく、定価販売（あるいはシステム販売、協定販売）するというのが中間土場発想の出発点であった（木質バイオマス発電用未利用材の集荷・販売はこの発展形態だ。中間土場に移動式チッパーを入れ、従来、利益にならなかった小径木、タンコロ、枝葉もここに集めて選別される〈**写真1-16**〉）。

これが発端になり、A材、C材、D材の大ロット供給ルートが形成されていったのである。中国木材・日向工場のような超大型製材工場への素材供給組織もこのような経緯で形成されたのである。

素材流通の広域化はなぜ起こったのか？

国産材製材規模の拡大、合板メーカーの国産材利用の拡大、木質バイオマス発電所の林立などは必然的に原料である素材集荷圏の広域化をもたらす。本来なら採算ベースに合う集荷圏から素材を

写真1-16　有価物となった枝葉、タンコロ

集めるのが理にかなっているのだが、森林所有の零細・分散・間断的性格に阻まれてそれがままならない。やむなく採算圏を越えてでも素材を確保しなければ操業を維持できない。

図1-9は平成26年の農林水産省『木材需給報告書』を使って林野庁が作成した業務資料であるが、当時、北海道から秋田へ5万㎥、京都へ3万㎥、島根へ3万㎥（合板用の道産カラマツ丸太と推測される）が供給されている。トラックと内航船を利用した素材の広域流通化の一端を窺知できる。

さて、以上のようなクラスター化に対応した素材生産・流通組織をタイプ化すると次のようになる。

❶木材商社の国産材傾斜化

木材商社といえばこれまで外材一辺倒であった。しかし①BRICs（ブラジル、ロシア、インド、中国）などの台頭による日本の木材市場の地位低下、②外材産地（特に東南アジア）の違法伐採問題などで外材輸入がしづらくなったこ

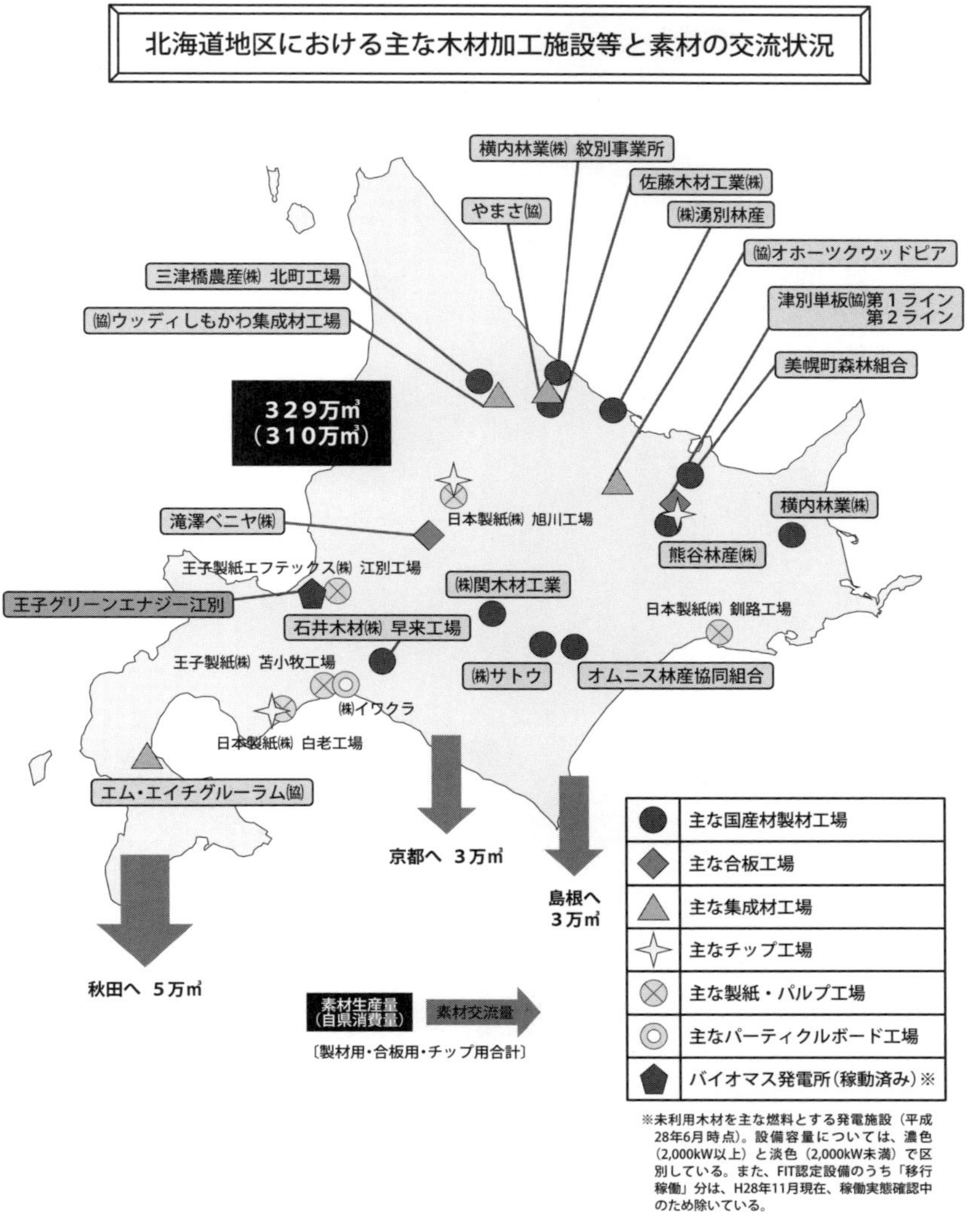

図1-9　北海道産丸太の移出先

出典：林野庁業務資料

注：数字は農林水産省『平成26年木材需給報告書』

と、③ロシアの丸太輸出関税アップによる日本国内の〝ロシア材離れ〟、④その一方で、日本国内で製材・合板分野で原木の大ロット需要が生まれていることなどを背景に国産材取扱い量を大幅に増やしている。物林㈱、住友林業フォレストサービス㈱、王子緑化木材㈱、阪和興業㈱など多数。

2 森林組合系統共販事業の「商社」化

青森県森連、宮城県森連、岐阜県森連（木材ネットワークセンター）、群馬県森連渋川木材センター、宮崎県森連などは、従来の硬直的な系統共販事業から抜け出て「木材商社」化している。「商社化？　それなら丸太を右から左へ流してマージンをとるだけの商売じゃないか」と訝《いぶか》しがる読者がいるかもしれないが、それは間違いであることは前述（**図1-7**）のとおりだ。

ここでいう「商社」化とは、繰り返しになるが、川上と川下を結びつけるコーディネーターとしての側面が強い。しかも森林資源再生のための皆伐跡地の再造林という重い社会的使命を背負うことになる。

例えば青森県森連は、スギ丸太販売において独自の「A1」という丸太規格を設定している。B材のなかにも製材用として使える丸太があるので、それを「A1」に〝格上げ〟し、それに見合った需要を開拓しながら販売活動を展開している。できるだけ「山元還元」を多くしようとする姿勢が窺える。

3 民間の素材生産業者の再編

千歳林業（北海道）、ノースジャパン素材流通協同組合（岩手県）、東信木材センター協同組合連合会（長野県）などがこのタイプに属する。特に東信木材センターは、今後の川上・川下の連携のあり方について示唆を与えている。

4 原木市売市場の再編

伊万里木材市場が典型であるし、他の原木市売市場も従来の「市売」に拘泥することなくシステム販売や直送に積極的にトライアルしてい

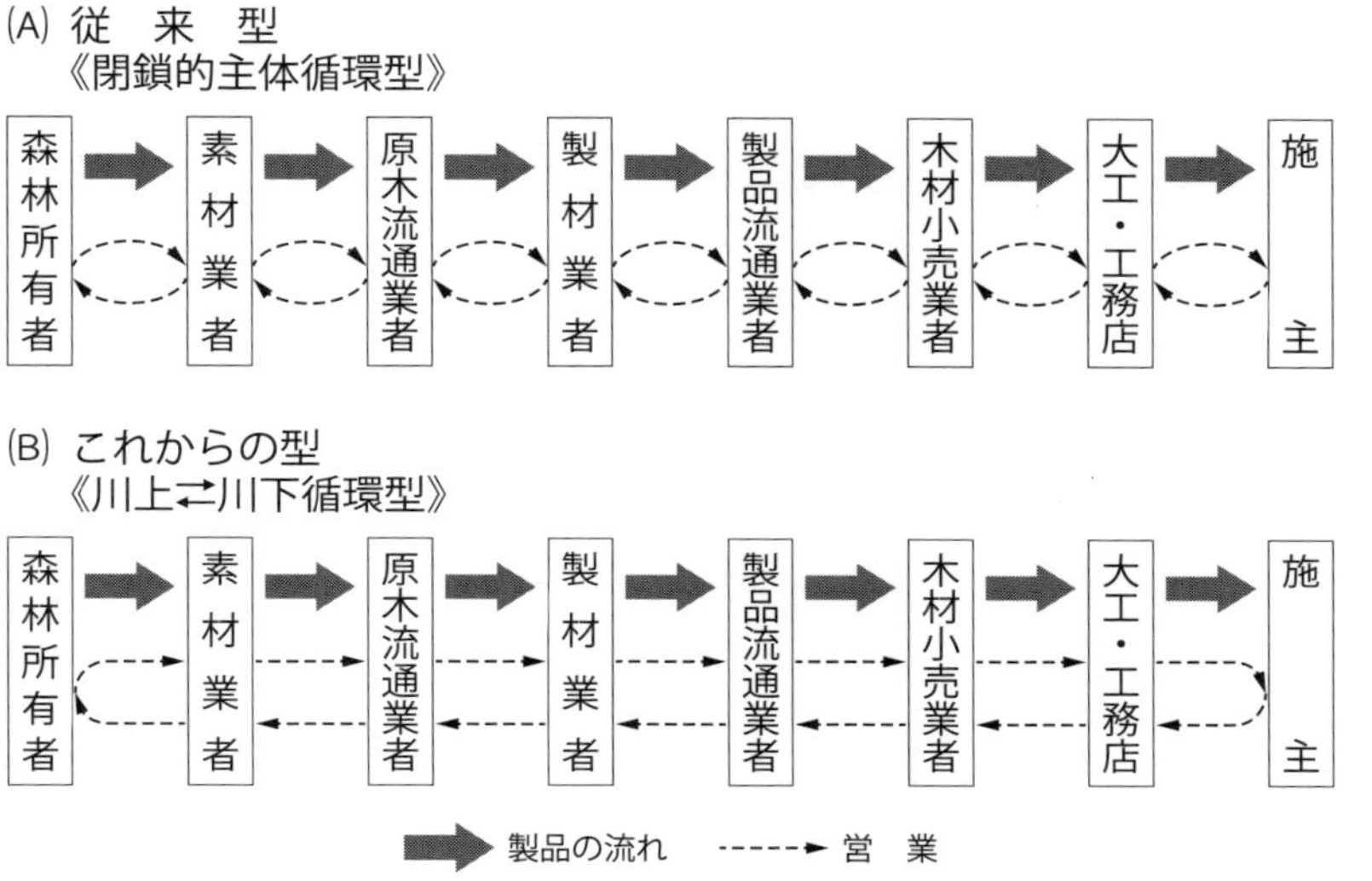

図1-10　　継ぎ接ぎ流通からシームレスへ

るケースが多数見られる。

以上の実態については、ミクロ解説編で紹介してみたい。

森林・林業・木材産業のシームレス産業化

シームレス（seamless）とは途切れのない、継ぎ目のない状態のことである。複数の要素が繋ぎ合わされているときに、その継ぎ目が存在しない、あるいは気にならない状態のことをいう。

これまでの木材流通は、森林所有者から住宅産業までさまざまな業種が多段階に介在するいわば継《つ》ぎ接《は》ぎ状態であった（**図1-10**）。この継ぎ接ぎ流通の最大の欠点は、モノ（丸太及び製材品）の流れがスムーズにいかない（需要に弾力的に対応できない）ことだ。その結果、各事業体間で情報の共有化が困難になる。つまり流通全体として、サプライチェーンマネジメントやロジスティクスの機能が働かない。そこで川下主導による既存流通の再編（シームレス化）が進行している。その好例が住宅メーカー最大手のタマホームによる自社独自の流通再編である。

大雑把な数字であるが、30坪程度の2階建て住宅の場合、15～18㎥の木材（合板類を除く）が使用される。仮に18㎥としてもタマホームのように年間1万棟前後の建築実績をもつ大手住宅メーカーになると、多いときで18万㎥を超える製材品を発注することになる（丸太換算ではその倍になる）。

こうした大ロットの製材品をプレカットして建築現場にジャストインタイムで納入するためには既存の木材流通では対応できないことは明らかだ（もともとこの既存流通は町場の大工・工務店を最終需要においたもの）。したがってこれらを1つのシステムとして、つまりシームレス化していきたいと考えるのは当然である。

タマホームの住宅の場合、国産材使用率は72・3％に達する。全国平均の37・6％を大幅に上回っている。しかも品質・強度・原価の面で全国統一仕様（産地のバラツキを解消）であるから既存流通に依存していたのでは埒《らち》が明かない。そこで同社独自のシームレス化を図ったのが「タマストラクチャー流通」だ（**図1-11**）。この新たな流通を介して、川下から川上へ先行情報（4ヵ月先分の住宅着工予定）を提供することが可能になり、各事業体は余分な在庫をもたずに、需要に弾力的かつ敏速に対応できる。

こうしたシームレス化は次のようなタイプ化を伴いながら着実に進行している。

(1) 企業完結型

このタイプのシームレス化は起点がどこか（住宅、プレカット、製材加工業、素材生産・流通など）によって違いがあるが、千歳林業（北海道）、門脇木材、秋田プライウッド（秋田県）、江間忠木材（東京都）、中国木材（本社・広島県）、伊万里木材市場（佐賀県）など枚挙に暇がない。タマホームのシームレス化もこのタイプに属する。

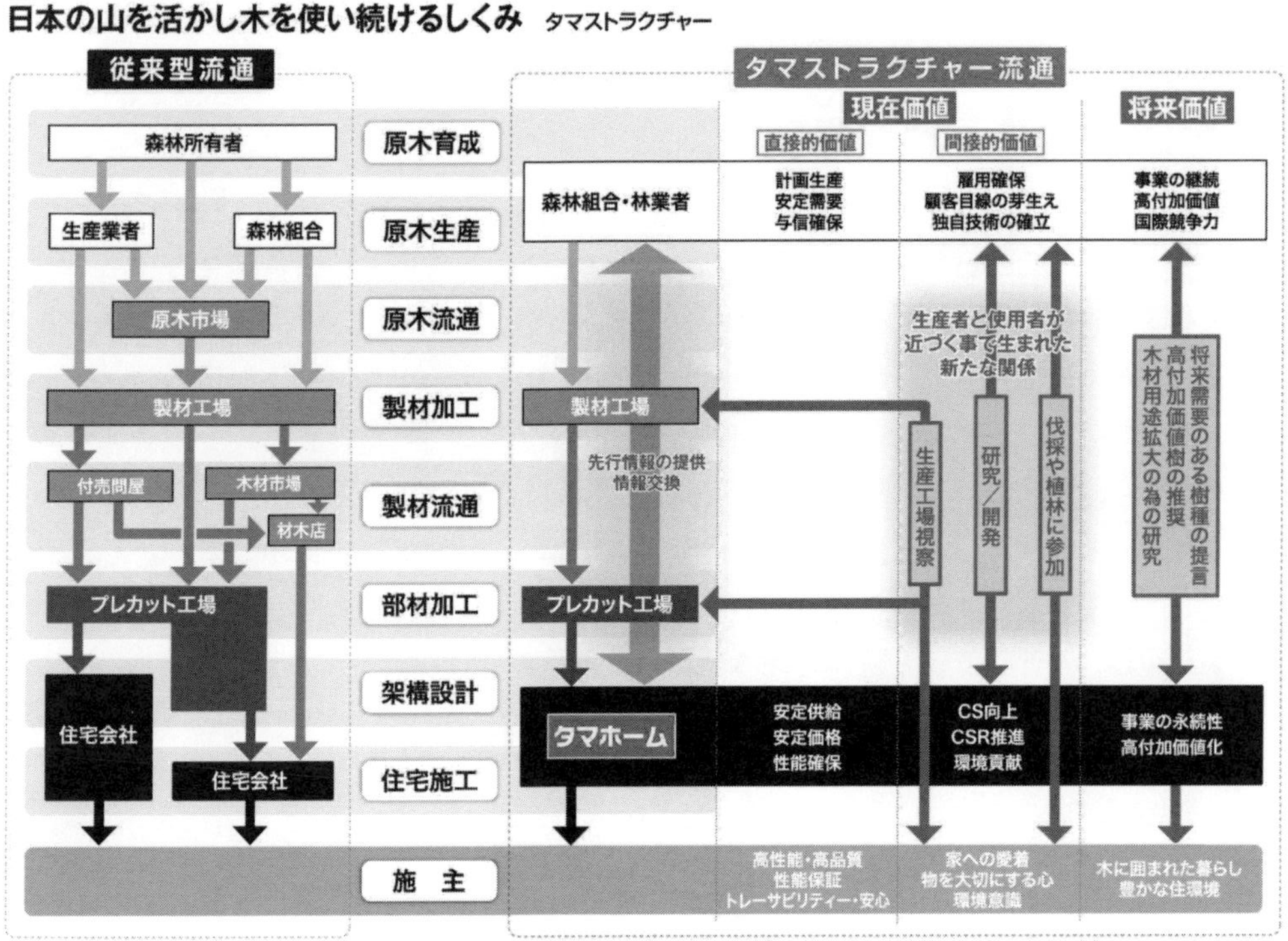

図1-11　タマホームのシームレス化（タマストラクチャー流通）

注目したいのは中国木材だ。同社は全国14ヵ所に事業拠点（一部プレカットを含む）を展開し、物流及び情報のネットワークを全国展開している。つまり製材加工業では「複合林産」化を図りながら、製材工場・プレカット工場をシームレス化している（これによって2012〈H24〉年の丸太暴落のダメージを回避している）。

しかしその一方、素材流通・流通がアウトソーシング化されていたので、それを内製化しようとしたのが社有林集積による自社伐採だ。現在、九州を中心に6000haの社有林を所有し、さしあたり1万haをめざしているという。九州の社有林から伐採された原木の一部は既に日向工場に搬入され製材されている。中国木材がウェアーハウザー社のような森林・林業・木材産業のシームレス化を志向していることは間違いない。

その一方で協和木材のように、社有林集積（所有権の集積）まで踏み込まず、傘下の素材生産組織（協栄会）を中心に、「10年に1回間伐をして山林価値を高めませんか」というキャッチフレーズで北関東・南東北の森林を囲い込む（森林利用権の集積）という手法でシームレス化を図っているケースもある。

(2) 地域連携型

国産材の製材規模が拡大するためには、それに見合った原木供給組織が必要だ。それに伴って原木集荷圏も広域化せざるをえないことは前述のとおりである。しかしこうした丸太の広域流通には、森林所有者、森林組合、素材生産業者などによる「一国一城の主」では対応できない。どうしても各事業体間の連携、しかも広域連携が必要になる。この典型例が岐阜県森連の木材ネットワークセンターである（**写真1-17**）。

岐阜県はヒノキの産地であり、中小規模製材工場へのヒノキ丸太供給体制（大部分が原木市売市場を介して）はそれなりに確立されていた。その一方で、成熟する戦後造林スギをどのような需要に

写真1-17　岐阜県森連木材ネットワークセンターの中間土場

結びつけていくのか、新たな流通体制の確立が課題になった。

その改革の狼煙《のろし》は岐阜県森連から上がった。従来の市売一辺倒の共販事業を見直し、原木の大ロット需要にいかに弾力的、効率的に対応すべきかが真剣に議論された。その結果出されたのが直送による定価販売（システム販売）であった。それは相場や市況に一喜一憂しながら行う「付売り」とは根本的に異なるという意味で画期的なものであった。

この取り組みの過程で、岐阜県森連は木材ネットワークセンターという中部地域の森林組合連合会と連携した広域流通ネットワークを立ち上げたのである（２００５〈H17〉年）。その範囲は東海、北信、近畿に及び、販売先は東は長野県、西は岡山県、南は和歌山県、北は石川県に及ぶ広域流通であった。

(3) 広域連携型

原木需要は国内だけではない、海外にもある。ここ数年、中国、韓国、台湾など東南アジアへの国産材丸太輸出量が増加の一途をたどっている。2017（H29）年は97万㎥に達した。97万㎥といえば熊本県の素材生産量（95万6000㎥、農林水産省『平成28年木材統計』）を上回る。2000（H12）年当時、原木輸出量がわずか3026㎥だったことを考えると隔世の感がある。

原木輸出量を港湾（税関）別に見ると志布志（鹿児島県）、八代（熊本県）、佐伯（大分県）、細島（宮崎県）の九州4港で過半を占めている。特に志布志港は全国の3割のシェアを占めており一頭地を抜いている。

志布志港からの原木輸出の一翼を担っているのが木材輸出戦略協議会（事務局は南那珂森林組合内）である。同協議会は2009（H21）年、南那珂、都城（宮崎県）及び曽於地区（鹿児島県）の県境を越えた3森林組合で結成され、2014（H26）年には曽於市森林組合が加入し、現在、4組合連携のもと丸太輸出に取り組んでいる。

4森林組合の林産事業量は南那珂7万㎥、都城4万5000㎥、曽於地区5万㎥、曽於市3万7000㎥であり（4組合ともスギが大部分を占める）、総計約20万㎥のなかから適材を選別し志布志港から輸出している。その実績は**図1-12**のとおりである（現在は中国向けが9割を占める）。

国産材輸出は為替相場の変動や相手国の需要動向に左右される。特に中国へのスギ丸太輸出は、ニュージーランド産ラジアータパイン材との熾烈な価格競争を強いられている。2015（H27）年度は、木材輸出戦略協議会にとって逆風であった。中国経済の減速に加えて円高などの厳しい条件があったにもかかわらず、目標量4万㎥をクリアした。

それが実現できたのは4森林組合の「越境連携」が力を発揮したからだ。「越境連携」とは、単に輸出計画量を4組合が分担（平成27年度は南那珂65

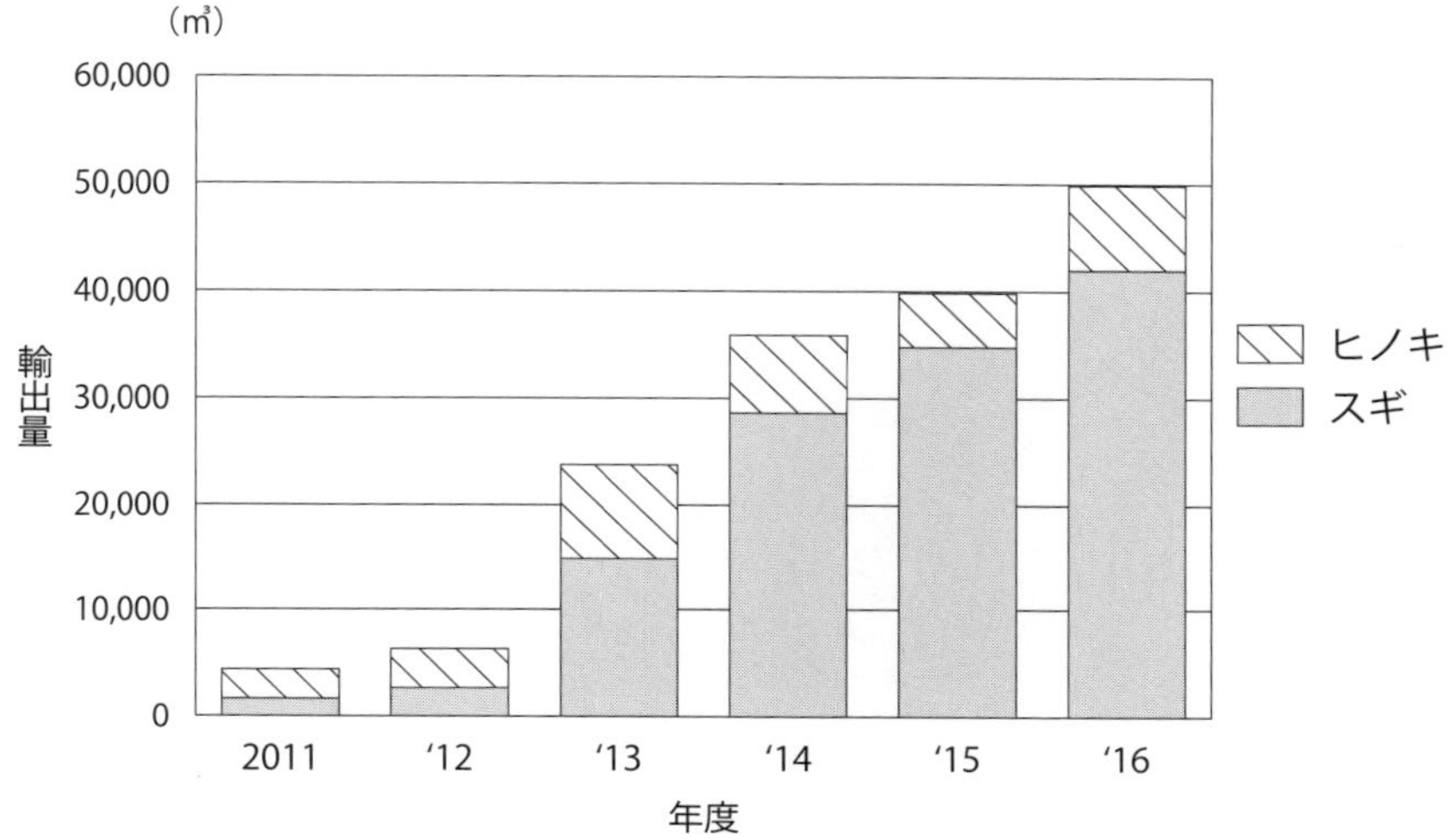

図1-12　木材輸出戦略協議会の樹種別丸太輸出量の推移
資料：木材輸出戦略協議会調べ
注：2016年度は計画

％、曽於地区18％、都城９・７％、曽於市７・３％）するだけはない。相手国の需要に弾力的に対応した丸太輸出体制を確立しているからである。

例えば、韓国向け原木の大半はヒノキ丸太の長さ２・４ｍ（マンション用内装材）であり、中国向けのなかには棺桶用材（中国では寿材と呼んでいる）の２・２ｍがある。周知のように、このサイズの丸太は日本の原木市場では流通していない。そのため木材輸出戦略協議会では、こうした特殊なサイズの丸太を、森林組合労務班に直接採材指示をしているのである。

こうした取り組みを背景に、木材輸出戦略協議会の原木輸出ビジネスはさらに拡大する勢いを見せている。そこには日本の木材商社、韓国、台湾、中国のバイヤーとの連携がある。まさに海を越えた広域連携にほかならない。

以上のタイプのうち地域連携型と広域連携型は今後ますます拡大してくると思われる。しかしここにきて困った問題が持ち上がってきた。

県と県、あるいは県を跨《また》いだ市町村の森林・林業・木材産業政策を今後どのように調整していくかという悩ましい問題だ。

木材輸出戦略協議会の原木輸出の場合、志布志港1港に集中して輸出量を増加させている。志布志港の管轄は鹿児島県だ。一方の宮崎県にしてみれば、志布志港だけでなく自県の油津、宮崎、細島港を使ってもらいたい気持ちは山々であろう。今後、こうした県境を越えた地域連携なり広域連携の輪が広がった場合、その利害関係をどう調整していくのか。地方自治体だけでなく国も指導力を発揮して、新たな森林・林業・木材産業政策のあり方を考える時期にきている。

論点整理と「深読み」

以上、「複合林産型」ビジネスについて私見を開陳した。その内容を一言でいえば、これまでの国産材産地が概念としても、また実態としても箍《たが》が緩み始め、森林・林業・木材産業クラスターへと移行しつつあるということだ。こうした考え方、見方は、おそらく国産材業界では初めてのことだと思う。それだけに読者のなかには理解しにくい点があったのではなかろうか。そこで以下では、想定される質問なり疑問を、以下の3つの論点に絞って「深読み」してみたい。

論点1

①現在、わが国の国産材業界は旧来の「国産材産地」から「森林・林業・木材産業クラスター」へと脱皮しつつあると指摘しているが、複数の企業がクラスター化する融合力なり接着力とは何か。

②クラスター化の事業規模とはどのようなものか。

③1990年代前半に見られた「木材コンビナート」（木材団地、木工団地）とどのように違うのか。

④現在の「森林・林業・木材産業クラスター」は川下を中心に進んでいるが、これに川上、特に

森林経営をどのように組み込んでいくのか。

〈論点１　深読み①〉

３企業によるスギ２×４

クラスター理論を提示したポーターは「クラスターとは、ある特定の分野に属し、相互に関連した、企業と機関からなる地理的に近接した集団である。これらの企業と機関は、共通性や補完性によって結ばれている。……クラスターは、深さや高度化の程度によってさまざまな形態をとるが、たいていの場合は、最終製品あるいはサービスを生み出す企業、専門的な投入資源・部品・機器・サービスの供給業者、金融機関、関連産業に属する企業といった要素で構成される」（注６）と指摘している。

そこで事例として紹介した伊万里木材市場南九州営業所、さつまファインウッド、外山木材志布志第６工場３社の「共通性や補完性」（融合力なり接着力に繋がる）について〝深掘り〟すると次のようになる。

❶３社共通の当面の目標はスギツーバイフォー（２×４）住宅部材（スタッド）の生産・供給（国内）であるが、近い将来、住宅も含めた海外輸出を視野に入れていること。

❷そのため、「国際バルク戦略港湾」に指定された志布志港近くに近接する形で集団を形成していること（前掲**図１-４**）。

❸３社の補完性は次のようになる。すなわち、さつまファインウッドが高品質のスギ２×４部材を製造・販売、そこへスタッドを安定供給するのが外山木材志布志第６工場の役割、外山木材志布志第６工場へ丸太を安定供給するのが伊万里木材市場南九州営業所という関係である。

❹さつまファインウッドと外山木材志布志第６工場の補完性は次のようになる。外山木材はスギ柱角・間柱のトップメーカーであるだけでなく、スギ足場板の生産・販売では他社の追随を許さない。そこで両者が連携して、スギ中目材

丸太の芯材部分から2×4部材と足場板を製材し、側（辺材）は乾燥して建築用材に充てようという相互補完を目指している。これによってさつまファインウッドは2×4部材確保がより安定化するし、一方の外山木材にとっては製材歩留まりがさらに向上するというメリットを共有することができる。

注6：マイケル・E・ポーター／竹内弘高訳『競争戦略論Ⅱ』、ダイヤモンド社、1999年、70頁。

〈論点1　深読み②〉
4森林組合の越境連携で丸太輸出

もう1つ、木材輸出戦略協議会の丸太輸出ビジネスをクラスターの視点から〝深掘り〟してみよう。同協議会は曽於地区、曽於市（鹿児島県）、南那珂、都城（宮崎県）の4森林組合による「越境連携」組織である。その融合力（接着力）は次の2つに整理できる。

1 4森林組合の拠出金で「基金」を創設したことである。その目的はリスクの共有と海外市場調査である。木材輸出は為替相場に左右される。円高に振れると木材商社は腰が引けてしまいがちだが、同協議会は丸太供給の持続性を維持するために、円高の苦境時でも中国や韓国からの注文にきちんと応じてきた。当然赤字が出る場合があるが、それを補填するのが「基金」である。赤字の責任を個別の森林組合に押しつけるのではなく、協議会全体で負うというコンセプトを貫いている。

また戦略協議会は毎年中国、韓国を中心に商談を含めた海外市場調査を実施している。2016（H28）年はニュージーランドを訪問し、中国向け輸出の実態調査を行った。中国市場において国産スギの競争相手がニュージーランド産のラジアータパインであるからだ。この調査には各森林組合から数名の職員が参加しているが、すべてを組合の出張費で賄うには限界

写真1-18　中国へ輸出するスギ棺桶用材
（中国では「寿材」と呼んでいる）

がある。その補填金を「基金」から支出している。１人でも多くの職員を参加させるためだ。

2 ここ数年、南九州を中心に深刻化している「スギ大径材問題」とその打開策を共有していることである。スギ大径材丸太（特に末口径40cm以上）の国内需要はきわめて乏しい。例えばスギ大径材の最も効率のいい製材方法といわれる平角（梁）を挽いても、米マツＫＤやレッドウッド集成材が市場を圧倒しているため競争力がない。ならばスギ大径材を中国へ輸出しようということになった。国内向けと中国向け（港渡し価格）では２０００円前後／㎥の差がある。今時、この丸太の価格差は大きい。かくしてスギ大径材丸太の輸出量が年々増加し、２０１６（H28）年は輸出量全体の11%を占めるまでに至った。スギ40cm上丸太は、長さ2・2ｍに採材して輸出している（**写真1-18**）。これは中国の富裕層の棺桶材料（中国では「寿材」と呼んでいる）として定番化しており、さらなる輸出量の増加が求められている。こうした「スギ大径材問題」を4森林組合共通の課題と位置づけているが、これもクラスター化の融合力（接着力）になっている。

以上の2例をここでは「志布志モデルⅠ」（スギ2×4輸出）と「志布志モデルⅡ」（丸太輸出）と名づけよう。2つのモデルに共通しているのは次の点である。

①各社（森林組合）は互いに競争しながらも共通目的に即して協働が機能し、非公式のネットワークで繋がっていること。

②サプライチェーンマネジメント（SCM）やロジスティクスの考え方を実践の過程で身に付けつつあること。

③以上を背景に、今後、森林・林業・木材産業イノベーションを実現する可能性がきわめて強いこと（例えば陸送、鉄道輸送、内航船・外航船を使った木材輸送体系の確立など）。

〈論点1　クラスター化の適正規模とは？　深読み③〉

クラスター化の規模であるが、実はポーターはその地理的範囲を明示していない。すなわち「クラスターの地理的広がりは、一都市のみの小さなものから、国全体、あるいは隣接数カ国のネットワークにまで及ぶ場合がある」（前掲書、70頁）と、かなりの〝幅〟をもたせている。したがって適正規模は弾力的に考えてもよいだろう。この〝幅〟は「志布志モデルⅡ」にも言及できる。木材輸出戦略協議会はヒノキを韓国へ輸出している。ところが同会のある大隅半島はオビスギの産地でヒノキはきわめて少ない。大隅半島以外の（例えば鹿児島県北薩地域）ヒノキの賦存量が多い森林組合と連携しながら注文に応じている。狭いクラスターから広いそれへと地理的な拡大を見せている。

なお現時点での森林・林業・木材産業クラスターの完成度が高いのは真庭市（岡山県）の「木質資源活用産業クラスター」であろう（北海道下川

町の「下川町バイオマスタウン構想」も同様である）。

ここでのクラスターとは、**図１-13**のように、森林・林業・木材産業、木質バイオマス利用産業を含むかなりの広がりをもった産業集積である。木質バイオマス利用産業は第３次産業であるエネルギー産業を含んでいるので、第１次から第３次産業まで包含したクラスターである。ここでもマテリアル利用（カスケード利用に沿った）を第一義として、次いでサーマル利用になる。

〈論点１　深読み④〉
「木材コンビナート」（木材団地、木工団地）とどのように違うのか？

講演会や研修会で「複合林産型」や「森林・林業・木材産業クラスター」について私見を披露すると、「それって木材コンビナートのことですよね」という質問を受けることがあるが、「複合林産型」ビジネスや「森林・林業・木材産業クラスター」は１９９０年代前半に各地で見られた「木材コンビナート」（木材団地、木工団地）とはまったく違う概念だ。90年代前半の「木材コンビナート」は工業団地や木工団地に数社の木材関連企業（製材工場や原木市場など）が立地しただけで、司令塔もなければ相互の有機的連関にも乏しかった。本章で言及した「非公式なネットワーク」も形成されていなかった（補注、２４７頁）。「船頭多くして船山に登る」結果に終わったのは残念である。「木材コンビナート」が本来の意味で機能を発揮したのは伊万里木材コンビナートが初めてであろう。

〈論点１　深読み⑤〉
川下中心に進んでいる「森林・林業・木材産業クラスター」へ、川上、特に森林経営をどのように組み込んでいくのか。

「クラスター」化が進むなかで、森林経営をいかに有機的に組み込んでいくのかはきわめて重要な課題である。以下、私見を提示したい。第１は、

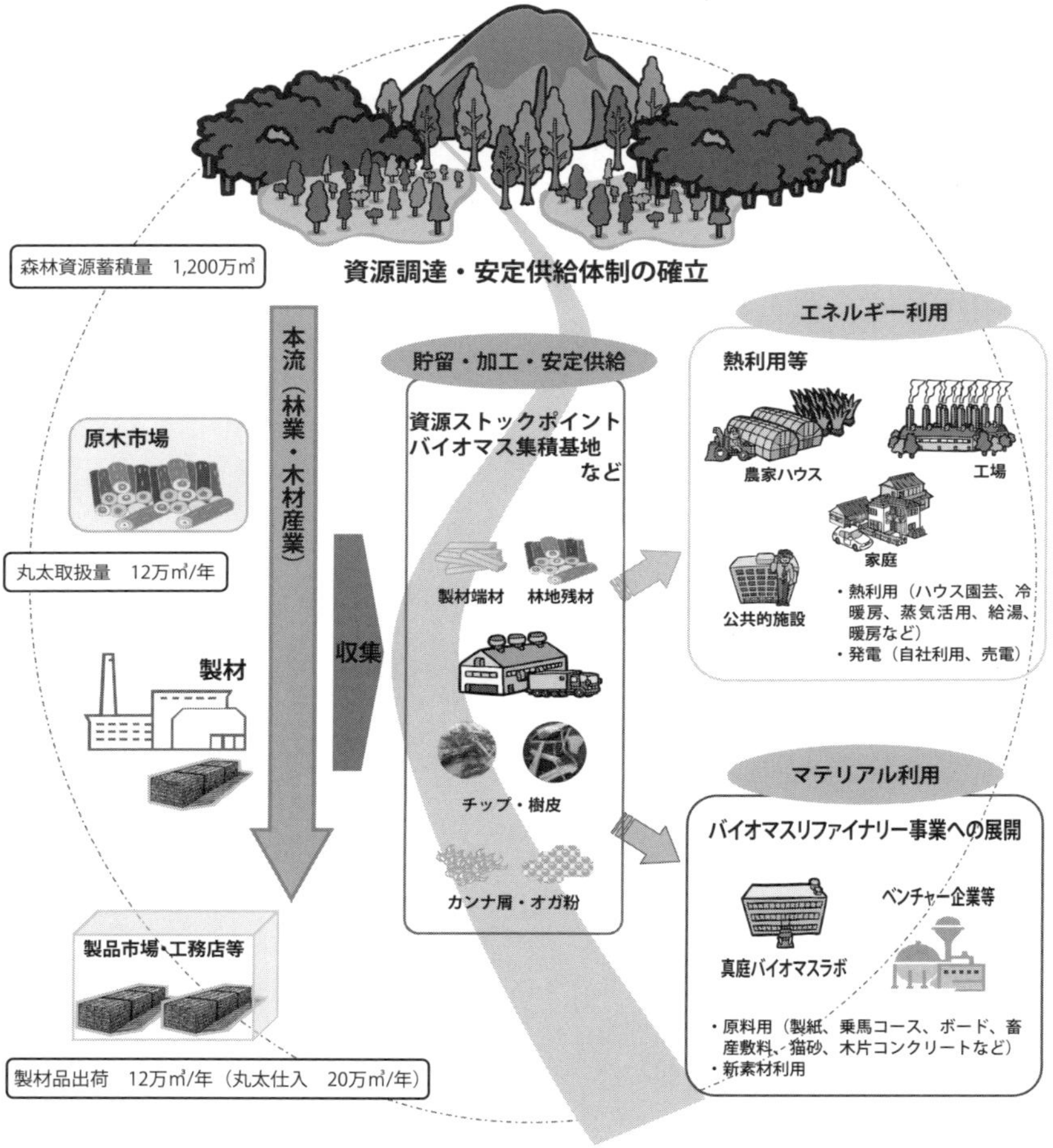

図1-13 真庭市の木質バイオマス資源活用のイメージ
出典：「真庭市木質バイオマスエネルギー利用指針」2013（H25）年

森林所有者の森林経営権を第三者に委ね、それをクラスターに組み込んでいく方法である。今国会で成立した「森林経営管理法」の「意欲と能力のある林業経営者」にも通じる。

第2は前出で紹介した「森林信託」手法である。信託を受けた会社なり事業体がクラスターに参画していく方法である。

第3は、長期伐採権制度の導入である。筆者らは既に20年前から、日本でも長期伐採権制度導入の必要性について訴えてきた（堺正紘編著『森林資源管理の社会化』、九州大学出版会、２００３〈H15〉年）。長期伐採権制度といえば、カナダのブリティッシュ・コロンビア州有林の営林権（伐採権）が有名だ。年間伐採許容量（ＡＡＣ）を設定し、営林権（伐採権）を競争入札にかける仕組みになっている。入札資格を満たし最高額で落札した事業体が州有林の伐採権を有することになる。

日本においても、国有林、公有林が中心になり私有林とも連携しながら（民国連携）、営林権（伐採権）を設定して競争入札にかける手法を検討してみる時期にきているのではないだろうか。特にクラスターを形成している製材業者なり、素材生産業者が営林権（伐採権）を手中にすることによって、クラスターと森林経営がダイレクトに繋がる可能性が大きい。

論点2

①「複合林産型」を議論する場合、製材加工業と木質バイオマス発電（熱供給）の親和性が高いと指摘しているが、その他の組み合わせもあるのか。

②「複合林産型」の規模の大小は、どの程度重要なのか？

〈論点2　深読み①②〉「複合林産型」
竹活用モデル（熊本県南関町）

国産材業界における「複合林産型」ビジネスは丸太だけでなく、タケの分野でもモデルが形成されつつある。その好例がバンブーフロンティア㈱の取り組みだ。里山の竹林を工業化しようと設立されたベンチャー企業である。そのコンセプトは「はじめにマテリアル利用ありき」の「複合林産型」ビジネスと共通している。同社のある熊本県南関町は竹林が多い。そこで南関町と協定を結び、町内の竹林300ha（民有林）をバンブーフロンティアが自由に利用できることにした。それを伐採して**図1-14**のような流れで工業化していこうというものだ。

具体的には、⑴竹林はバンブーフロンティアによる自社伐採を中心に、地域のタケノコ農家などの自伐で補完する。⑵自伐で搬入されたタケは軽トラ1台（約500kg）3000～5000円で買い取る（価格の先出し）。⑶タケは幹材部分を2mに玉切ってチップ化し、バンブーマテリアル㈱へ納入する。さらにそれをスギバーク（樹皮）と混合してボードにする（マテリアル利用）。⑷残りの枝葉はチッピングしてバンブーエナジー㈱へ販売してエネルギー利用する（サーマル利用）。電気・熱は3社の工場で利用し、余力が生じたら売電する。⑸ボイラーの燃焼過程で生じた灰はバークと混ぜ合わせて鳥インフルエンザウィルスの防疫剤として販売する。

3社の工場は2018（H30）年春に完成した。3社の「複合林（竹）産」によって「1＋1＋1」が3ではなく、4にも5にもなり、シナジー（相乗）効果が発揮できる。この方式をまずはご当地の南関町で確立し（「南関モデル」）、順次、九州全域に広げていく計画だ。

このように「複合林産型」には適正規模はない。条件次第で小（狭）から大（広）へと拡張できる。

〈論点2　深読み①②〉「複合林産型」木質バイオマス発電事業を核としたモデル（グリーン発電大分）

もう1つ事例を紹介しよう。㈱グリーン発電大分（大分県日田市）の木質バイオマス発電ビジネス

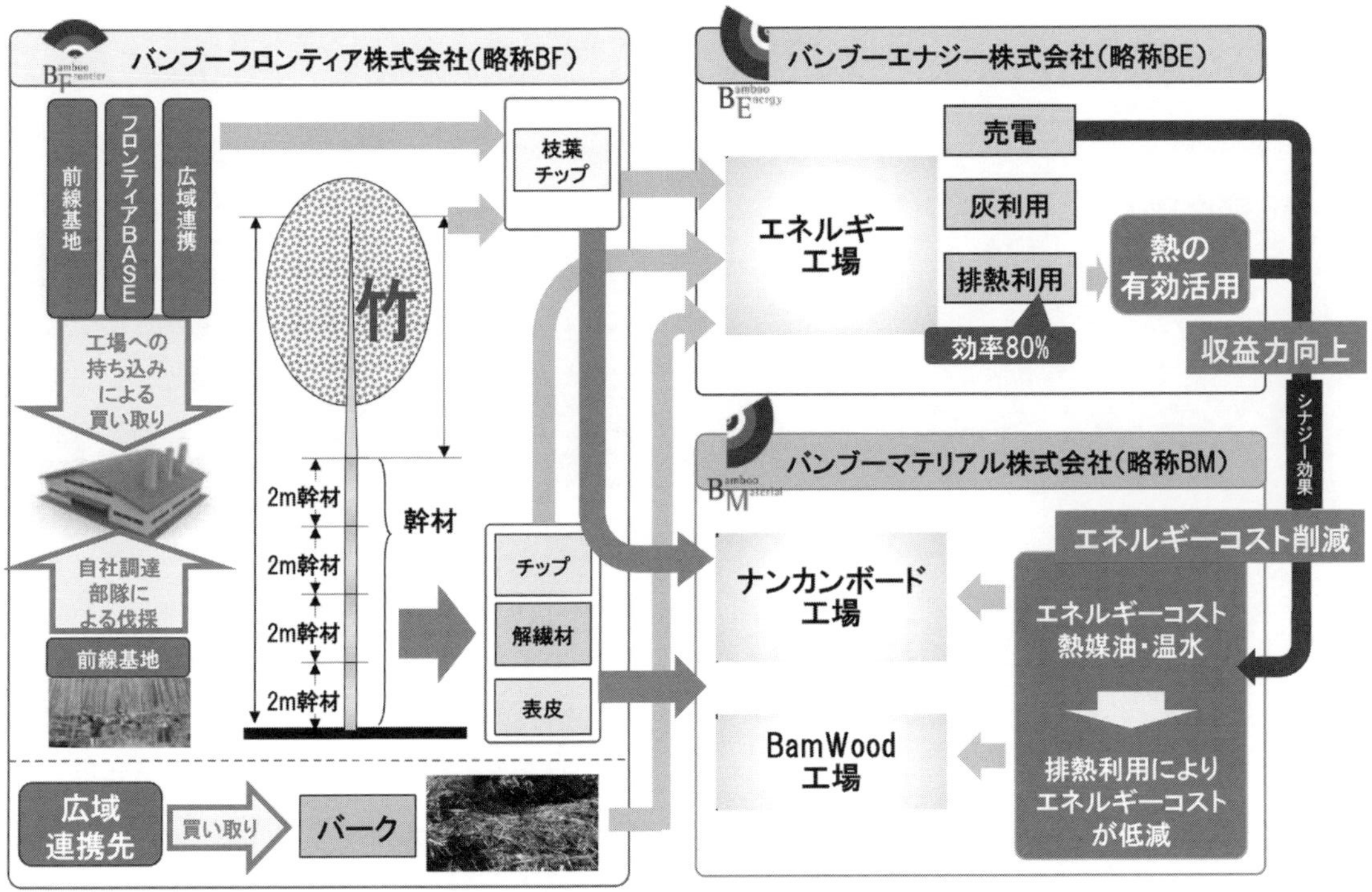

図1-14　バンブーフロンティアのビジネスモデル
出典：バンブーフロンティア㈱

だ。2013（H25）年11月から商業運転を開始、発電規模は5700kW（約1万世帯分）である。当発電所の特徴は地域農林業と強固に結びついていることだ。発電の過程で発生する熱を農業利用しようとイチゴ栽培農家を敷地内に誘致した（敷地は無償提供）。イチゴの作付けは2016（H28）年から開始。4連棟（11a）の栽培ハウス内にグリーンソーラーシステム（温水熱の熱交換器）を設置、9月に植え付け、11月から翌年6月頃まで収穫している。この規模の温風施設整備の場合は約100万円の燃料（重油）代が必要であるが、排熱利用によって1日1円、4ヵ月分／年間代の燃料代を徴収しているが、実質的にはタダ同然だ。イチゴ（品種は紅ほっぺ）の販売は年間6tに達している。

グリーン発電大分の取り組みも「複合林産型」のジャンルに入るし、他社の木質バイオマス発電ビジネスを見ても「複合林産型」を志向していることが窺われる。例えば、全国各地の発電用チップ用丸太置場を見ると、A材が3～4割程度混じっているケースが見られる。多くの発電所はこれまでABCDすべてをチップにしてボイラーへ投入していたが、「これではもったいない」と中間土場を設置し、そこでABCDに仕分けをしようという計画を考えている発電所も出てきた。また、発電規模の大きな木質バイオマス発電所のなかには、当初は小規模でもいいから製材工場、合板工場を設置してA材、B材を有効利用しようという構想を練っているケースもある。これは木質バイオマス発電事業を核とした「複合林産型」ビジネスである。

以上の〝深掘り〟からもわかるように、これからの日本の森林・林業・木材産業は「複合林産型」で競争力をつけていく、そんな時代に確実に入ったと思われる。

論点3
国産材産地が概念としてもまた実態としても箍が

緩み始め、森林・林業・木材産業クラスターへと変化しつつあると指摘しているが、「箍が緩み始める」要因は何か。

〈論点3 深読み〉

マーシャルは「同じ性格をもつ多数の（しかも同一の）小企業が特定の地域に集中」している事実に注目して産業集積を論じた（ただし、そのメカニズムには言及していない）。では特定の地域に集中するメリットとは何か。マーシャルはそれを「外部効果」と呼んだ。

その要点は、

1製材業の場合、それに必要な特殊技能労働者をプールすることが可能になること。

2個々の製材工場は規模は小さいが、集中することによって製材に必要な機械部品や原料としての丸太などのまとまった需要が発生すること。

3したがってそれを供給する専門化した企業（例えば原木市売市場や素材生産業者の組織）との間に分業関係が形成できること。

4製材業に蓄積されたさまざまなノウハウ、技術、知識などが製材工場間で相互にスピルオーバー（拡散効果）すること、などである。

前に述べたように、マーシャルは「外部効果」を「内部効果」とセットで議論している。後者が謂わば個々の製材業の経営資源として事前に決定されているものであるのに対して、前者は個々の小規模製材業が集積することによって事後的に生じるメリットである。マーシャルはこの「外部効果」こそが産地を発展させる要因になると考えた。

ではこうした産地の「箍が緩み始める」要因は何か？　マーシャルは次の点を指摘している。「運輸通信の手段の低廉化に伴って、遠隔な地域の間の意見の自由な交流が容易となると、産業の立地をきめる働きも変わってきた。一般的にいうと、関税の軽減、ないしは貨物輸送の運賃の低下によって、各地区とも必要とするものを遠隔地からいっそう大量に買い付けるようになり、特定の産業

〈木材製品の種類〉

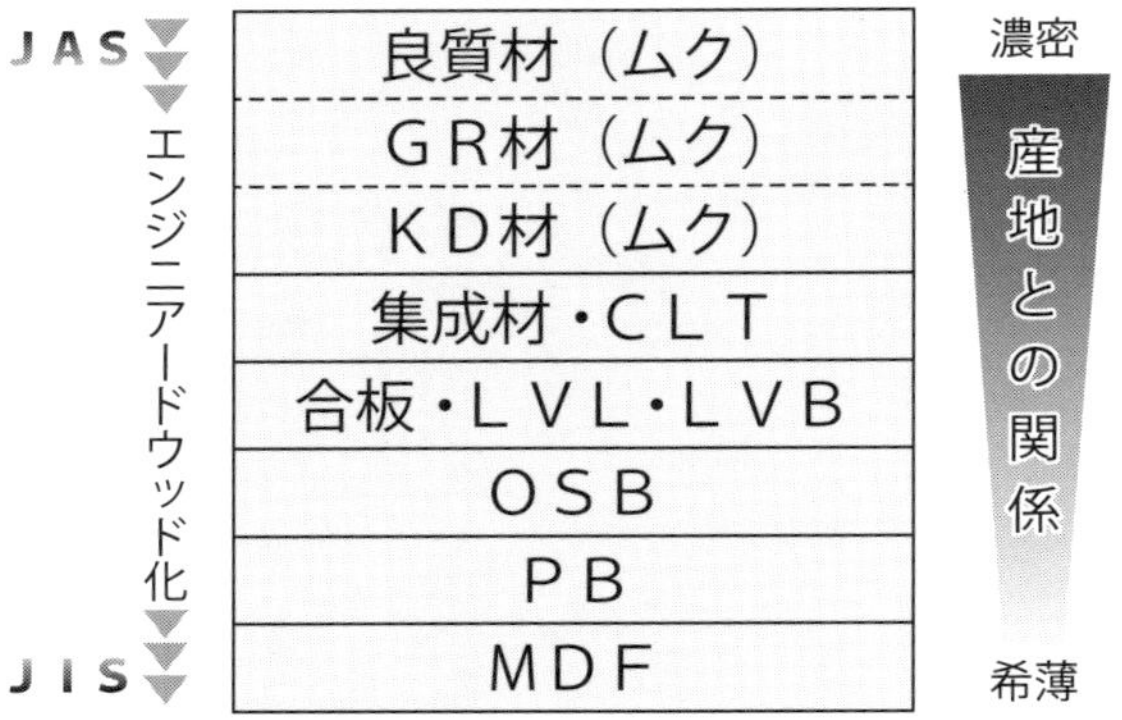

図1-15　木材製品と産地の関係（イメージ）
注：(1)ＰＢ→パーティクルボード，ＭＤＦ→中質繊維板
(2)ＯＳＢの製造工場は日本にはないが便宜的に入れた

を特定の地域へ集積させる傾向を弱めることになる」（注7、258頁）。

このマーシャルの指摘は、前掲**図1-9**を見れば納得がいく。つまり陸送だけでなく船を使うことによって国産材丸太の集荷圏がオールジャパンに及び、必ずしも森林資源が潤沢に賦存している地域に立地しなくてもよいことになる。

しかしこれだけでは、小規模製材工場が産地から離れて大規模化（と同時に「複合林産型」化）していく説明にはならない。そこには50頁で指摘したように、製材品の人工乾燥化、集成材化による真の意味での企業化があり、この結果、国産材産地の一部がその後大規模製材工場の統合のなかに包摂されていくのである（トーセンの「母船式」がその典型）。

これに関連して木材製品の種類と産地との関係をイメージしたのが**図1-15**だ。つまり生物資源としての木材からエンジニアードウッド、つまり工業製品に近づけば近づくほど（これは換言すれば

JAS〈日本農林規格〉から限りなくJIS〈日本工業規格〉へ近づくことを意味する）産地との関係は希薄になる。北山の磨丸太や吉野の樽丸は、その原木の出自に徹底的にこだわったがゆえに、産地ブランドとして市場に流通した。しかし、これがやがて時代の推移（需要の変化）につれてKD材や集成材、合板が台頭してくると原木や樹種にこだわる必要は薄れてくる。合板の場合は、フェイス（合板の表面の単板）に強度の強いカラマツやヒノキを採用する程度である。産地は問わない。強度が担保できればそれで充分だからだ。これがやがてOSB、PB、MDFになると産地などまったく関係なくなってしまう。国産材産地が概念としても、また実態としても箍が緩み始める要因になる。

注7：A・マーシャル、馬場啓之助訳『経済学原理Ⅱ』、東洋経済新報社、1966年、258頁。

第2章
「複合林産型」ビジネス形成の条件

興味深い言説

マクロ解説編第1章「『複合林産型』ビジネス創出に向けて」では、国産材業界の激変が製材加工業や合板業など川下を中心に起きている現象であることを見てきた。では、こうした激変は川上にとってどのような意味をもっているのだろうか。本章ではまずこの問題について考えてみよう。

それを受け、川下の激変に対して、川上は何をなすべきか、そしてその「先」に何が見えてくるのかについて考察を加えてみたい。

そこで、最初のテーマにアプローチする際の手がかりになる興味深い言説を紹介しよう。『日刊木材新聞』2015（H27）年の「新春座談会」で、林野庁・沖修司氏（当時次長、その後長官を歴任）が、現在の林野庁の森林・林業・木材産業政策の基本的な考え方を披瀝《ひれき》している。その部分を引用すると次のようになる。「川下と川上を一体的に動かし、地域再生のなかに林業を位置づけて進めていこうというのが、今の林野庁の取り組みだ。林野庁の施策は川上からのアプローチが主だったが、木材の需要拡大がなければ川上にお金が返らないことになる。林家を元気にするためには、川下と連携した需要拡大が必要。そういう意味では戦後数十年とは正反対の取り組みをしている」と。

沖氏の発言で注目したいのは、林野庁の施策が「戦後数十年とは正反対の取り組みをしている」という点だ。これはいったい何を意味しているのだろうか。

川上重視から川下重視への転換

戦後わが国の森林・林業政策は「柱取り林業」（補注、256頁）「柱取り製材業」「木造持ち家本位」の三位一体の関係で展開してきた（詳細は、第3章「『複合林産型』ビジネスへ至る道筋」を参照）。しかし1973（S48）年をピークに新設住宅着工戸数が減少に転じ、国産材業界は売手市場から買手市場への転換を余儀なくされた。

こうした窮状を打開しようと、林野庁は１９８０年代初頭に地域林業政策を、90年代に入るとそれを継承強化した流域管理システムという２つの政策を打ち出した。川下（需要）という概念が芽ばえ始めたのは、地域林業政策がスタートした頃からだ。川下（需要）を視野におさめたからには、当然、供給（「木材の安定的な生産・出荷」）のあり方が問われる。川上・川下という言葉がセットで使われ始めたのもこの頃からである（補注、２５２頁）。

それまで林野庁の森林・林業政策には川下（需要）という考えは念頭になかった。基本法林政（１９６４〈Ｓ39〉年制定の林業基本に基づいた森林・林業政策のこと）の中心が森林所有者（特に家族経営的林業経営）の育成（川上重視というより川上偏重）であったことを想起すれば、それは明らかであろう。

では川上重視（偏重）の姿勢から、川下（需要）重視の施策へと「正反対の取り組み」へ転換した背景は何か。現在の林野庁の森林・林業・木材産業政策の基調をより鮮明にさせるため、この点にもう少し立ち入って考察してみる必要がある。

川上から川下へ、川下へ……

地域林業政策が打ち出された１９８０年代初頭は、地域差を伴いながらも、戦後造林スギが間伐期にさしかかった時期であった。この間伐材をいかに需要に繋げていくかというのが、地域林業政策の課題でもあった。

ところで、木材は立木→丸太→製材品（建築用材）と商品形態を変えながら、川下の需要へ接近していくが、この変化に対応して産地の有り様も異なってくる。すなわち丸太産地（林業産地）→製材産地→産直住宅産地への変貌である。

戦後の丸太産地形成は主として１９７０年代に見られた。思いつくままに記しても、金山林業（山形県）、日光林業（栃木県）、青梅林業（東京都）、久万林業（愛媛県）、八女林業（福岡県）など枚挙に暇がない。

しかし丸太のままで出荷したのでは芸がない。もっと付加価値をつけようということで始まったのが製材産地づくりである。１９８０年代のことで、地域林業政策が打ち出された頃がこの時期と重なる。新林業構造改善事業を利用した製材工場（大部分は間伐・小径木処理施設）が全国各地１００工場近く開設された。

１９９０年代に入ると、全国各地で産直住宅運動が昂揚した。住田（岩手県）、大館（秋田県）、天竜（静岡県）、東濃（岐阜県）、設楽（愛知県）、龍神（和歌山県）、奈義（岡山県）、嶺北（高知県）など数え切れないほどの産直住宅産地が現れた。産直住宅がなぜ国産材産地形成なのかといえば、その基本的な考え方が、地域の森林所有者、森林組合、製材業者、大工・工務店などが連携し、地域産材に付加価値をつけて、地域以外の住宅市場を開拓していこうというものだからだ。

以上のように、川上サイドが木材商品（丸太→製材品→住宅）を携えて川下へ川下へとマーケティングを重ねながら打って出るという作戦が国産材産地化運動であった（それをイメージしたのが**図2-1**）。そしてこれを後押ししたのが地域林業政策と流域管理システムにほかならない。沖氏の「林野庁の施策は川上からのアプローチが主だった」という述懐はこのことを含意している。

しかし残念ながら、こうした官民連携の国産材産地化運動は、森林所有者、素材生産業者、森林組合、製材業者、大工・工務店のマネジメント能力やマーケティング能力の乏しさなどが禍《わざわい》して、挫折してしまった。

そして現在の川上と川下の相互関係は**図2-1**の一番下のように、需要（消費）主導で展開している。つまりこれまでのプロダクトアウトからマーケットインへと大きく転換したのである。

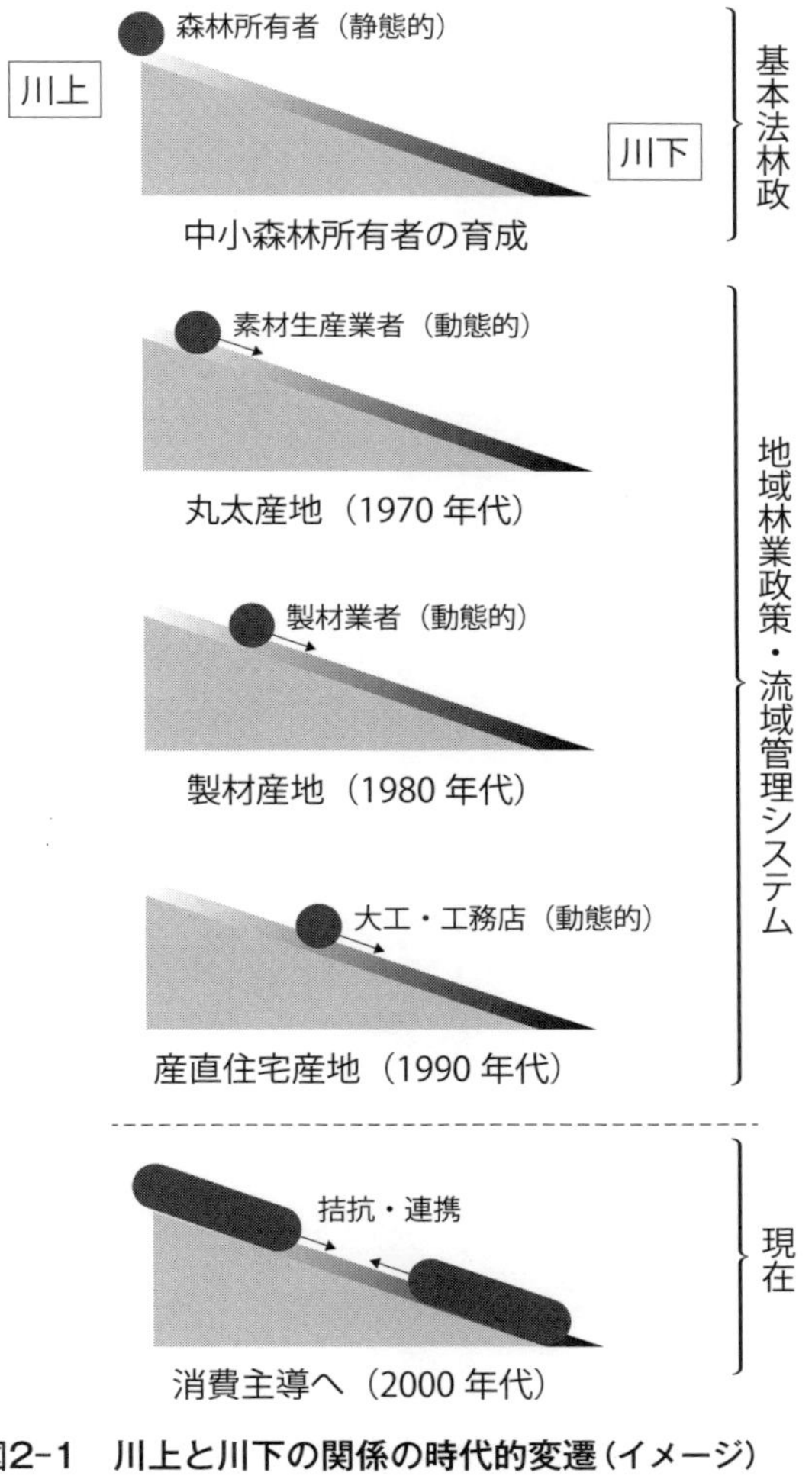

図2-1　川上と川下の関係の時代的変遷（イメージ）

ABCDが勢揃い

ところが2000年代に入ると、国産材業界には、これまでの官民連携の国産材産地化運動の流れとは明らかに異なった潮流が見え始めた。大手国産材製材業の規模拡大、集成材や合板製造業の国産材利用の拡大などがそれである。さらに2010年代に入ると木質バイオマス発電事業の展開によって、未利用・間伐材を中心に需要が拡大した。また丸太を中心とした海外輸出が増加し始めた。ちょうどこの頃からだ。国産材業界で「ABCD」(補注、253頁)なる〝記号〟が盛んに関係者の口にのぼるようになったのは。つまり2010年代に入って「ABCD」の需要が出揃ったことになる。

このことは第1章で述べた「複合林産型」ビジネス登場の素地を形成し、「製材歩留まり50%」と「柱取り林業」(A材に収益を求める林業経営)から、ABCDの総合利用への転換への舞台設定にもなった。

沖氏はこうした時代の変化を適確に把握しながら話しているのだ。つまり、現在の森林・林業・木材産業政策の「肝」は、川上が消費(需要)を創出するよりも、川下がつくりあげた需要(消費)とどう結びつくかのほうが効率的だという発想になる。そのことは、ここ数年顕著になっている地方自治体による製材工場、合板工場などの公募・誘致の例を見ても明らかだ(補注、254頁)。これによって「山元還元」をどう実現していくか、その手法が問われている。

森林管理を林業経営者に委託

さて林野庁はこうした認識をもとに「林業の成長産業化」を掲げているが、なかでも本章のテーマ(「川下の激変に川上はどう対応すべきか」)と係わって興味深いのは、森林管理を伐採業者(素材生産業者)に委ねるスキームを打ち出したことだ

（2018〈H30〉年3月「森林経営管理法案」として閣議決定し、2018年5月25日成立、来年4月施行）。おそらく、現在の森林所有者の伐採性向を前提としていたのでは、川下の需要に対して丸太を安定供給できる体制が確立しにくいと判断したからだろう。

そこで「意欲と能力のある林業経営者（森林組合、素材生産業者、自伐林家等）」を選んで絞り込み、設備導入費や間伐費用の補助を集中的に支援していこうというのが法律の趣旨である。

そこには次の3段階が用意されている。

①森林所有者の管理責務を明確化する、

②森林所有者が管理できない場合は、自治体が「意欲と能力のある林業経営者」に管理を委託する、

③委託先が見つからない場合は市町村が管理する。

これを筆者なりに整理すれば、①は自立林家、②③が「意欲のある林業経営者に委託する」可能性のある林家という筋立てになろうか。

法律に対しては賛否両論あるだろうが、森林所有者自らが森林管理できない諸事情を踏まえ、日本の森林・林業はこうした思い切った政策課題に取り組まなければならない試練の時期に直面したことだけは確かである。

社有林ですべて丸太を賄うのは無理

さて仮にこうした①②③の整理ができたとしても、それを実際に現場に根付かせて運用していくためには、川上と川下はビジネスパートナーという認識が必要である。しかしそれは馴れ合いであってはいけない。両者の間に「拮抗力」を形成することが不可欠である。

農林水産省『平成28年木材統計』によれば、全国4933の製材工場の素材消費量は1655万7000㎥である。このうち出力数300kW以上の大規模工場（412工場、全体の8・4%）の消費量は、全体の69・5%と7割を占めている。ではこうした寡占状態にある大規模製材工

場が、丸太価格を自由自在に決定してよいのだろうか。断じて「否」である。大規模量産工場のなかには社有林を集積し、丸太の安定的確保を志向していることについては第1章で指摘した。しかし自社消費丸太をすべて社有林からの出材で賄うには限界があろう。

ここでトーセンや協和木材クラスの年間30万m³の丸太を消費する大型量産工場を念頭に、この規模の製材工場が社有林で自社製材の丸太をすべて確保すると仮定して、ごく大雑把な試算をすると以下のようになる。

スギ人工林1ha当たりの利用蓄積が300m³あるとしよう。30万m³の丸太が必要だから、30万m³÷300m³=1000haの人工林が必要になる。これは1年間の計算だから、5年で回すと5000ha、10年なら1万ha、50年なら5万ha（日本の人工林面積の0.5％）の社有林が必要になる。しかも伐採・搬出コストを考えると、できるだけ里山に近いまとまった人工林の確保が望ましい。

現在の日本の森林・林業の所有構造（零細・分散的性格）を考えた場合、1社でこれだけの社有林を集積することには無理があると思うが、いかがであろうか。そうなると寡占化しつつある大型量産工場とはいえ、森林所有者、森林組合、素材生産業者の協力を仰がなければ、丸太の安定的な確保はおぼつかなくなる。ここにこそ森林組合や素材生産業者が丸太を大ロットで安定的に供給することによって、丸太の価格交渉権を掌中にできる可能性が生じてくる。林野庁の提示した「意欲と能力のある林業経営者」には、こうした丸太価格交渉権を掌中にしようとする「意欲」と「能力」も当然のことながら要求される。

川上・川下間に「拮抗力」の形成を

その際、川上・川下双方に「拮抗力」の形成が必要だ。「拮抗力」（countervailing power）とは、米国の経済学者K・ガルブレイス（1908

～2006年）がその著書『アメリカの資本主義』〈1952〈S27〉年）で提示したのが「拮抗力の概念」である。簡単にいえば商品取引における売り手（seller）と買い手（buyer）の力関係のことだ。

「経済学の父」アダム・スミス（1723～1790年）は、多数の小さな企業が参入する競争的市場が成立していれば、「神の見えざる手」が作動して社会的分業が成立し、市場はうまく機能していくと考えた。しかしその後の市場はスミスが考えたようには展開せず、一部の大企業が市場を操作するようになった（その大企業による独占を防ぐために出されたのが独占禁止法）。

しかしだからといって「大企業＝悪者」に仕立ててはいけない。ガルブレイスはそう主張した。というのも大企業は資本力を活かして技術革新を推進できる。技術革新こそが経済成長を促す要因にほかならないからだ。では大企業の勝手気ままな振る舞いは許されるのか。「ノー」である。それは現実の市場を見ても明白だ。数社の企業による寡占状態があっても、そこには企業間の熾烈な競争が展開されている。つまり1社の寡占に対する「拮抗力」が働いている。

ここで重要なことは、大企業間に生じる「拮抗力」よりも、売り手としての寡占企業に対して買い手がそのパワーによって「拮抗力」をいかに発揮できるかだ。ガルブレイスはその例としてスーパーマーケットや生活協同組合をあげている。彼らが商品をたくさん買うことによって、価格交渉が可能になり、価格を下げて消費者に提供できるという視点である。ガルブレイスはこれによって、市場全体のバランスが形成されると考えた（両者のパワー関係の対等化）。

ガルブレイスの提唱した「拮抗」概念は、森林・林業・木材産業における川上・川下にも応用できる。つまり川下の需要に見合った丸太を安定的に供給する仕組みを創出することによって「拮抗力」を形成できる。丸太の価格交渉権はこうした「拮抗力」のなかでこそ獲得可能になる。

一方、川下の製材工場や合板工場も、「拮抗力」を背景に「丸太をたくさん買うから安くならないか」とか「協定取引」（紳士協定）ではなく、「契約取引」にしてほしいという交渉が可能になる。

クープマンの「目標値」

全国森林組合連合会という組織がある。その傘下に都道府県森林組合連合会、さらにその下に単位森林組合（644組合）がある。これらを合わせた森林組合系統共販事業で扱われる素材生産量は、全国の素材生産量（ちなみに2016〈H28〉年の素材生産量は2066万㎥）の何割を占めているか、ご存知だろうか。じつに4割強を占めているという（全森連による）。

ところで、市場動向を占う目安として「クープマンの目標値」がある。クープマンはシェア（占有率）が発するサインに注目し、シェアと市場動向の関連性について次のような目標値を提示した（図2-2）。

ここでクープマンは市場シェア41・7％を「相対的安定シェア」と呼んでいる。ちなみに『日経シェア調査2014年版』（日本経済新聞出版社、2013〈H25〉年）を開いてこのシェアに該当する市場と占有率を見ると、ICレコーダー市場でオリンパスが41・5％を占めている。つまりトップの座は安定しており、よほどのことがないかぎり市場競争で逆転されることのない地位だ。ICレコーダー市場と丸太市場を同日に談じることはできないが、ここでは4割強というシェアが市場で重い意味をもっていることを確認できればそれでいい。

4割強といえば「相対的安定シェア」を確保していることになり、例えば丸太の価格交渉権を掌握するなどトップシェアの力を示す可能性大だ。ただし、そのためにはサプライチェーンマネジメントやロジスティクスなどの考え方に基づいた総合力をどう発揮するかが必要であり、ここに林業

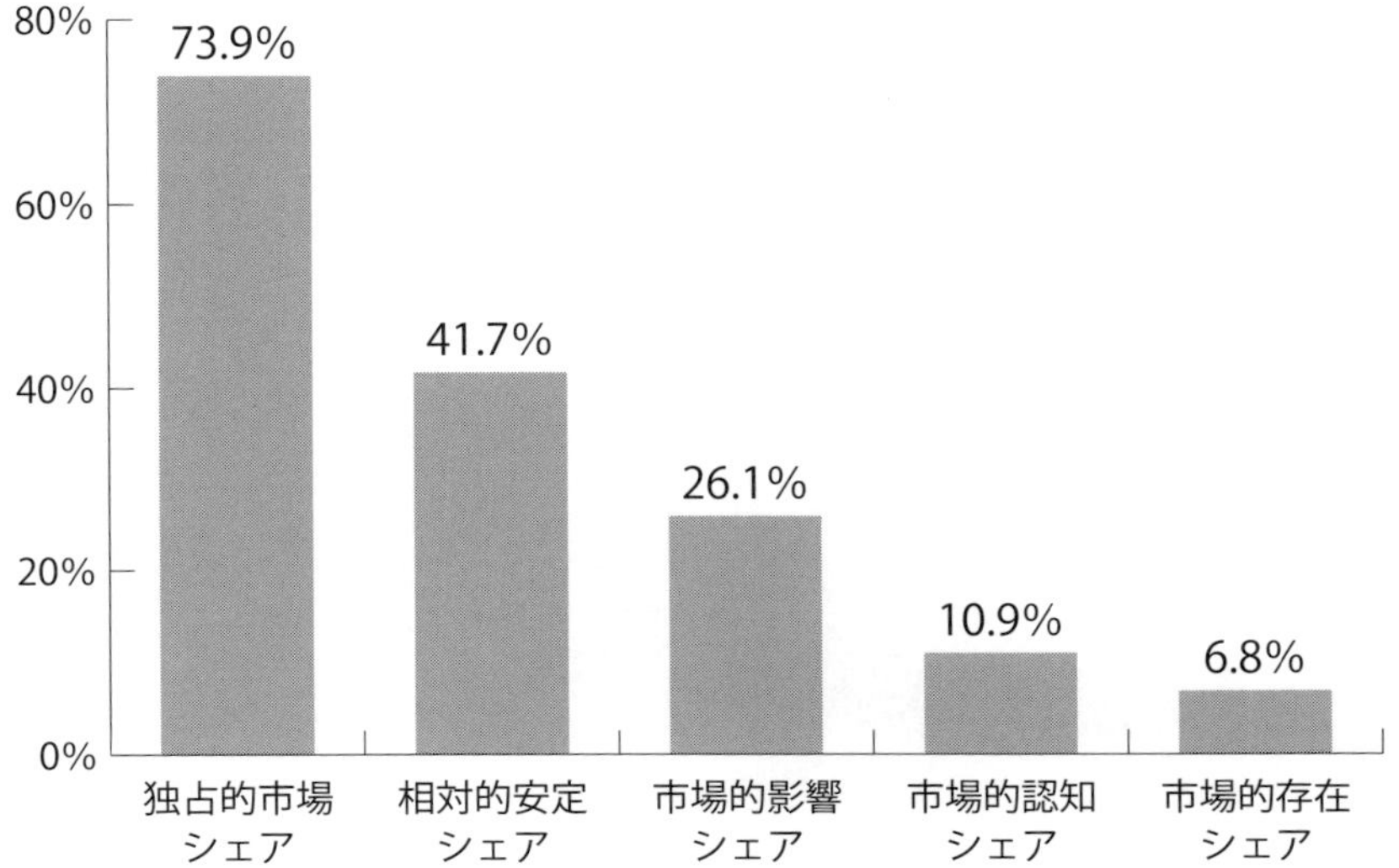

図2-2 クープマンの目標値
出典：㈱シストラットコーポレーション

界の大きな課題が見えてくる。

丸太価格交渉権確立を目指して

しかし川上サイドの不利な状況を打開すべく、丸太価格交渉権確立の素地は形成されつつある。第1章で簡単に紹介した「クラスター化に対応した素材生産・流通の再編」のなかにその可能性を見いだすことができる。ここでは青森県森林組合連合会を例に補完しておこう。

青森県森連の丸太取扱い量増加は瞠目に値する（**図２-３**）。２００８（H20）年度の取扱い量が20万２０００㎥だったのが、２０１６（H28）年度は44万５０００㎥に達した（2・2倍増）。２０１６年度の青森県の素材生産量は79万７０００㎥だから、その56％を占めることになる（クープマンの「目標値」でいけば、「相対的安定シェア」をはるかに超えている）。

なぜ素材取扱い量が増えたのか。第1章で紹介

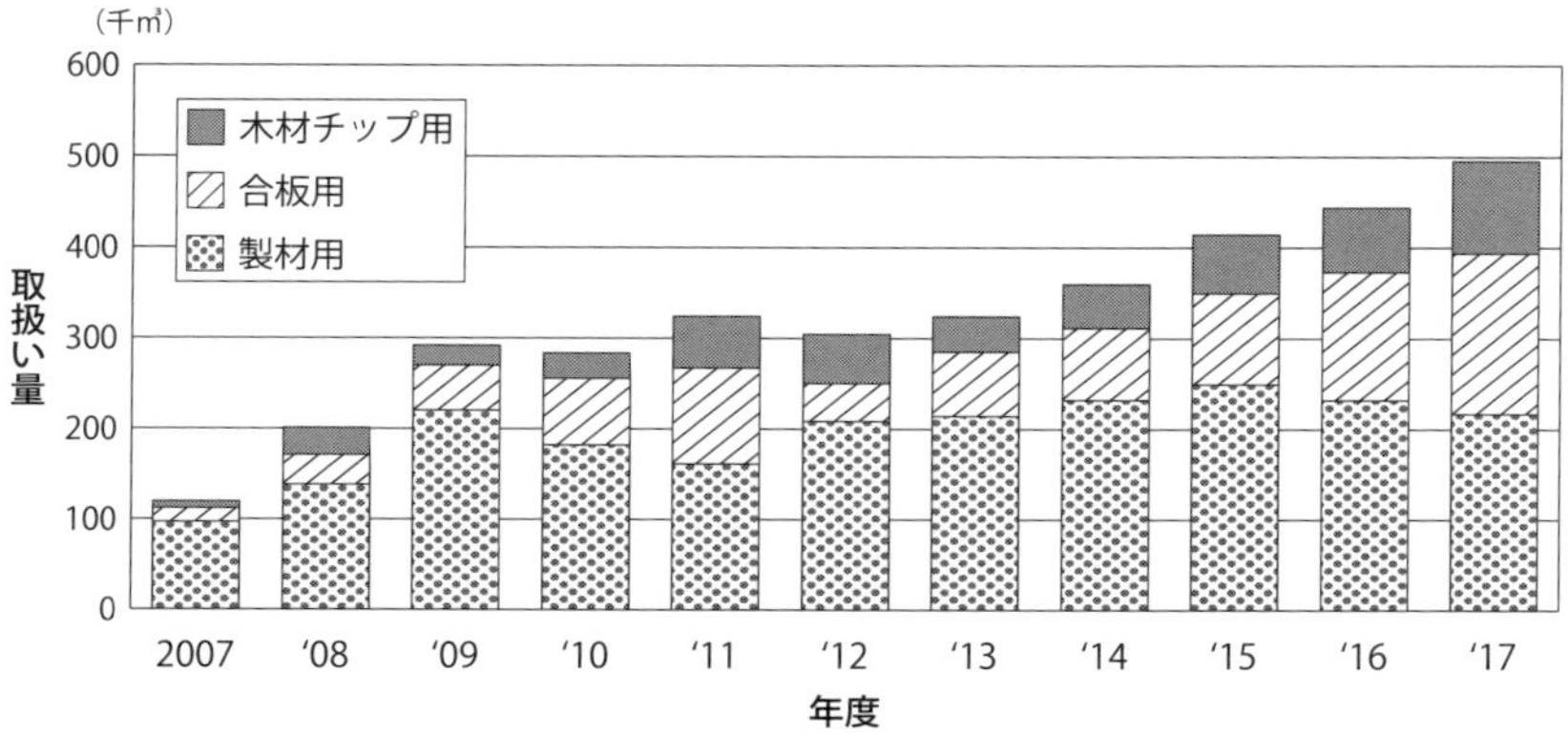

図2-3　青森県森連の用途別丸太取扱い量の推移
資料：青森県森連調べ

したファーストプライウッドの進出が大きい。同社のスギLVL工場が青森県六戸町で稼働を始めたのが２０１４（H26）年だ。**図2-3**から窺えるように、２０１４年から急増している。ファーストプライウッドの新規需要分を上乗せした形で素材取扱い量を伸ばしていることになる。

青森県は「軒下国有林」といわれるほどの国有林卓越地域だ。素材生産業者はどうしても国有林に依存せざるをえない。ところが青森県森連は、国有林材への依存度を低めながら（国有林材の比率は２０１４〈H26〉年度39%→２０１５〈H27〉年度34%→２０１６〈H28〉年度29%。青森県森連調べ）、換言すれば森林資源基盤を民有林へ移行させながら取扱い材積を増やしたことになる。こうした経緯で川下の需要と結びつき、そこへ丸太を安定供給する川上サイドの役割を遺憾なく発揮している。

青森県森連がこのような川下の需要に対応できたのには、それなりの素地があった。最も大きいのは、県森連直営の共販所（市売）を閉鎖し（優良材販売は残す）、スギ並材（取扱い量の９割を占める）についいては協定販売による直送方式へと切り替えたことである。

なかでも注目すべきは、きめ細かな丸太の仕分けとそれに見合った需要を開拓していることだ。**図２-３**からも明らかなように、青森県森連の取扱い丸太の過半を製材用が占めている。残りが合板用と木材チップ用である（チップ用が少ないのは、三菱製紙八戸工場へチップを納入している素材生産業者とバッティングしないための配慮だ）。

この比率を見て、読者のなかには「あれっ？」と思う人がいるかもしれない。というのも東北は、かつてスギ羽柄材の一大産地であった。その長さは12尺（3・65ｍ）が主流だ。しかし、東北各地の有力合板メーカーが原料を北洋材からスギへ大転換したことによって、東北のスギ丸太流通は２ｍ、４ｍが中心になった。したがって素材生産業者はどうしても２ｍ、４ｍ採材を優先する。そのほうが効率的だからだ。にもかかわらず青森県森連の丸太取扱い量の過半を製材用が占めているのは、県森連が地盤沈下著しい東北の製材業の底上げを考えているからにほかならない。

青森県森連の丸太安定供給で見逃せない点がほかにもある。１０６頁の**図２-８**は、スウェーデン・ウメオ地域におけるノラ（北スウェーデン森林所有者組合）の伐出事業のフロー図である。注目してほしいのは伐採事業（現場）を管理するスタッフが常駐していることだ。青森県森連も同様の伐出事業管理体制を敷いている。例えば、ある箇所で伐採が行われている場合、職員が直接現場に赴いて進捗状況を逐一県森連に報告している。その他の伐採現場も同様だ。つまり複数の伐採現場を管理調整し、需要に弾力的に対応しているわけだ。さらに伐採・搬出作業終了時にはトラックを差し向けるなど、じつにきめ細かな管理システムをとっている。受託販売とは違い、買取りの場合はここまでの厳しさが求められる。

さらに青森県森連の協定販売で注目すべきは、マーケティング力の強さだ。営業マンが各地を飛び回り、丸太の需要開拓に取り組んでいる。販路は中国、九州の合板、製材工場に及んでいる。

青森県森連の取り組みは、改めて素材（丸太）の安定供給とは何かということについてヒントを与えてくれる。国産材業界ではともすれば、素材の安定供給とは新規需要に見合った素材の生産量を増やすことと考えがちであるが（もちろん、これは大きな要因だが）、丸太を需要に応じてどのように供給していくのか、あるいはどのように新たな需要を創出していくのか、そのなかで丸太価格交渉権をいかにして掌握していくのかを示唆している。

こうした事業展開を経て青森県森連は、伐採跡地の再造林事業へと乗り出した。県森連が中心となり、林材関連6団体が協力金を拠出し、伐採跡地の再造林を支援する「基金」を創設した。2019年4月から助成を開始することになっている。

青森県森連はこの「基金」も含め、丸太販売事業を「系統共販事業の『商社化』」と自認している。第1章で指摘した森林組合系統共販事業の「商社」化を絵に描いたような木材ビジネスである。

市町村の森林管理への参画の可能性

激変する国産材業界のなかで、少しずつではあるが、市町村が森林管理に参画しようとする可能性が形成されていることも事実である。第1章で紹介した「志布志モデル」にその可能性を垣間見ることができる。「志布志モデルⅠ・Ⅱ」ともに、県や市町村が参画して両モデルがさらにブラッシュアップできそうな気配だ。国産材輸出量増加のためには、志布志港の整備拡充が不可欠である。その志布志港は鹿児島県の管轄である。さらに志布志港に繋がる高速道路や高規格道の1日も早い完成が待たれる。流通の効率化と運賃コストの軽減のためである。さらに国産材丸太出材量増加には、市町村森林整備計画の拡充が求められる。

そのためには志布志市が政策的にバックアップしなければならないが、幸い志布志市は国産材輸出を視野に入れた地域林業振興に積極的な姿勢を見せている。こうなると、非公式ネットワークだけでなく公式ネットワークを形成して、国や地方自治体が森林・林業・木材産業クラスターに参画してくる「先」が見えてくる。

「森林信託」という新たな森林管理手法

さて前出87頁②（森林経営管理法で規定される「意欲と能力のある林業経営者」に森林管理を委ねるケース）を先取りしたビジネスモデルが現れ、全国の注目を浴びている。

「信託」という言葉をご存知だろうか。「信頼して託する」という意味で、「信頼できる人にお金や土地などの財産の運用や管理、または処分を委託する」ことだ。この信託方式を森林経営に当てはめる試みが一部の森林組合などで行われてきたが、理念先行にとどまり、広がりは見られなかった。しかしここにきて新たな動きが出てきた。伊万里木材市場が森林整備事業の一環として「森林信託」を実施し始めたのだ。同社の「森林信託」が従来のものと決定的に異なるのは、素材（丸太）の安定供給体制構築という大きな枠組みのなかに位置づけていることにある。伊万里木材市場の２０１６（H28）年の素材取扱い量は54万m^3に達しており、単独の原木市場としては全国第1位、愛媛県の素材生産量に匹敵する。これだけの規模を背景にした「森林信託」にはどのような狙いが込められているのか。以下、それを考えてみよう。

その前に伊万里木材市場が「森林信託」を手がけた背景について説明しておこう。そのほうが現在における森林管理の難しさを改めて認識できるからだ。

伊万里木材市場は１９６０（S35）年に伊万里市街地で素材の市売を開始した。当時は売り手市場を背景に原木市売は最盛期であった。しかし1980年代に入ると、買手市場へ転換し、市売ビジネスに翳《かげ》りが見え始めた。そこで2003（H15）年に伊万里工業団地に移転し、中国木材㈱伊万里事業所（スギと米マツのハイブリッド集成材を製造）、西九州木材事業協同組合（スギラミナの製造）とともに木材コンビナートをつくった。

これが伊万里木材市場の木材ビジネス転機の契機になった。すなわち市売部門の縮小とシステム販売（協定による直送）の整備拡充を促進し、大分営業所（2007〈H19〉年）、続いて南九州営業所（2011〈H23〉年）を開設し、素材の取扱い量を増やしていった。

しかしその新たなビジネス展開のなかで1つの壁にぶつかった。素材の集荷力を強化するために積極的に立木購入を進めていったが、伐採跡地をそのまま森林所有者へ返していいのかという疑問だ。そこで導入したのが、再造林支援事業（森林整備事業）である。2008（H20）年から着手した。

その内容とは、伐採跡地の再造林が困難な森林所有者に対して、再造林とその後5年間の下刈りを実施して返還するという提案である。森林組合ならともかく、民間企業がここまで踏み出したことは画期的なことであった。それというのも、再造林に要する経費の68％は補助金でカバーできるが、補助残額は伊万里木材市場が全面的に出費するからだ。2016（H28）年までの実績は254ヵ所、373haに達している。

「5年後」をどうするか？

ここまでの〝出血サービス〟をしてまで、なぜ再造林なのか。林雅文社長は力説する。「皆伐跡地の再造林放棄が増えている。憂慮すべき事態だ。九州では地域差はあるが、再造林率は3割という低さだ。このままでは国民から大きな批判が来ることは目に見えている。弊社は素材生産・流通を担う企業だが、再造林放棄をそのままにしておけば弊社の存亡だけでなく、国産業界の危急にもかかわる憂慮すべき事態だ。補助残を負担してまで、再造林に踏み切った理由もそこにある」。

幸い伊万里木材市場の森林整備事業は好評を博し、これがやがて「森林信託」へと発展していったのである。その辺の経緯を整理すると以下のようになる。

伊万里木材市場は、森林整備事業を進めていくなかで新たな問題に直面した。せっかく伐採跡地に再造林をし、その後5年間手入れをして森林所有者に返還しても、その後の管理が行き届かないケースが出てきたのだ。森林所有者の高齢化や後継者不足、たとえ後継者がいたとしても森林経営に対する関心の低さ、立木価格の低迷などがその背景にある。要するに「5年後」をどうするかが、新たな問題として浮上してきたのである。そうしたなか、森林所有者から「5年後」も管理してくれないかという要望が寄せられるようになった。この要望にどう対処すべきか、試行錯誤の末にたどり着いたのが「森林信託」であった。

もっともこれまで「森林信託」という手法がなかったわけではない。例えば森林組合法第9条には「組合員の所有する森林の経営を目的とする信託の引受け」という規定がある。実際にこの規定に基づいて森林組合が「森林信託」を手がけるケースが少数ながらあった。しかしそれは「森林信託」ありきの理念が先行し、広がりを見せなかった。

「森林信託」と「長期山づくり」が一体化

これに対して伊万里木材市場の「森林信託」には明確な目的がある。素材生産の拡充とそれをバックとした丸太の安定供給である。同社の丸太取扱い量は54万㎥に達するが、このうち手山生産（素材生産業者が自分で立木を購入して伐出・販売すること）はわずか2割にすぎない。残りの8割は国有林のシステム販売や素材生産業者からの丸太買取りに依存している。丸太の安定供給という面から、これでは心許《もと》ない。なんとかして手山生産を増やしたい。そのための手段が「森林信託」である。

伊万里木材市場の「森林信託」は、「長期山づくり経営委託契約」（以下、「長期山づくり」と略称）に付帯する事業として、N-WOOD国産木材・環境活用住宅流通機構（本部は福岡市。以下、「N-WOOD」と略称）と提携して行っている。

「長期山づくり」の内容は、

①森林所有者の森林経営の実務を、所有者の家族の委託で超長期にサポートするPM（プロパティマネジメント）契約、

②契約期間は40~50年、

③契約期間中の実務一切は伊万里木材市場と協力素材生産業者で行い、契約条件にしたがってその収益を還元、

④契約期間中の森林所有者の費用支出は原則的になく、約束された基礎収益配当と、契約期間中に区分された施業期間ごとの収益精算配当の両方が受け取れる、

というものである。

「長期山づくり」と「森林信託」は密接な関係をもっている。「長期山づくり」の契約を確実に実施していくためには、契約時点での森林所有者だけでなく、その家族などからの同意と協力が必要になってくる。そこで家族信託（補注、２５４頁）の仕組みを活用し、森林所有者に家族代表の受託者へ森林財産の継承や分配を信託してもらうが、この実務面をサポートしているのがN-WOODである。

このようにすれば、現在の森林所有者（主権者）が取り決めた「長期山づくり」を次世代へ相続した後もそのまま継続していくことが可能になる。森林という財産の継承者、相続者が円満、円滑に、森林から生まれる収益を継続して受け取れるようにすることを目指している。

「森林信託」のアウトライン

さて「森林信託」のアウトラインは次のようになる。まずその特徴は、①森林所有者と45年間の長期森林経営委託契約を締結する。②次いで家族信託手法を用いて長期契約を担保する。③森林施業の内容については森林所有者と詳細な打ち合わせを行い、弊社へ事業を発注する。④事業運用の原資には木材販売代金と補助金を充てる。⑤伐採生産期間は定額還付（基礎支払い）と収益額還付（精算支払い）の２つのタイプを用意している。⑥林木の成長育成期間は森林所有者に負担金を発生させたり、新たな負担を発生させることはしない。

「森林信託」の対象地域は、当面は伊万里木材市場大分事業所周辺の森林を対象としながらも、随時九州全域に広げていく考えである。さらに今後の成果次第では九州以外にも広げていく考えだ。樹種はスギ、ヒノキを対象としているが、他の樹種についても個別の相談に応じる。

ところで「森林信託」を進めていくうえで欠かせないのが、森林経営計画受託事業である。周知のように同事業の計画期間は5年だ。したがって「森林信託」は45年契約になるが、「森林経営計画」を5年ごとに更新しながら45年契約までもっていかなければならない。

ちなみに伊万里木材市場は九州全域を対象とした属人計画を立て、農林水産大臣認定申請ができる。保育間伐や搬出間伐など多様な森林施業を組み合わせ、その森林や森林所有者のビジョンに合った森林経営の提案と森林経営計画の作成を行っている（4名の森林経営計画プランナーがいる）２０１６（H28）年現在、森林経営計画受託面積（共同申請を含む）は大分、福岡、佐賀県を中心に４１０haの事業を実施している。こうした集約化で「面」を広げていくことは、「森林信託」を進めるうえで欠かせない。

シームレス化という発想

以上、マクロ解説編第1章も含め、国産材業界の川下を中心とした激変、それに対して川上はいかに対応すべきかについて述べてきた。そこで以下では、川上、川下双方をどのようにすれば有機的に連動させることができるのか、という問題について考えてみたい。

「資源産業」という言葉がある。今から約半世紀前、当時の通商産業省が公表した報告書（通商産業省鉱山石炭局『資源問題の展望』、通商産業調査会、1971〈S46〉年、以下、『展望』）によれば、「資源産業」を「資源を採取し、これに製錬、精製等の二次加工をくわえることにより消費財、耐久財、エネルギー等を生み出す産業に素原料を供給する産業」と定義している。その例として、鉱山業、石油鉱業、石炭鉱業、非鉄金属精錬業などをあげている。ここでの「資源」とは地下資源、つまり再生不可能な資源（枯渇資源）のことを指している。

なぜ『展望』に着目したのか？　その理由は次の2点である。

第1は「資源を採掘する産業」と「それを加工供給する産業」の2つをあげ、世界的に見ると両者が「一貫体制」のもと「資源産業」として存在しているのに対して、日本の場合、両部門が別々の産業によって担われていると指摘していることだ。

これは日本の森林・林業・木材産業にも当てはまる。すなわち、森林資源を伐採する産業（素材生産業）と、伐採した丸太を加工供給する産業（製材加工業や合板製造業などの木材産業）が、別々の事業体によって担われている。アメリカのウェアーハウザー社のように、森林経営から製材加工まで「一貫体制」をとっているのは希有なケースである。

「一貫体制」のメリットは、例えば森林経営で生じた損失を製材加工部門の利益で補填ができる、あるいは製材加工部門で生じた損失を素材生産分野でカバーするというように、同一経営内でやり繰りが効くことだ。ところが、日本の森林・林業・木材産業のように、2つの部門がバラバラだと、このやり繰りが難しい。

したがってこの2つの部門（「川上」「川下」）を有機的に連動させ、「財布」を1つにする仕組みが必要になってくる。それを以下では川上、川下のシームレス化と名づけて私見を述べてみたい。

第2は、『展望』が再生不可能な地下資源を対象としているのに対して、本書で取り扱っているのは森林資源だ。その森林資源には天然林と人工林の2つがあるが、本書で対象としているのは後者なので、人工林資源を念頭に考えてみよう。人工林資源の英訳にはman-made forestとかartificial forestが充てられている。つまり人間の手で造った森林なのだから、ずっと人の手をかけて後世へ継承していくべき森林のことを含意している。鉱業が第2次産業として取り扱われるのに対して、林業が第1次産業に属する根拠はここにある。

したがって「川上」「川下」シームレス化の担い手には、人工林の再生という重い重い課題を背負うことになる（前出の伊万里木材市場はそれを率先して実行しているし、青森県森連も再造林支援に着手したことは前述のとおり）。以下では、このことを明確な問題意識として筆を進めていくことにする。

シームレス化のなかで「山元還元」を

さて『展望』にならって、わが国の森林・林業・木材産業をイメージすると図2-4のようになろう。わが国では、森林資源を伐採・搬出する産業（素材生産業）と、伐採した丸太など（林産物）を加工・供給する産業（製材加工業や合板製造業などの木材産業）が、別々の事業体によって担われている。こうした状況が日本の森林・林業・木材産業の健全な発展を阻害していると筆者は考えている。

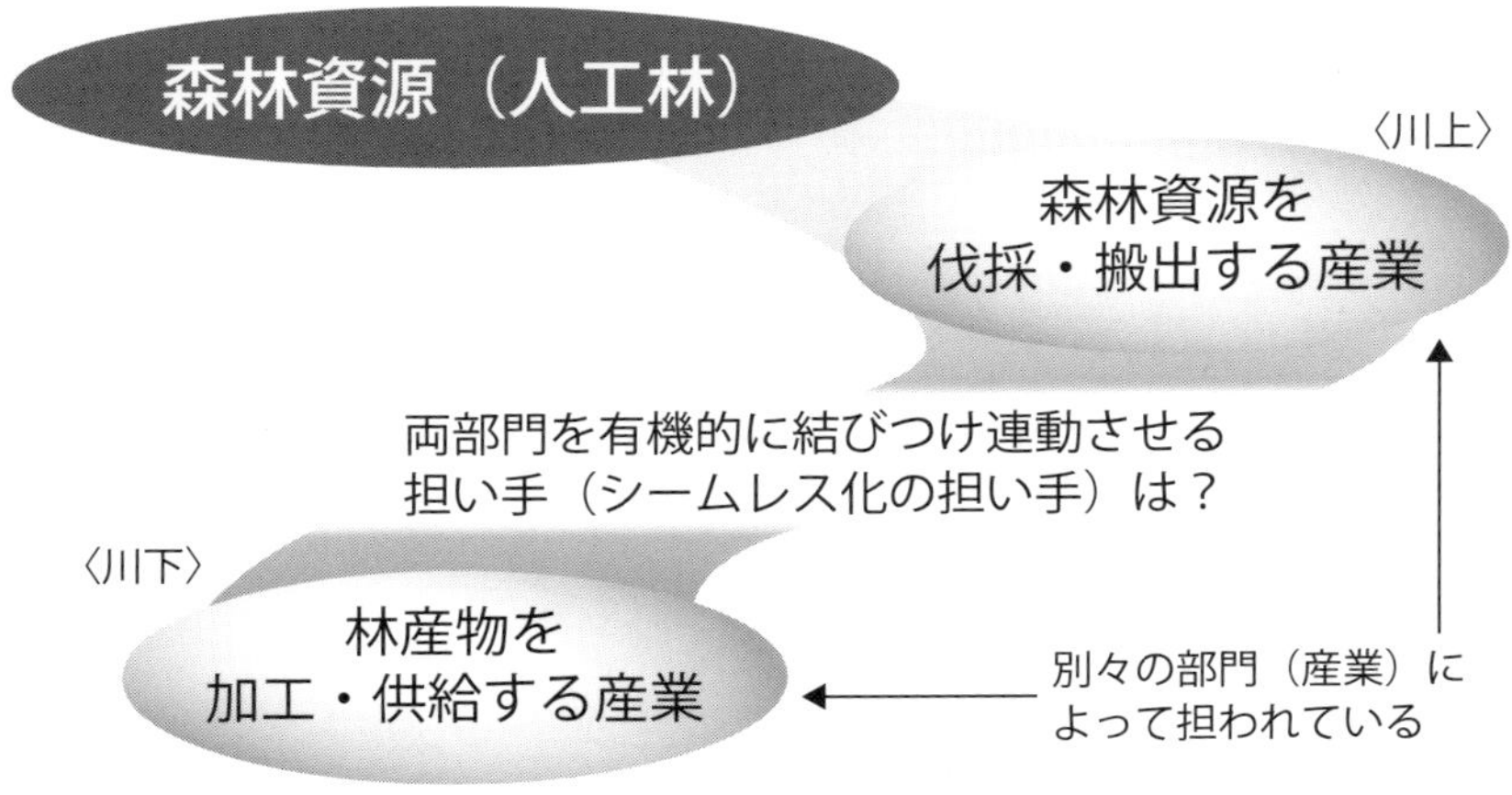
森林資源（人工林）
〈川上〉
森林資源を
伐採・搬出する産業
両部門を有機的に結びつけ連動させる
担い手（シームレス化の担い手）は？
〈川下〉
林産物を
加工・供給する産業
別々の部門（産業）に
よって担われている

図2-4　分断化された川上と川下のイメージ

その最たるものが「山元還元」がなかなか実現できないことだ。

図2-5をご覧いただきたい。2000（H12）年以降のわが国の素材生産量の推移を示したものである。1990年代後半のデフレによって、素材生産量は減少の一途をたどったが、2002（H14）年をボトムとして以後、増加基調にある（2009〈H21〉年の落ち込みはリーマンショックの影響）。この素材生産の増加を牽引したのは、国産材製材工場の規模拡大、合板メーカーの国産材利用の増大である。

こうした状況は、じつは日本だけではなく、世界の主立った針葉樹産地で見られた現象であった（詳しくは遠藤日雄「近代化と日本の森林・林業・木材産業構造」〈餅田治之・遠藤日雄編著『林業構造問題研究』所収、2015〈H27〉年、日本林業調査会〉を参照）。特に2006（H18）年は原木需給がタイトになり、世界の主要産地で立木価格の高騰を背景とした木材製品価格の急上昇が起きた（『木材

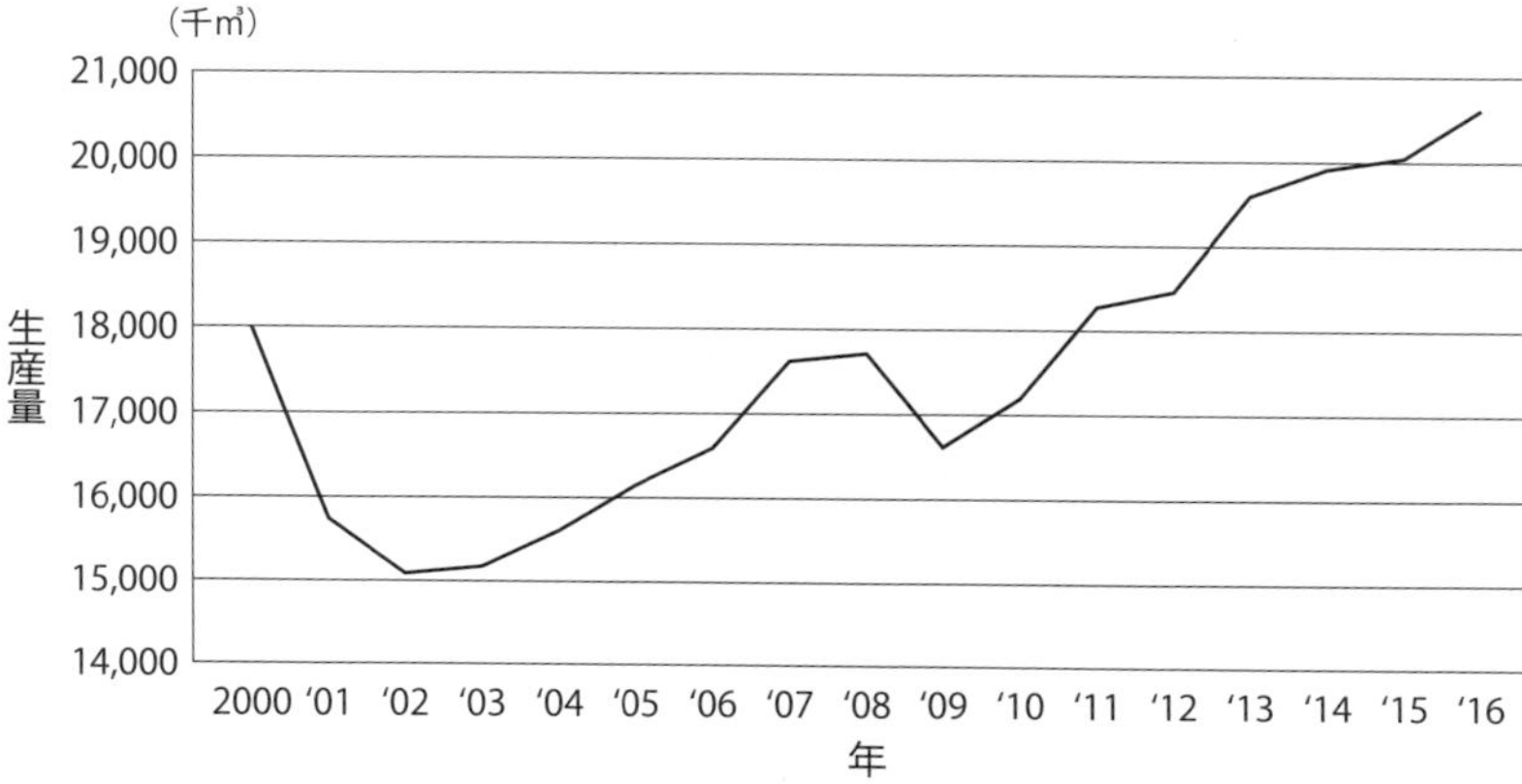

図2-5 素材生産量の推移(全国)
資料：農林水産省『木材需給報告書』

建材ウイクリー』№1653、3頁、日刊木材新聞社、2007〈H19〉年)。

木材産業の好転の原因ははっきりしている。中国をはじめとするBRICs(Brazil〈ブラジル〉、Russia〈ロシア〉、India〈インド〉、China〈中国〉)新興木材需要国の出現によって、世界の木材市場が大きく左右されるようになったからにほかならない。

こうした好況を背景に、世界の針葉樹丸太価格は上昇した。**図2-6**はそれを示したものだ。2000年代に入って価格が上昇している。リーマンショックの影響で一時落ち込んだものの、それ以後、回復傾向にある。

これに対して日本の場合、世界とはまったく逆の現象を示した。**図2-7**がそれを如実に示している。ご覧のように2000年代に入って、スギ素材生産量は増えるのに、スギ中丸太価格は下がっている。

これはなぜだろうか。誰しもが不思議に思うだ

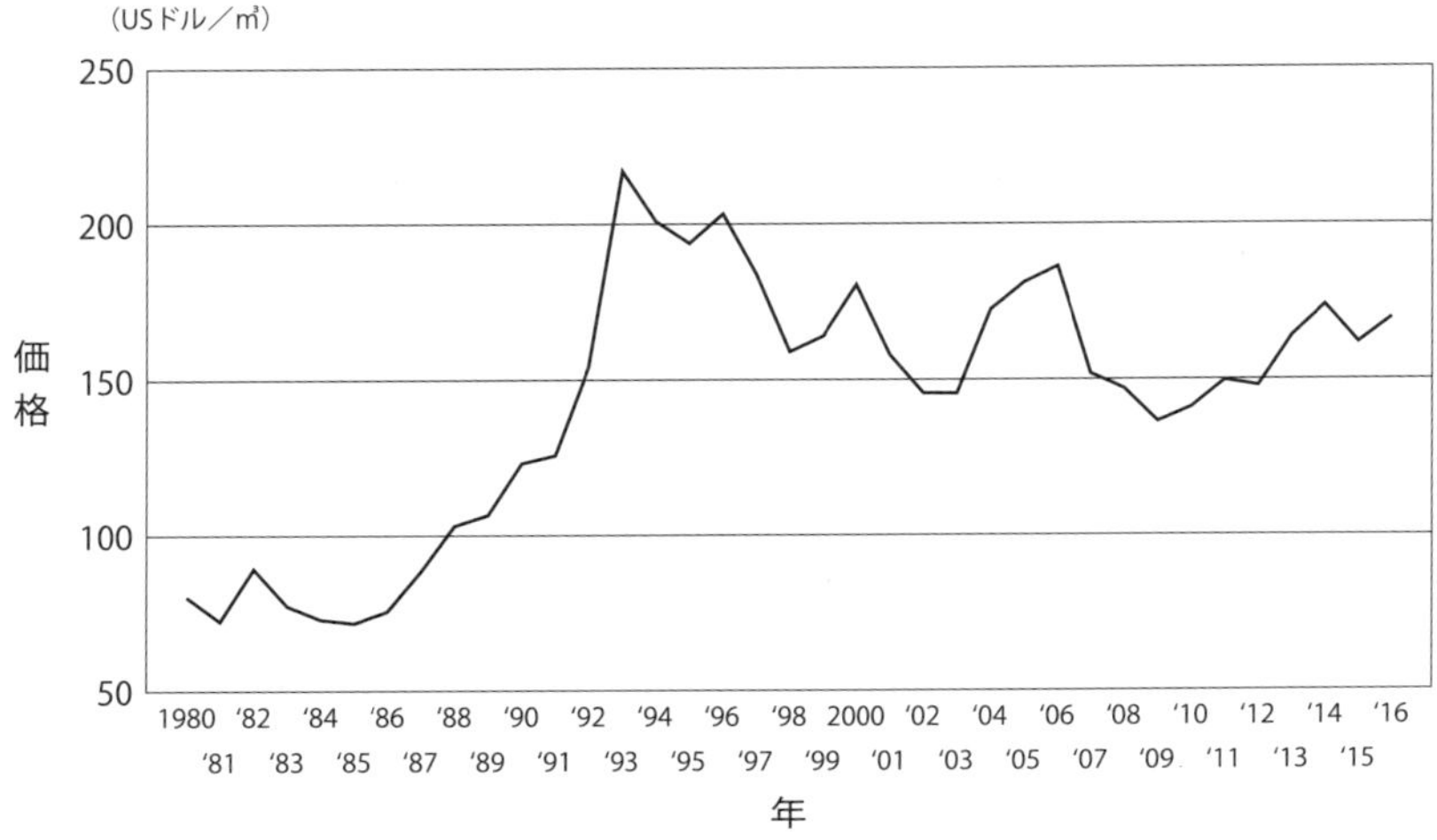

図2-6　世界の針葉樹丸太価格の推移
資料：IMF Primary Commodity Prices

ろう。世界全体では、川下の木材産業の発展に対応して丸太価格が上昇したにもかかわらず、なぜ日本では逆に下がったのだろうか。これは言葉を換えていえば次のようになる。2000年代に入って、特に2006年は、前述のように丸太価格上昇を反映して、世界の森林資源価値がかつてないほどの高まりを見せたにもかかわらず、日本の森林資源（特にスギ人工林）は価値が上がるどころか、むしろ低下している。これがわが国の森林・林業・木材産業最大の問題といっても過言ではない。ではいったいこうした世界にも稀な現象が生じた理由はなんであろうか。

　これに対する1つの「答え」として、林材関係者の口に上るのが、「川下による川上への『皺寄せ』」、つまり製材加工業者や素材生産業者が丸太を買い叩いているというものだ。しかし筆者はこうした「断罪」には違和感を覚える。川上＝善、川下＝悪の「勧善懲悪」劇場の設定は、なるほど話としてはおもしろい。古くは「南総里見八犬伝」、

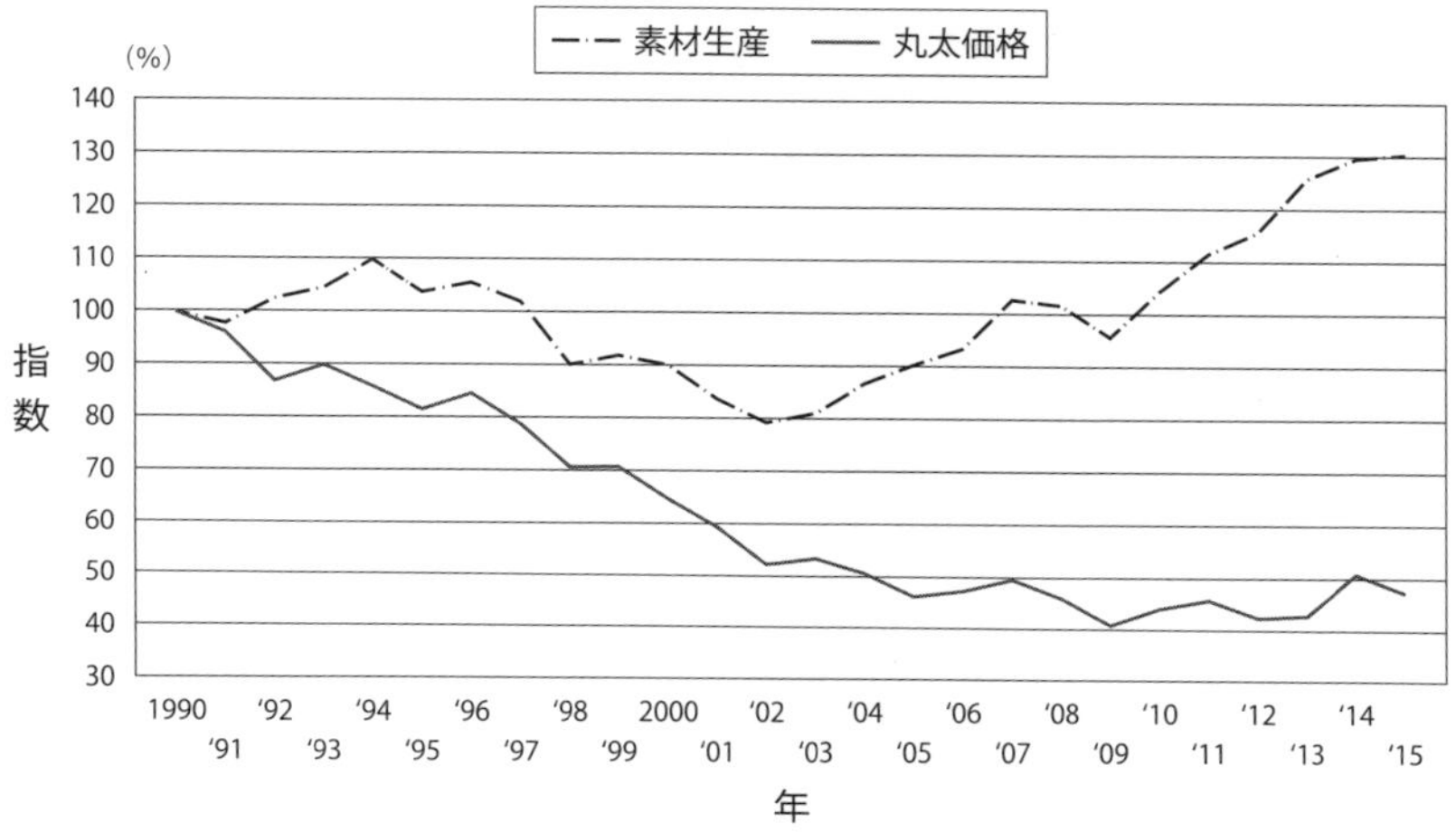

図2-7　スギ素材生産量とスギ中丸太価格の推移
資料：農林水産省『木材需給報告書』
注：1990年＝100とした指数

新しくは「水戸黄門」を見れば誰しもが胸のすく思いをするだろう。しかし「勧善懲悪」劇場にはそれ以上の発展はない。筆者は**図2-7**のような現象が起きる根本的な原因は前述のように、川上と川下が分断されていることにあると考えている。

スウェーデンの木材コントロール組合

逆にいえば、わが国に森林・林業・木材産業の生産性を劇的に変えるための「目のつけどころ」はここになる。問題はシームレス化の担い手をどこに措定するかだ。

第1章では、このシームレス化の担い手が商社であり、あるいは「商社」化しつつある素材生産・流通業者（森林組合を含む）であると述べたが、ここではもう一歩踏み込んだ提案をしてみたい。

１９９０年代末、筆者はスウェーデン北部ウメオ市のノラ・スコッグスエガーナ（Norra Skogsägarna）を訪れた。英訳すればNorthern

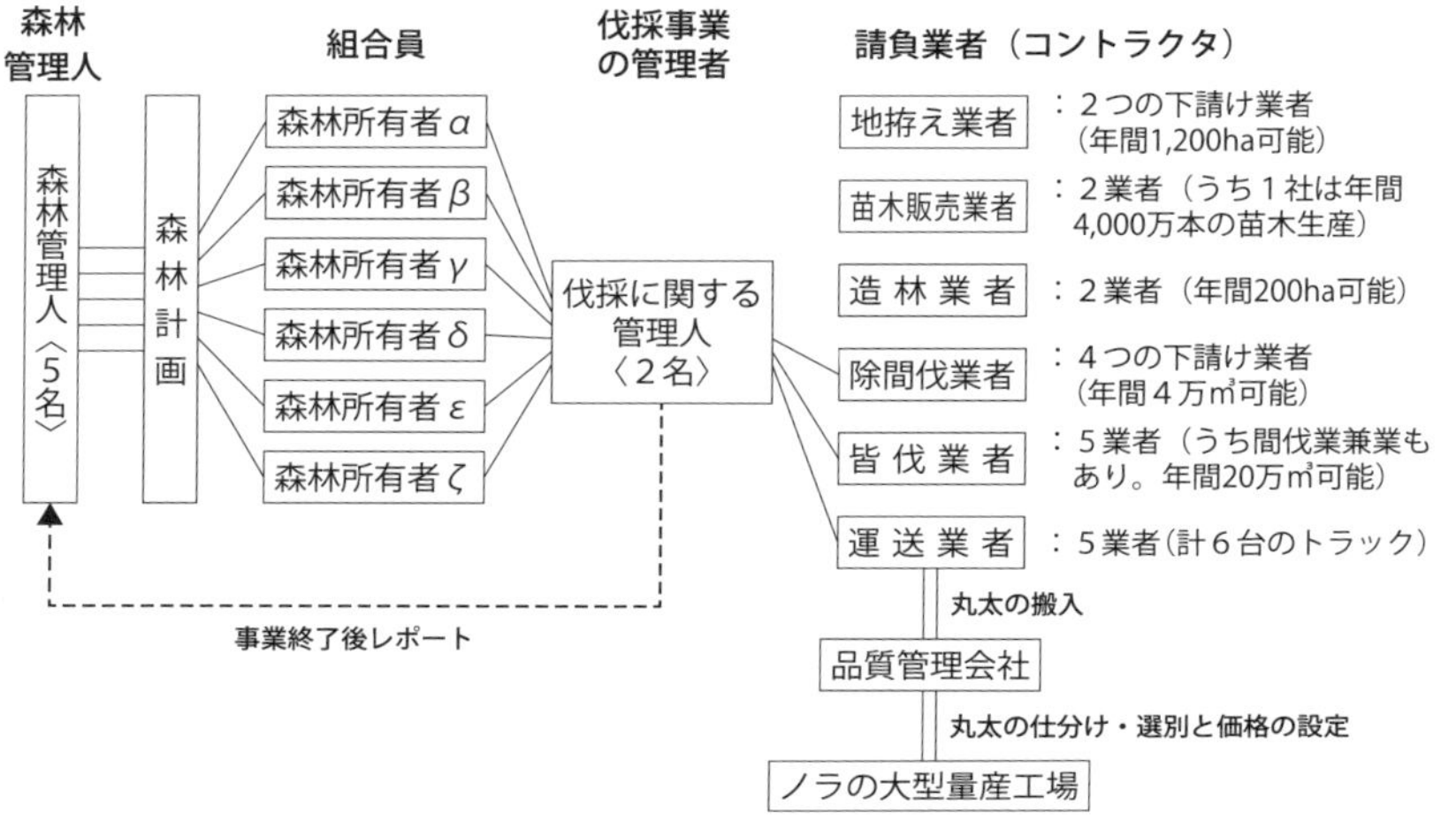

図2-8　ウメオ地域におけるノラの伐採・搬出の仕組み
出典：遠藤日雄『スギの行くべき道』（林業改良普及双書No.141）、2002年、全国林業改良普及協会、32頁

Forestowner's Association. 日本語を充てると北スウェーデン森林所有者組合とでもなろうか。イメージとしては「北海道森林組合」、「東北森林組合」、「九州森林組合」に近い。ノラの木材ビジネスの流れは**図2-8**のようになるが、ここで注目してほしいのが「品質管理会社」だ。現地では「木材コントロール組合」と呼んでいるこの組織は、ノラ、製材企業、紙・パルプ企業、林業機械企業などが出資して組織したものだ。では木材コントロール組合の業務とは何か。それは丸太価格の公正かつガラス張りの設定と組合員への丸太の効率的な配分である。一旦ここで設定された丸太価格については、出資者は文句をつけられないことになっている（ただし、納得がいかない場合は異議申し立てができる。詳細は、遠藤日雄著『スギの行くべき道』〈林業改良普及双書№141〉、全国林業改良普及協会、2002〈H14〉年、38～39頁を参照）。

月刊『現代林業』でもよく取り上げられるIT（あるいはICT）もこうした素地のうえに導入さ

れるべきで、川上、川下が分断化している現状では、導入してもその効果は半減するだろう。

この木材コントロール組合がわが国の分断化された川上・川下をシームレス化するヒントになる。すなわち川上、川下双方の関連事業体（企業）が共同出資をして日本版木材コントロール組合をつくることである。その気運が高まりつつあることは、第1章で紹介したとおりである。日本版木材コントロール組合が協同組合方式にすべきか、企業にすべきかは議論があると思うが、いずれにしてもこのような組織の設立が急務である。そしてその萌芽形態を東信木材センターの取り組みに見ることができる（詳細は、ミクロ解説編第5章参照）。

シームレス化の中核はプレカット

さてもう一歩議論を進めると、筆者はシームレス化の中核を担うのはプレカットがふさわしいと考えている。シームレス化を実のあるシステムとして作動させる必要があるが、そのためには丸太、製品の需給動向などの情報を収集し、各セクションに伝達する中枢組織が求められるが、その最有力候補がプレカットであろう。

ではプレカットがシームレス化に果たす役割とは何か。それは川上と川下でデジタル化したデータ（情報）の共有である。

周知のように、プレカットは大工の手間を機械が肩代わりする形でこの世に誕生したが、その後の普及によって、既存の（つまり継ぎ接ぎだらけの）流通を大きく変化させた。その最たるものがプレカット流通である。しかしプレカット流通は、単に製材加工品流通を短絡化しただけでなく情報の共有化という領域にまで影響を及ぼした。

プレカットはＣＡＤ／ＣＡＭ（補注、２５５頁）の普及によって、高い生産性を実現するとともに、図面情報を１００％デジタル化した。このデジタル情報を、いち早く産地や製材・加工工場へ伝送して丸太の効率的な仕入れを実現することによっ

写真2-1　協和木材のスギ柱角に印字されたデータ

て、無駄な仕入れや生産を徹底的に排除することができる。しかも図面デジタル情報を産地が3～4ヵ月前に入手できれば、丸太↓製材・加工↓建築現場へのジャストインタイムの納入が可能になる。

プレカットを軸に情報の共有化

プレカットを中心に据えることによって、川上と川下のシームレス化は可能になる。その最大のメリットは情報の共有化だ。**写真2-1**は協和木材のスギ柱角に印字されたデータである。

このデータにはＦＩＰＣ（Forest-Products Identification Promotion Conference：木材表示推進協議会による合法証明）、樹種、原産地、日本農林規格（ＪＡＳ）取得、含水率、強度、サイズ、メーカー名、シリアルナンバーなどが印字されている（補注、２５５頁）。

これと同じ手法で立木伐採の際の森林所有者名、

写真2-2 金子製材の木材トレサビリティQRラベル

伐採箇所、伐採時期を印字することはそう難しいことではない。手間暇がかかるだけの話にすぎない。このことによって、森林所有者から施主までのデータが共有できる。

実際こうしたことを実践しているケースがあるので紹介しよう。埼玉県横瀬町の金子製材と東京世田谷区の伊佐ホームズの取り組みである。**写真2-2**は、金子製材のムク柱角（伊佐ホームズへ納入）に貼られた木材トレサビリティQRラベルである。QRとはQuick Responseの略で、バーコードの進化形だ。さまざまなデータを格納でき、高速で読み取ることができるため、商品の生産、運送、保管、販売などに広く使われている。それを製材品に用いたものだ。このQRコードには伊佐ホームズの注文基準を満たす諸データ、例えば立木の伐採箇所、年月日、製材品のサイズ、合法木材の証明、含水率、強度、JAS（日本農林規格）認定に関する情報が格納されている。

では金子製材にとって、QRコードを貼るメリットとは何か。それは伊佐ホームズから住宅建築に必要な木材やその品質などの情報が直接伝達され、その情報に見合った製材品を供給できるからだ。

このようにして川上と川下のシームレス化が進めば、「山元還元」が決して〝枕詞〟ではなく、本当に実現できる可能性がここにある。

それをイメージ化したのが図2-9である。簡単な説明を加えておこう。この図の上段は既存の木材流通だ。この流通の特徴は「売ったらおしまい、買ったらおしまい」の取り引きで成り立っている。例えば森林所有者と素材生産業者の立木売買の場合、伐採・搬出が終了し、精算が済むと両者の関係はそこで終わってしまう。森林所有者は自分が精魂込めて育てた立木が伐採された後、どのように製材され、どのような建築現場で使われているのかについての情報はまったく返ってこない。これでは情報の共有化はおぼつかない。

これに対して下段の図は、商品としての木材は川上から川下へと流れていくが、プレカットが川上、川下双方の情報をデジタル化して格納しているから、川下の情報が確実に伝達される。つまり川上、川下双方の需給のミスマッチが起きにくくなる。

したがって図の下段がシームレス化の将来像となる。ただこのシームレス化を企業完結型でつくるのか、それとも地域完結型で創出するのか、今後の議論が求められよう。

丸太価格の先出し

ここ数年、製材加工業や合板製造業と森林組合、素材生産業者の間で丸太の協定取引や直送の流通パイプが太くなったため、相場で丸太を買うのではなく、原料費として丸太価格を決定する傾向が強まっている。そこで製材加工工場や合板工場は、あらかじめ丸太の工場着値を提示し、条件（例えば末口径、長さ、曲がり具合など）に合った丸太を

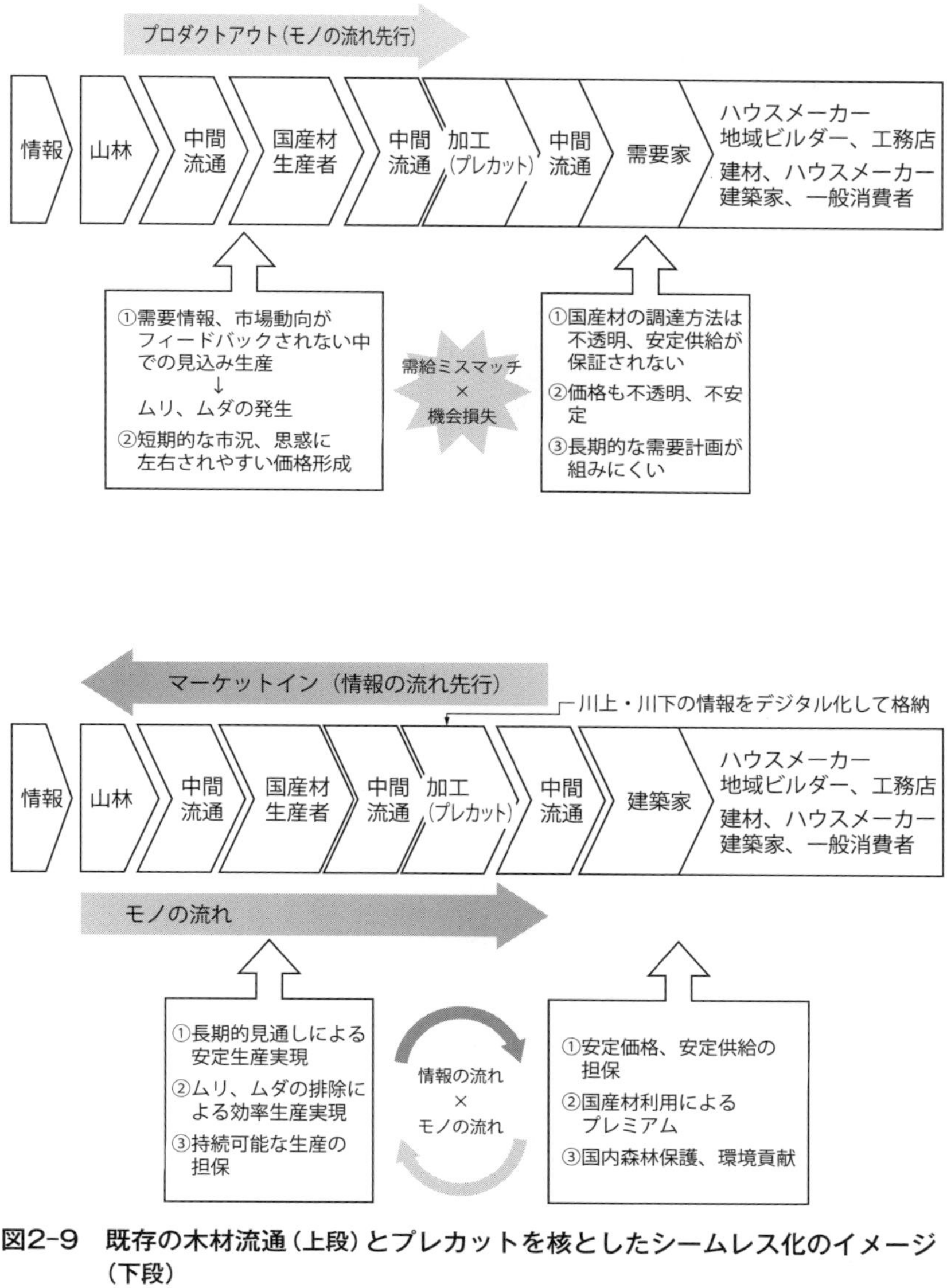

図2-9　既存の木材流通（上段）とプレカットを核としたシームレス化のイメージ（下段）

出典：「日本型『複合林産』ビジネスの手法分析」
（『現代林業』No.619、2018年１月、31頁）

購入するようになった。「丸太価格の先出し」である。

　立木価格は市場価逆算方式で決まる。すなわち丸太の市場価格（ここでは製材加工工場や合板工場の着値）から諸経費（伐採・搬出費、トラック運賃など）を控除した額がそのまま立木価格になる。とすれば、第1章で取りあげた中国木材・日向工場がA材を1万4000円／㎥（一時は1万6000円／㎥）で購入した場合、森林所有者への「山元還元」が話題になってもおかしくないはずなのに、相変わらず森林所有者は「蚊帳《かや》の外」におかれている。ということは市場価逆算過程のどこかで「還元」が止まっているということになる。そこでプレカットを中心とした川上、川下のシームレス化によって川下の利益の一部がスムーズに森林所有者まで「還元」できることになる。

君は川流を汲め、我は薪を拾はん

　江戸時代後期の儒学者広瀬淡窓《たんそう》が開いた私塾・咸宜《かんぎ》園（豊後日田）。ここから高野長英、大村益次郎ら多くの俊秀が輩出した。彼らを薫陶した淡窓は、学問を志す者の姿勢として次の漢詩を詠じ、自らの座右に置いたという。

休道他郷多苦辛（道《い》ふを休めよ　他郷辛苦多しと）
同袍有友自相親（同袍友あり　自《おのずか》ら相親しむ）
柴扉暁出霜如雪（柴扉《さいひ》暁に出づれば　霜雪の如し）
君汲川流我拾薪（君は川流《せんりゅう》を汲《く》め　我は薪《たきぎ》を拾はん）

現代語訳は大略次のようになろうか。

　愚痴をこぼすのはやめよう。志を同じくする仲間同士助け合おうじゃないか。払暁《ふつぎょう》、柴戸を押して外に出ると、霜が雪のように積もっている。君は川の水を汲んできてくれ、私は薪を拾ってこよう（さあ朝飯の支度だ）。

淡窓の教えは現在の、そしてこの「先」の国産材業界にも通じるものがある。愚痴をこぼすまい。国産材振興という共通の志をもとにお互い助け合おうじゃないか。国産材業界でできることは何か、川上、川下双方が厳しく己を問い（「拮抗力」を維持しながら）、不撓不屈の気概をもち、英知と力を発揮すれば「国産材時代」は必ずやってくる。そのためには、川上、川下おのおのが川流を汲み、あるいは薪を拾うところから始めなければならない。第1章、第2章で開陳した日本版「複合林産型」ビジネスと、川上、川下のシームレス化の実現のためには、こうした考え方が不可欠ではなかろうか。筆者はそう確信している。

第3章 「複合林産型」ビジネスへ至る道筋

はじめに

マクロ解説編第1章では「複合林産型」ビジネスが、国産材業界の「先」を示唆していると述べた。ではこのビジネスモデルはどのような道筋をたどって現在に至ったのだろうか。換言すれば、A材・B材・C材・D材がどのような経緯で表舞台にプレーヤーとして登場し「複合林産型」ビジネスの輪郭を整える素地を形成したのか、ということになろう。

その源をたどっていくと、戦後の「柱取り林業」「柱取り製材業」「木造持ち家本位」政策へと行き着く。この三位一体政策が１９７０年代以降、齟齬《そご》を来すようになったことが「複合林産型」を準備させる伏線になった。本章ではそれを整理してみたい。

「柱取り林業」「柱取り製材業」「木造持ち家本位」でスタート

終戦直後、着の身着のままで焼け出された日本国民は、一丸となって戦災復興に乗り出した。まずは「飢餓状態」からの脱却だったが、ひとまず「衣食」足りるまでに漕ぎ着けた。「衣食」の次は「住」である。「衣食住」三拍子揃ってこそ生活基盤が形成されるからだ。終戦直後の住宅戸数は世帯数に対して20万戸も不足していた。この住宅難の解消を目的に、１９５０（Ｓ25）年頃から「木造持ち家本位」政策がスタートした。ここでいう「木造持ち家」とは「新築木造住宅」のことにほかならない。

戦後の住宅政策は2本柱で組み立てられていた。1つは公営・公団住宅の建設で、主に都市部の住宅不足解消が目的であった。もう一方が、ここで議論する住宅金融公庫（１９５０年発足）の低金利融資を通じた持ち家（新築木造住宅）の推進であった。

当時の木造住宅はもちろん在来軸組構法が主流であった。その「軸」を形成するのが柱、梁などの構造材、それを補うのが羽柄材だ。現在、プレカット工場で刻まれる柱、梁、羽柄材の比率は3：6：1といわれる。木造軸組構法住宅に使われる木材の3分の1が柱である。一般的な30～35坪の戸建て住宅の場合、90～100本の柱が使われる。

戦後と現在では、木造住宅の質（耐震・耐久性、断熱性など）、デザイン、坪数などに違いこそあれ、ここでは木造軸組構法住宅に柱が多用されることを確認できればそれでよい。しかも当時は、住宅不足を解消するのが主目的だから、質より量が優先されたことはいうまでもない。

「木造持ち家本位」政策は、高度経済成長（賃金上昇、地価上昇〈＝担保価値の増大〉）、人口増加、日本国民の持ち家願望を背景に順調に進んだ。新設住宅着工戸数は急増し（**図3-1**）、1968（S43）年には住宅数（2560万戸）が世帯数（2530万世帯）を上回った。戦後二十数年でこれを実現したことになる。世界史的に見ても類例のない成功といわれるのも肯ける。それだけに柱角需要が急増したことは容易に想像できよう。

当時の様子がいかに凄まじいものだったか、その一端を『木材讀本』（農林新報社・1962〈S37〉年の発行と思われる。原文をそのまま引用）から抜粋すると次のようになる。「昭和26年度から35年度までの、最近10年間における木材需給の推移をみると、この間の国内生産量は3455万㎥から、4449万㎥へと、29％の伸張であるのに対し、需要は3227万立方《メートル》から5343万立方《メートル》へと実に66％の急増を示した。……ことに35年度は旺盛な建築投資が反映して、建築用材は前年度を14％上廻って著しく伸張し」た。こうしたなかで例えば「紀州産スギ柱2間35角（の卸売り価格は、昭和初年に比べて）730倍になっている」。当時の活況が目に浮かぶようだ。

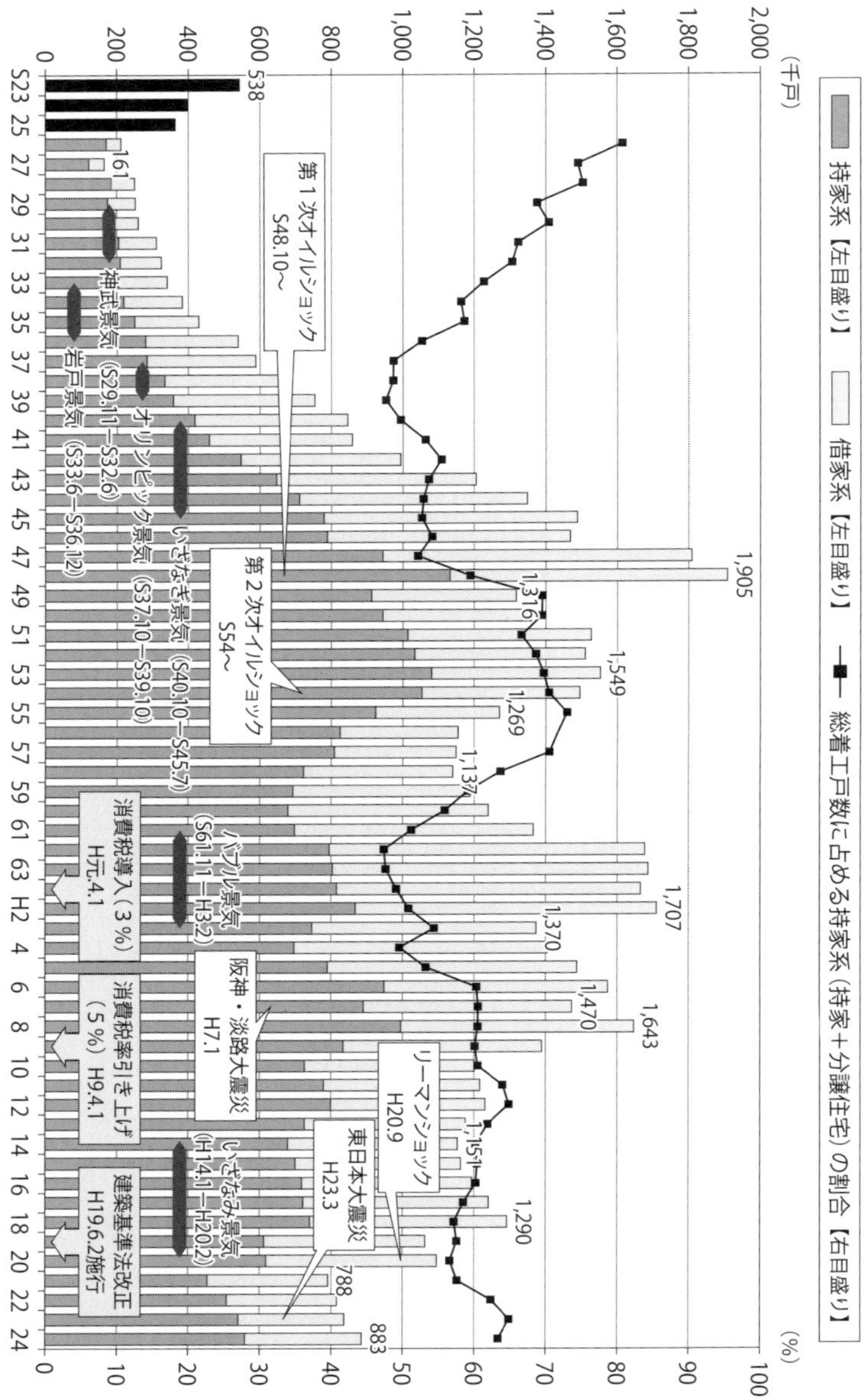

※S23～25年度は、利用関係別に統計をとっていない。

図3-1 新設住宅着工戸数の推移

資料：住宅着工統計（国土交通省）

柱需要急増と価格急騰が「柱取り林業」に影響

柱需要の急増と価格急騰は、戦後の山づくり、すなわちスギを中心とした拡大造林に「柱取り林業」という特異な性格を賦与した。林業を「柱取り」という鋳型《いがた》にはめ込んだのである。

わが国は戦後の経済復興政策として傾斜生産方式を採用した。復興に必要な諸物資、資材のうち、基礎物資である石炭、鉄部門にヒト、モノ、カネを集中的に投じた政策のことだが、戦後の拡大造林政策もいわば「柱取り林業」に特化した森林・林業版傾斜生産方式といえる。現在、１０００万haに達する人工林の大部分は「柱取り」を目的に造成されたものといって過言ではない。

１９７０年代に入って、「柱取り林業」は良質材生産という側面を色濃く見せるようになった。良質材とは「通直・完満・本末同大・無節」のことで、木造軸組構法（真壁造り）の芯持ち柱と同義であった。そして１９８０年代まで良質材生産を標榜した施業が、篤林家や林研グループを中心に全国的に展開した。当時、森林所有者の間に「ビール瓶の太さになったら枝を打て」というキャッチフレーズが広まった。枝打ちするのに最適の幹径だからだ。そこには地域の特色を活かした林業という発想はなく、全国一律、良質柱材を取ることこそが「先進林業」だと信奉されていた。今考えてみるとじつに不思議な現象だといわざるをえない。

日欧製材業の決定的な違い

「柱取り林業」と「木造持ち家本位」政策は、両者を結びつける製材業に「柱取り製材業」という日本独特の性格を賦与した。住宅の構造材にムクの製材品を多用するのは日本独特の住宅文化であるが、その担い手の一端が「柱取り製材業」だ。もっともここでいう「柱取り製材業」とは柱だけを挽く製材業のことを指すのではなく、柱に象徴される構造材（梁や柱など）を中心に製材する単独業種という意味である。

ここで単独業種ということの意味について説明を加えておこう。そのほうが日本の「複合林産型」と欧州のそれが根っこの部分で異なっていることが明らかになるからだ。

欧州の「複合林産型」ビジネスは製紙業を中心に形成されている。それを欧州最大の木材企業ストゥーラエンソ（本社はフィンランド）を例に見てみよう。同社はホワイトウッドを含む欧州産材の対日供給ソースの大元であると同時に、世界でもインターナショナルペーパー（米国）、スベンスカ・セルローサ（スウェーデン）に次ぐメジャーな製紙企業でもある。つまりストゥーラエンソは製紙事業を核とし、周辺に木製品、木質バイオマス事業、リサイクル事業などを配置した典型的な欧州版「複合林産型」企業として存立している。したがって製材ビジネスは複合林産事業の1部門としての位置づけになる。事実、2012（H24）年の売上高1兆4000億円のうち、製材品の占める割合は15％にすぎない（SHINOHARA 2013〈H25〉年4月22日付の「ブログ」）。

ストゥーラエンソに限らず、欧州の製材業は製紙を基幹とした「複合林産」ビジネスの1部門を構成しているのが一般的だ。

そのことは欧州の製材工場を見れば腑に落ちる。製材ラインのヘッドにチッパーキャンターが設置されている（わが国の大型国産材製材工場でこれを設置しているのは佐伯広域森林組合製材工場を含め十指に満たない）。チッパーキャンターとは製材機械に投入された丸太の左右上下の脇腹を切削してチップを製造する装置のことをいう（**図3-2**）。そしてチッピングした後の角材（原板）から板をとるというのが基本的な製材パターンである。

つまり欧州の製材業は「はじめにチップありき」の発想で成り立っている。製材品はその副産物といっても過言ではない。ここでは〈森林伐採

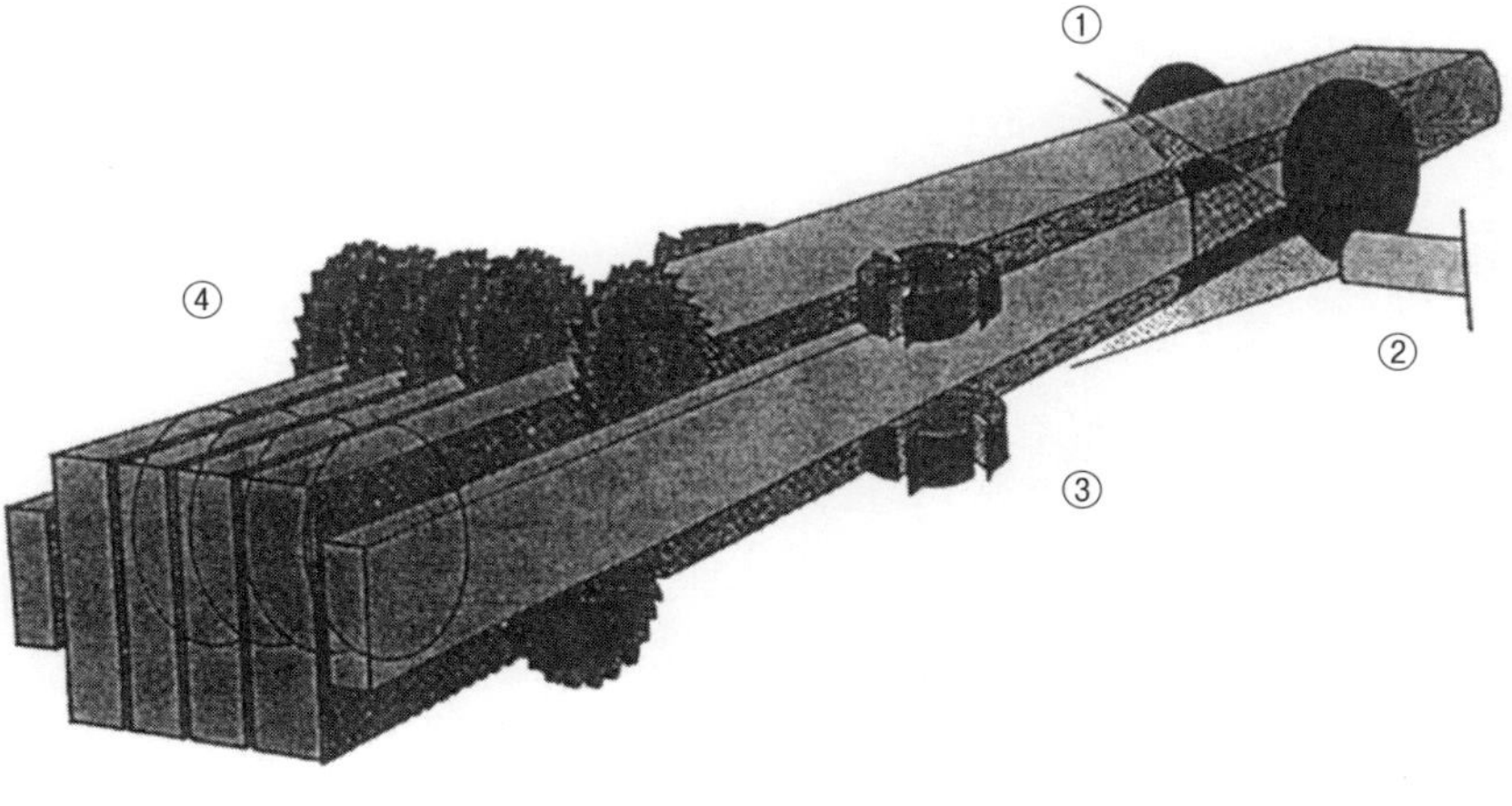

図3-2　チッパーキャンター付きの製材システム

資料：Vedflöde, vedmätning och fliskvalitet, STFI REPORT P33 MAJ 2000.

注：①チッパーキャンター、②センサー、③モルダ、④ギャングリッパー

↓丸太↓チップ製造↓製材〉という流れになるので、製材歩留まりよりもチッピングが重視される。しかもチップのほかに製材過程で排出されるおが粉、樹皮（バーク）も有効利用されている。おが粉はペレットに、樹皮はボイラーに投入されて熱利用に供されているのは、第1章の**図1-2**（26頁）のとおりである。つまり丸太をほぼ余すことなく利用しているのである。

製材業と製紙業が交わることがなかった日本

　これに対して日本の製材工場の大半は、国産材、外材挽きを問わず、木造軸組構法住宅の部材（柱、梁、土台などの構造材や羽柄材）を供給する独立業種として成り立っている。したがって製材歩留まりが最優先され、チップは製材過程の副産物と見なされる（〈森林伐採↓丸太↓製材↓チップ〉の流れ）。副産物であるがゆえに、国際チップ価格

の半値で製紙メーカーに引き取ってもらっているのが実状だ。このように日本と欧州の製材に対する考え方はまったく異なっている。

　では日本において、製材業と製紙業がそれぞれ独立業種として存在し、同じ木材を原料にしているにもかかわらず、双方交わることなく、つまり欧州版「複合林産型」ビジネスへの契機を見いだせないまま今日に至っている理由は何か。その疑問は明治以降の製紙業（洋紙）の歩みを一瞥すると氷解する。

　明治初期の製紙用原料は木綿のボロ（破布）を使っていた。例えば１８７３（Ｍ６）年、王子製紙が現在の東京都北区王子に製紙工場を開設したのも、人口の多い都市部のほうがボロの集荷が容易だったからだ。その後、明治20年代になると木材を原料とした製紙が始まったものの、パルプ用針葉樹が潤沢に賦存していた北海道や旧樺太に独自に製紙工場を設置するようになった。戦後になると、国産材チップに依存せざるをえない時期があったが、「プラザ合意」以降の円高・ドル安によって、製紙用チップ（広葉樹）の大部分を海外から輸入するようになり、現在に至っている。日本には製材業と製紙業が歩み寄って「複合林産型」を形成する素地そのものがなかったのである。

「住宅双六」の〝あがり〟で「柱取り林業」に第1の危機

　「柱取り林業」「柱取り製材業」「木造持ち家本位」政策は１９７０年代中頃まで五徳の３本足のように安定して展開していた。しかし、それ以後、３政策は齟齬を来すようになった。そのきっかけとなったのが新設住宅着工戸数がピークを迎えた１９７３（S48）年だ（**図3-1**）。同年、新設住宅着工戸数は１９１万戸、木造住宅着工戸数も１１２万戸に達した。住宅着工戸数の６割が木造であるから、当時の柱需要がいかに大きかったか容易に想像できよう。

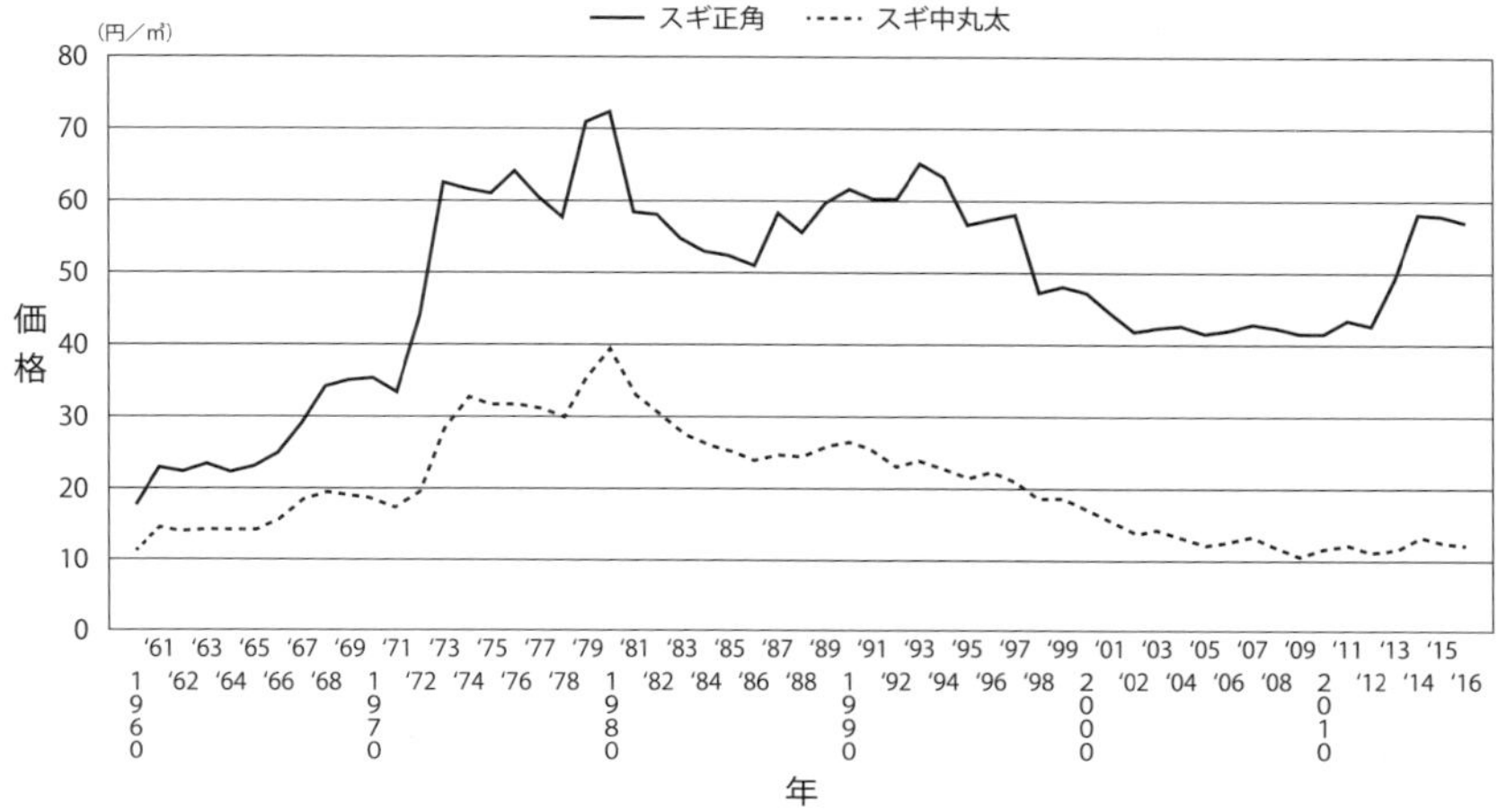

図3-3　スギ丸太および製材品価格の推移
資料：農林水産省『木材需給報告書』
注：丸太→径14～22㎝、長さ3.65～4m、正角→10.5角、長さ３m

１９１万戸という空前絶後の数字は「衣食」足りた次の「住」がピークを迎えたことを意味している。換言すれば日本国民の持ち家願望、すなわち「住宅双六」（「○○方《かた》（下宿）→荘（木賃アパート）→号（団地）→字（郊外住宅）」）が〝あがり〟を迎えたことにほかならない。以後、住宅着工戸数は減少傾向をたどる。一時、バブル景気とその余韻のなかで１７０万戸の高水準に達した時期もあったが、１９１万戸を上回ることはなかった。

「柱取り林業」「柱取り製材業」「木造持ち家本位」政策が齟齬を来し始めたことは、丸太価格や製材品価格にも影響を与えた。１９８０（Ｓ55）年をピークに、以後、バブル期に多少上昇したものの、価格は下落傾向をたどることになったことは周知のとおりである（**図３−３**）。

スギ柱角が安いのに売れない

以上を「柱取り林業」の第１の危機とすれば、

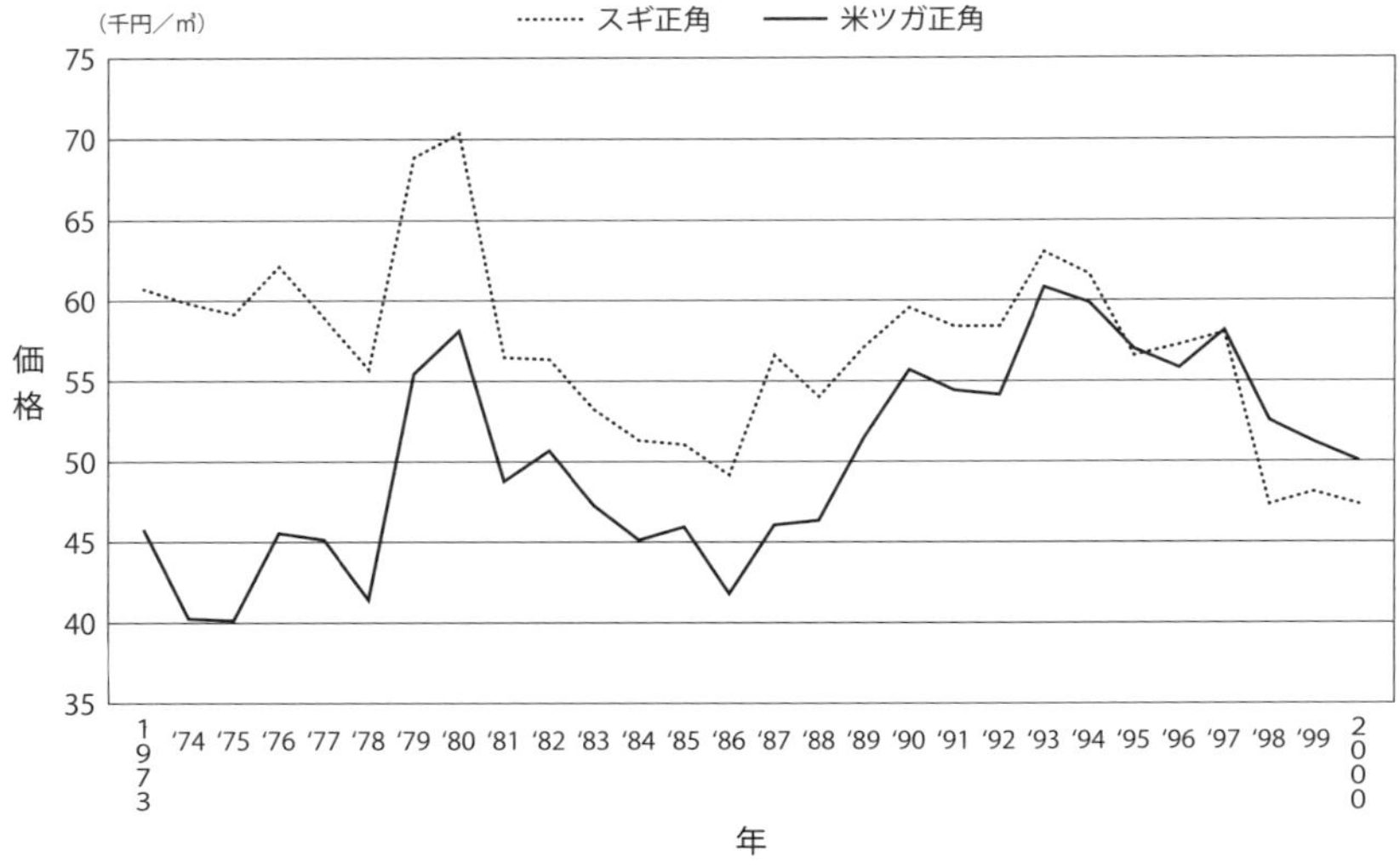

図3-4　スギ及び米ツガ正角価格の推移
資料：農林水産省『木材需給報告書』
注：いずれも10.5㎝角、長さ3m

２度目の「危機」は１９８０年代末から90年代初頭に訪れた。日本がバブル景気に浮かれていた頃である。この時期、奇妙な現象が現れ、林材関係者の目を引いた。

図３-４はスギ柱角と米ツガ正角（柱角）の価格推移を示したものである（当時のスギ柱角の競争相手は米ツガ柱角であり、両者ともにグリン材であった）。注目したいのは、80年代後半に入ってスギと米ツガの価格差がだんだん縮まり、90年代に入ると僅少差になった。むしろスギのほうが安くなるケースも出始めた。スギ柱角のほうが米ツガ柱角より安くなったのだ。にもかかわらず売れなかった。林材業界の目を引いたというのはこういうことである。その理由は、産地としても個別製材業としても、スギ柱角の安定供給力に乏しかったことに尽きる。スギ柱角は頼りにならない住宅部材だったのである。

一方の米ツガ柱角といえば、これまた対日供給力を低下させ、日本の木材業界には「ポスト

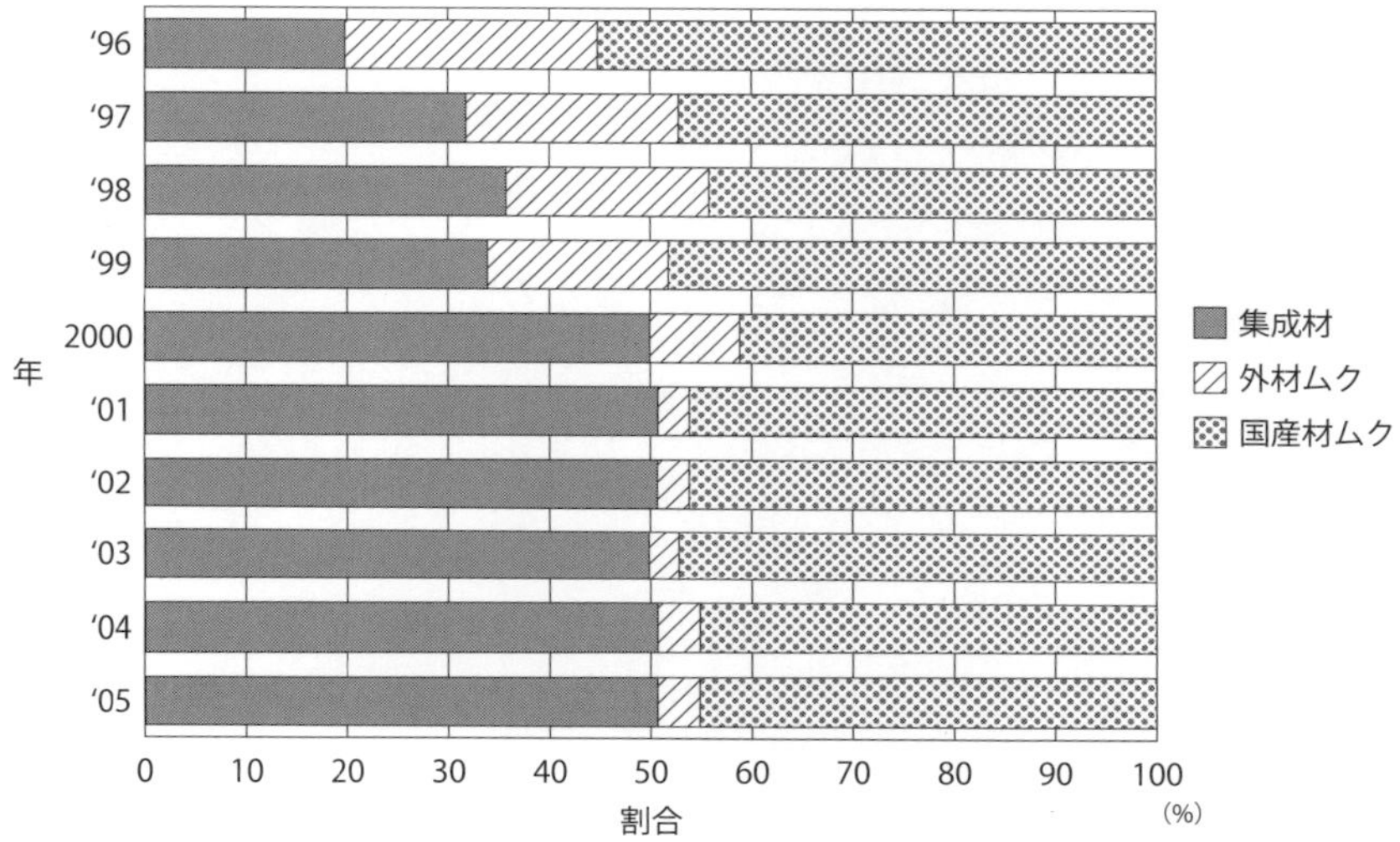

図3-5　柱角供給における集成材、外材ムク、国産材ムク使用割合の推移
資料：㈶日本住宅木材センター『木材需給と木材工業の現況』

米ツガ」が浮上していた。その背景には、北米西海岸でマダラフクロウ問題に象徴される環境論議が高揚し、連邦有林、州有林が禁伐、伐採規制に踏み切ったという事情があった。

スギ、米ツガ柱角の弱みを見透かしたかのように、怒濤のごとく日本の木材市場に押し寄せてきたのが欧州産ホワイトウッド（補注、256頁）だった。ウェスタン・インパクトとでもいうべき出来事で、「柱取り林業」２度目の「危機」だった。**図3-5**は柱角供給に占める集成材（大部分がホワイトウッド）、外材ムク、国産材ムク割合の推移である。１９９６（Ｈ８）年当時２割にすぎなかった集成材が、２０００（Ｈ12）年には半分を占めるに至っている。５年足らずでホワイトウッド集成材が柱角市場の主導権を握ったことになる。スギ柱角（当時は大部分がグリン材）が存亡の危機に晒《さら》されたといっても過言ではなかった。

加えて１９７５年代後半から、真壁構法（和室）に代わって大壁構法（洋間）が本格的に普及し始めた。「柱取り林業」（特に良質材）の真骨頂は真壁でこそ発揮できる。しかし大壁構法では柱は壁やクロスの裏に隠れてしまい、その意匠性を発揮できる〝場〟が狭まってしまった。

「A材問題」が深刻化、第3の「危機」

「危機」はさらに深刻化する。ここ数年、国産材業界挙げて議論されている「A材問題」がそれである（第３の危機）。A材とは柱角を含めた製材用直材のことである。そこで以下では、「A材問題」を「柱角問題」として議論を進めてみたい。

日本の人口は、２００８（H20）年の１億２８０８万人をピークに以後減少に転じ、中位推計で２１００年には４９５９万人になると予測されている。それに伴い、老齢化率も高くなり（２０１５年「国勢調査」では65歳以上の高齢化率が過去最高の26・7％になった）、また世帯数も２０１９年をピークに減少に転じることが見込まれている。

人口・世帯数の減少が新設住宅着工戸数減少をもたらすことは明白だ。野村総合研究所は、２０２５年には新設住宅着工戸数が62万戸に減少すると予測している（野村総合研究所『２０２５年の住宅市場―新設住宅着工戸数、60万戸の時代に―』、２０１４年７月）。

住宅着工戸数減少と同じように住宅市場をシュリンクさせているのが空き家の増加だ。２０１３

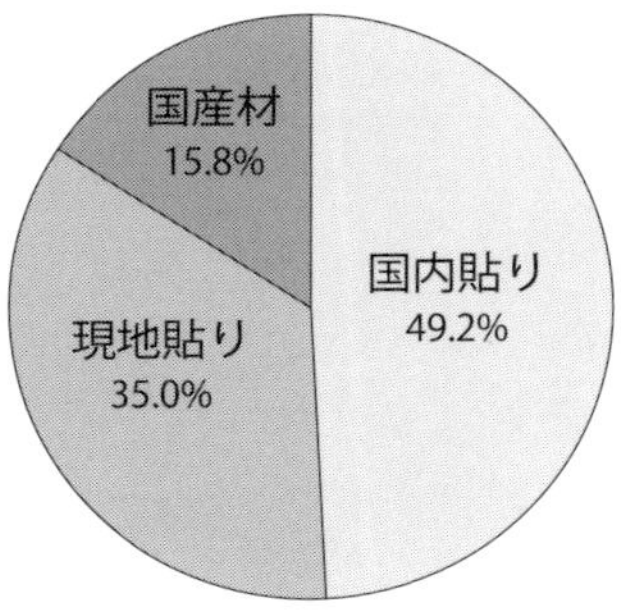

図3-6　集成材供給における国内貼り、現地貼り、国産材の割合（2014年）

資料：『平成27年度 森林・林業白書』

(H25)年の総住宅数は6063万戸と5年前に比べ5・3%増えたが、空き家率は13・5%と過去最高を記録した(総務省「2013年住宅・土地統計調査」)。7軒に1軒が空き家の勘定になる。日本は「空き家」列島である。空き家をタダで譲りますという事態が全国のあちこちで発生している。そのうち家主が家賃を払うから入居してくれないかという「家賃総崩れ」時代が到来することも十分予想される。

こうした住宅市場の冷え込みが、柱角の需要縮小に繋がっていることは明々白々だ。A材の新たな需要をどこに求めていけばいいのか。この対応策については後述するミクロ解説編で言及するとして、以上が「A材問題」の本質であり、同時に「柱取り林業」の第3の「危機」に繋がっている。

歯止めがかからないA材価格低迷

「A材問題」=「柱取り林業」の「危機」はもう1つ深刻な問題を抱えている。A材価格の下落傾向に歯止めがかけられないことだ。**図3-7**に製材用スギ素材(A材)の価格を示したが、多少の起伏を伴いながらも全体的には下落傾向にあることは一目瞭然である。

それにしてもA材価格はなぜここまで下がったのだろうか。その理由はいくつか考えられるが、最も大きなものは柱角市場で集成材(ホワイトウッド)のシェアが増えていることだ。**図3-8**はプレカット最大手のポラテック㈱が自社プレカットにおける柱角分野の集成材率の推移を示したものだ。1995(H7)年の集成材率は30%にすぎなかったが、以後増大し、2014(H26)年には94・1%に達している(現在でもこの比率はほぼ変わらない)。1995年といえば阪神・淡路大震災が起きた年だ。これをきっかけに柱角に耐震性、耐久性が要求され、それへの対応策の1つして集成材の採用率が高まったのだ。

「曲がった松の木」→「柱にゃならねえ」→「走

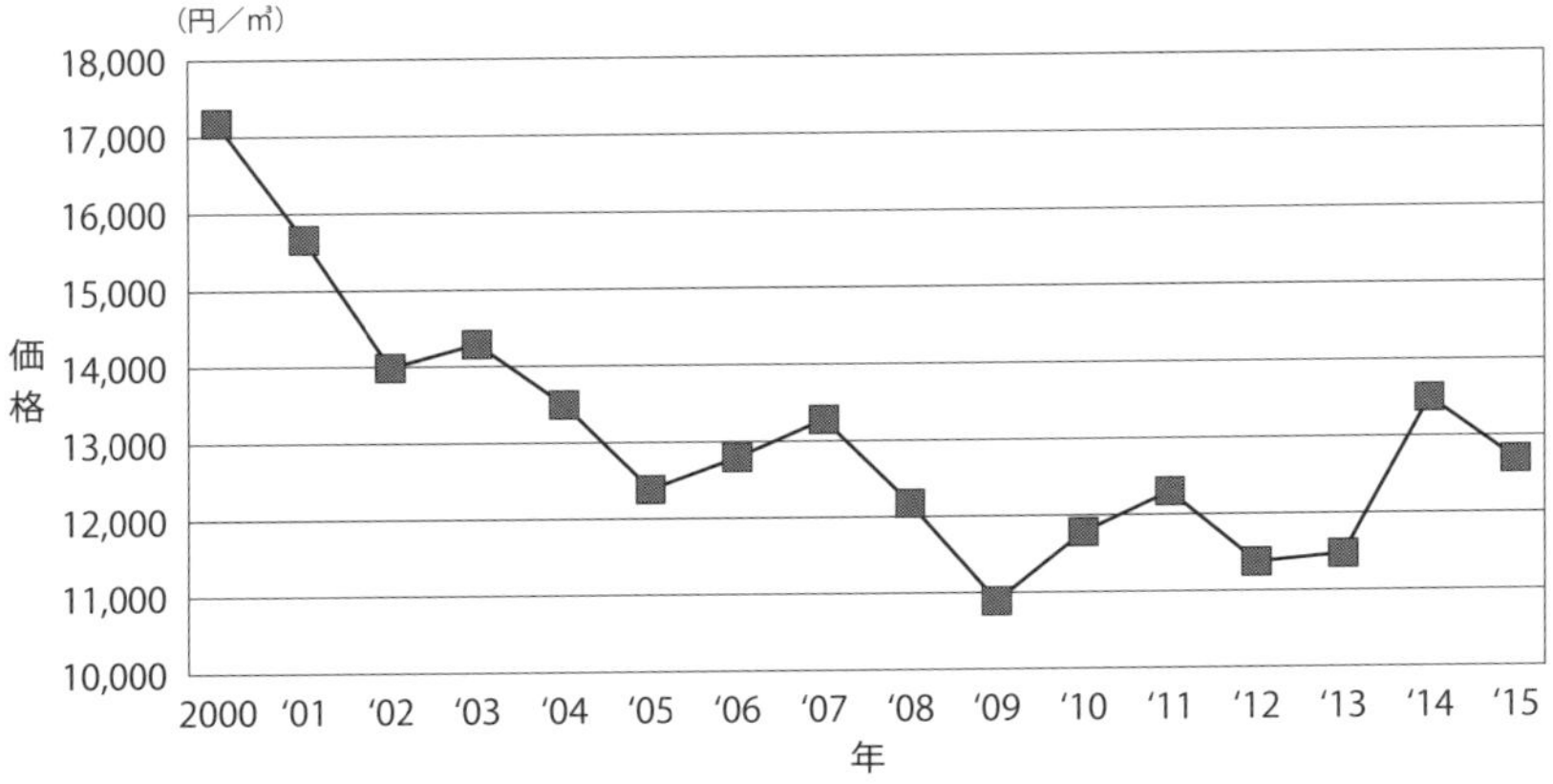

図3-7　製材用スギ丸太（A材）価格の推移
資料：農林水産省『木材価格統計調査』
注：径14〜22㎝、長さ3〜3.65m込み

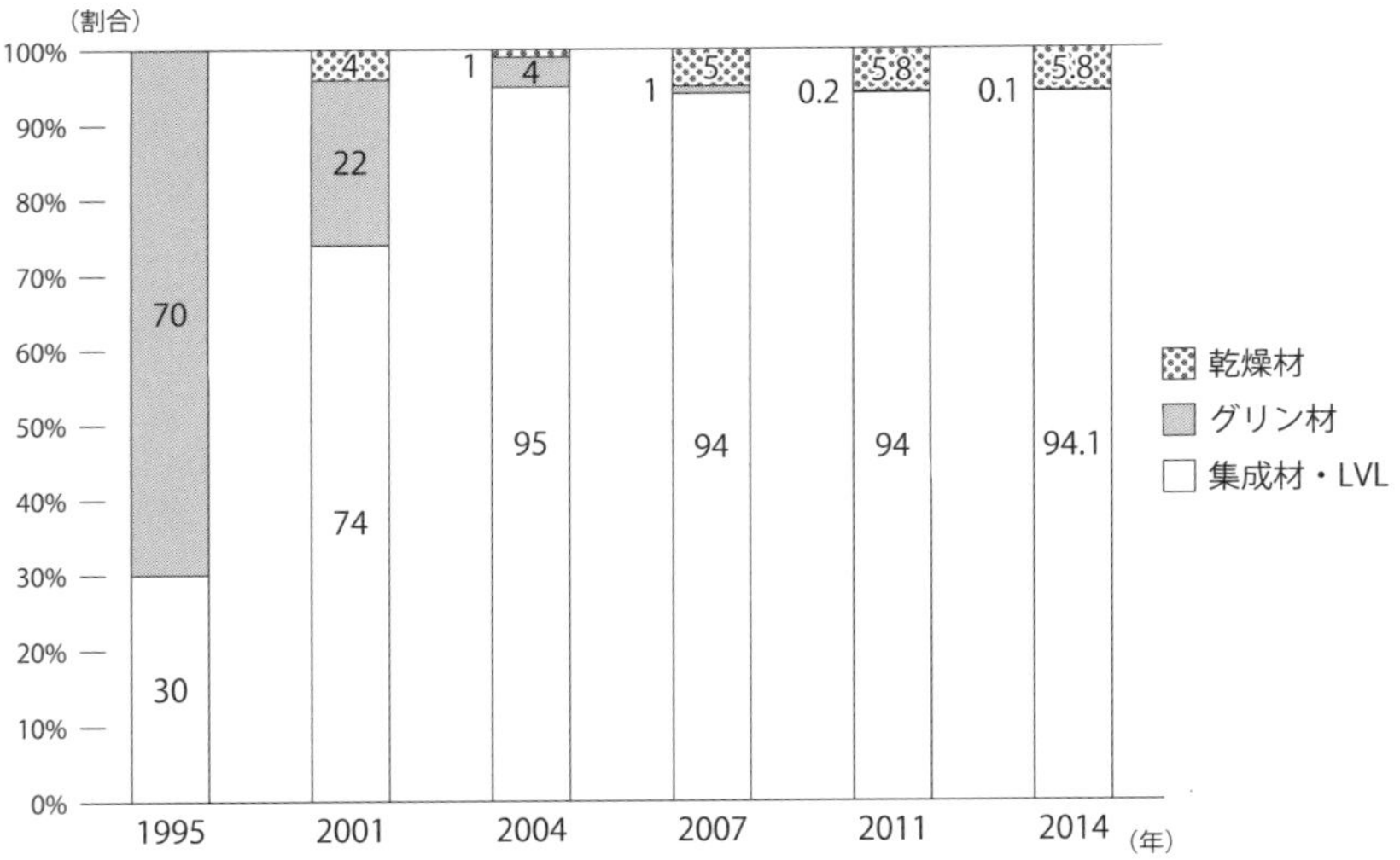

図3-8　柱角に占める集成材割合の推移
資料：ポラテック㈱

らにゃならねえ」という洒落言葉(ここではスギでもかまわない)のように、ムクで使う場合、B材は曲がっているが故に柱になれない。しかしそのB材もラミナに製材して乾燥させ、節やアテなどの欠点を除去してフィンガージョイント(FJ)し、それを積層、接着することによって通直な柱角(集成管柱)に仕上がる。それだけでなく強度、含水率、寸法の安定性などの面でムク柱の性能を上回る。曲がったB材が集成材になることによってA材の性能を凌駕してしまうのだ。これがA材価格下落の根本的な原因である。

「柱取り林業」第3の「危機」=「A材問題」は、A材に収益を依存してきた林業がついに限界に達したことを物語っている。そしてこれを打開するのがABCD(補注、253頁)フル利用の「複合林産」「森林総合利用」にほかならない。そこで以下では、ABCDがプレーヤーとして舞台に登場するまでの道筋を簡単に整理しておこう。

どこまで続く国産材製材大手の規模拡大

表3-1は2014(H26)年の国産材原木消費量3万㎥以上の製材工場を上から順に並べたものである。これを2002(H14)年当時(**表3-2**)と比較してみると、この12年間でいかに大手国産材製材工場の規模拡大が進んだかが明瞭に読み取れる。

2002年当時、上位20工場の原木消費量が約95万㎥だったのに対して、2014年のそれは264万㎥と3倍近い増加を示している。個別の工場で見ても、トーセンが5万5000㎥から30万㎥(5・5倍)へ、協和木材が6万㎥から26万2000㎥(4・4倍)へと大幅に増加している。

なぜここまで国産材製材大手の規模拡大が進んだのだろうか。その規模拡大は衰えるどころかいっそう激しさを増している。九州ではマクロ解説編第1章で紹介した中国木材・日向工場が第2工場新設中で、近い将来100万㎥を視野に入れた規模拡大を目指している。かと思えば外山木材（宮崎県）が鹿児島県に進出し、スギ2×4スタッド製材を中心に10万㎥規模の新工場を造成中だ。また木脇産業（宮崎県）は工場の周囲が住宅地であるため2シフト、3シフト体制が敷けないため、製材レーンの一部を更新して生産性を2割アップする形で規模拡大を図っている。さらに松本木材（福岡県）も既存の3つの製材レーンに加えて第4レーンを設置する計画を打ち出し、30万㎥規模を視野に入れている。さながら国産材オリンピックで覇《は》を競っているかのようである。原木価格が上昇する一方で製材品価格は頭打ちの状態である。にもかかわらず、なぜここまで国産材大手製材は規模拡大を追求するのだろうか。以下ではそれを考えてみたい。

困難な状況のなかで規模拡大を実現

まず国産材製材規模拡大が本格化した2002（H14）年から2014（H26）年までの国産材をめぐる諸指標の変化を確認しておこう。**表3-3**をもとに整理すると次のようになる。

❶製材工場数、国産材製材品出荷量、出荷工場数、木造住宅着工戸数は軒並み減少している。出力数300㎥以上の大規模製材工場も減少しているが、減少率は平均値より大幅に小さい。総じてこの時期、製材業にとっては逆風が吹いていることがわかる。

❷こうした厳しい状況のなかで、スギ正角（柱角）価格が35.9%アップしていることが目を引くが、これには注意を要する。というのも2014年4月に消費税率が5%から8%にアップし、その前年の秋から14年春にかけて住宅の「駆け込み需要」が発生し、製材品価格が上昇したからだ。

表3-1 国産材原木消費量3万㎥以上の製材工場ランキング（2014年）

順位	企業名	所在地	原木消費量（㎥）	順位	企業名	所在地	原木消費量（㎥）
1	トーセン	栃木	300,000	41	関木材工業	北海道	53,400
2	協和木材	福島	262,000	42	県産材加工協組	群馬	52,650
3	川井林業	岩手	220,000	43	瀬戸製材	大分	50,000
4	遠藤林業	福島	180,000	43	山佐木材	鹿児島	50,000
5	外山木材	宮崎	140,000	45	ウッドリンク	富山	48,700
6	松本木材	福岡	123,500	46	サイプレススナダヤ	愛媛	48,000
7	双日北海道与志本	北海道	120,000	47	熊谷林産	北海道	45,000
7	木脇産業	宮崎	120,000	47	佐藤木材工	北海道	45,000
9	サトウ	北海道	119,000	49	向井工業	愛媛	41,500
10	佐伯広域森林組合	大分	115,000	50	門脇木材	秋田	41,000
11	くまもと製材	熊本	105,000	51	かつら木材	和歌山	40,000
12	玉名製材協	熊本	102,216	51	耳川林業事業協組	宮崎	40,000
13	横内林業	北海道	100,000	51	宮内林業	宮崎	40,000
13	小田製材所	大分	100,000	54	松島木材センター	熊本	39,011
13	吉田産業	宮崎	100,000	55	気仙木材加工協組連	岩手	38,902
16	中国木材	広島	97,000	56	吉源木材	福島	36,000
17	院庄林業	岡山	88,267	56	渡辺製材所	栃木	36,000
18	庄司製材所	山形	86,000	56	ランバーやまと協組	熊本	36,000
19	大林産業	山口	85,707	59	一山木材	宮崎	35,000
20	佐藤製材所	大分	78,000	60	東北木材	秋田	34,000
21	持永木材	宮崎	75,000	61	山長商店	和歌山	33,000
22	十和田燐寸軸木	青森	74,000	61	中本造林	広島	33,000
23	秋田製材協同組合	秋田	73,923	63	中成	高知	32,000
24	木村産業	岩手	70,000	64	山大	宮城	31,200
24	宮の郷木材事業協組	茨城	70,000	65	佐々木馬一商店	島根	31,000
24	八幡浜官材協同組合	愛媛	70,000	65	山下木材	岡山	31,000
24	高知おおとよ製材	高知	70,000	67	ヨシダ	北海道	30,000
28	東部産業	福岡	65,000	67	協組三陸ランバー	岩手	30,000
29	オムニス林産協組	北海道	64,000	67	荒川材木店	福島	30,000
30	十勝広域森林組合	北海道	63,000	67	ヤマサンワタナベ	栃木	30,000
30	湧別林産	北海道	63,000	67	西村木材店	三重	30,000
32	ネクスト	大分	63,000	67	西垣林業	奈良	30,000
33	三津橋農産	北海道	62,327	67	江与味製材	岡山	30,000
34	美幌町森林組合	北海道	60,756	67	瓜守材木店	愛媛	30,000
35	二宮木材	栃木	60,000	67	安心院製材所	大分	30,000
35	徳永製材所	岡山	60,000				
35	菊池木材	愛媛	60,000				
35	久万広域森林組合	愛媛	60,000		合計（原木消費量）		5,255,555
35	高嶺木材	宮崎	60,000				
40	都城木材	宮崎	58,000				

資料：『国産材名鑑』、日刊木材新聞社、2015年4月

表3-2 国産材原木消費量上位20の製材工場ランキング(2002年)

順位	製材工場名	道県名	原木消費量(㎥)	使用樹種
1	木脇産業	宮 崎	80,000	スギ 90%
2	サトウ	北海道	68,000	カラマツ
3	協和木材	福 島	60,000	スギ 70%、マツ 30%
3	吉田産業㈾	宮 崎	60,000	スギ
5	オムニス林産協組	北海道	56,000	カラマツ
6	院庄林業	岡 山	55,000	ヒノキ 65%、スギ 35%
6	トーセン	栃 木	55,000	スギ、ヒノキ
6	外山木材	宮 崎	55,000	スギ
9	庄司製材所	山 形	47,800	スギ
10	熊谷林産	北海道	47,000	カラマツ
11	石井木材早来工場	北海道	46,000	カラマツ、トドマツ
12	小田製材所	大 分	38,510	スギ、ヒノキ
13	耳川林業事業協組	宮 崎	38,000	スギ
14	横内林業	北海道	35,500	カラマツ
14	瀬戸製材所	大 分	35,000	スギ
14	持永木材	宮 崎	35,000	スギ
14	イトー木材	栃 木	35,000	スギ
18	関木材工業	北海道	35,000	カラマツ、トドマツ
19	横内林業紋別事業所	北海道	34,800	カラマツ
20	湧別林産	北海道	34,000	カラマツ

資料:『木材イヤーブック 2003』日刊木材新聞社
注:順位は丸太消費量

表3-3　2002年から2014年の諸指標の変化

区　分	2002年 (平成14年)	2014年 (平成26年)	増減率
素材生産量 うち製材用	15,092千㎥ 11,142千㎥	19,916千㎥ 12,211千㎥	＋32.0% ＋9.6%
製材工場数 うち300kW以上	10,429工場 512工場	5,468工場 416工場	▲47.6% ▲18.8%
スギ丸太価格	15,600円／㎥	14,800円／㎥	▲5.1%
国産材製品出荷量	7,214千㎥	6,755千㎥	▲6.4%
出荷製材工場数	9,077工場	5,119工場	▲43.6%
スギ正角価格	42,800円／㎥	58,200／㎥	＋35.9
木造住宅着工戸数	503,761戸	489,463戸	▲2.8%
木造率	43.8%	54.9%	＋25.3%
プレカット率	58%	90%	＋32%

資料：農林水産省『木材需給報告書』、国土交通省『住宅着工統計』、全国木造住宅プレカット協会調べ

注：スギ丸太→末口24～28㎝、長3.65～4ｍ、スギ正角→10.5㎝角、長３ｍ、２級

❸そこで参考までに２０１３（H25）年のスギ正角の価格を見てみると４万８６００円／㎥になる。２００２（H14）年に比べて13・6％程度のアップである。

❹一方、増加しているのは素材生産量だ。また木造住宅着工戸数こそ減っているものの、木造率は増加し、プレカット率は58％から90％へ増えている。

以上のように、２０００年初頭から２０１０年代前半にかけての国産材製材大手の規模拡大は必ずしも右肩上がりの好景気の中で実現したとはいえない。にもかかわらず、なぜこれだけの規模拡大を実現し、今なお続いているのか。それなりの要因があったのではないか。ではその要因とはいったい何か。以下ではそれを考えてみよう。

製材規模拡大の要因は何か？

まずは考えられる国産材大手製材業の規模拡大の要因を列記してみよう。

第1は「生き残り」のためだ。住宅市場が年々狭隘化《きょうあいか》していくなかで、製材工場を存続させていくためには「現状維持」では勝ち目はない。一定の規模拡大が求められる。資本主義経済は大量生産・大量消費が基本なので、規模の大きいほうが圧倒的に有利だからだ。

第2はノーマンツインバンドソー（無人製材機）システムの普及である。これによって省力化、生産性向上、効率よい歩留まり製材が可能になった。

しかしこれだけでは現在のような規模拡大は実現できなかった。「決定打」とでもいうべき要因があったからこその現在の規模拡大が実現されたはずだ。それは何か。製材品（特に芯持ち柱角）の人工乾燥化技術の確立である。これなくしては「複合林産型」の素地は形成されなかっただろう。

図3-9は建築用製材出荷量（外材を含む）と人工乾燥割合の推移を示したものだ。2002年頃から人工乾燥割合が増加していることが窺える。

これは製材業界全体の数字であるが、大手国産材製材業各社ではもっと早いペースで人工乾燥化が進んだ。

1990年代初期、スギ芯持ち柱角の人工乾燥化は難しいといわれていた。曲がりや狂いが出にくくなる水準（含水率20％）にするためには相当のコストがかかることが見込まれていた。そのため瑕疵《かし》担保保証制度（いわゆる「品確法」）施行前まではグリン材がそれなりのシェアを占めていたが、人工乾燥化が遅れたためホワイトウッド集成管柱に市場を蚕食《さんしょく》されるという苦い経験をした。

こうしたなかでも大手国産材製材は試行錯誤をしながらも人工乾燥化技術の習得に力を注いでいた。それが本格化したのは2000年代に入ってからだ。特に2002（H14）年以降、高温乾燥機が普及するにつれて人工乾燥化が大きく進展し

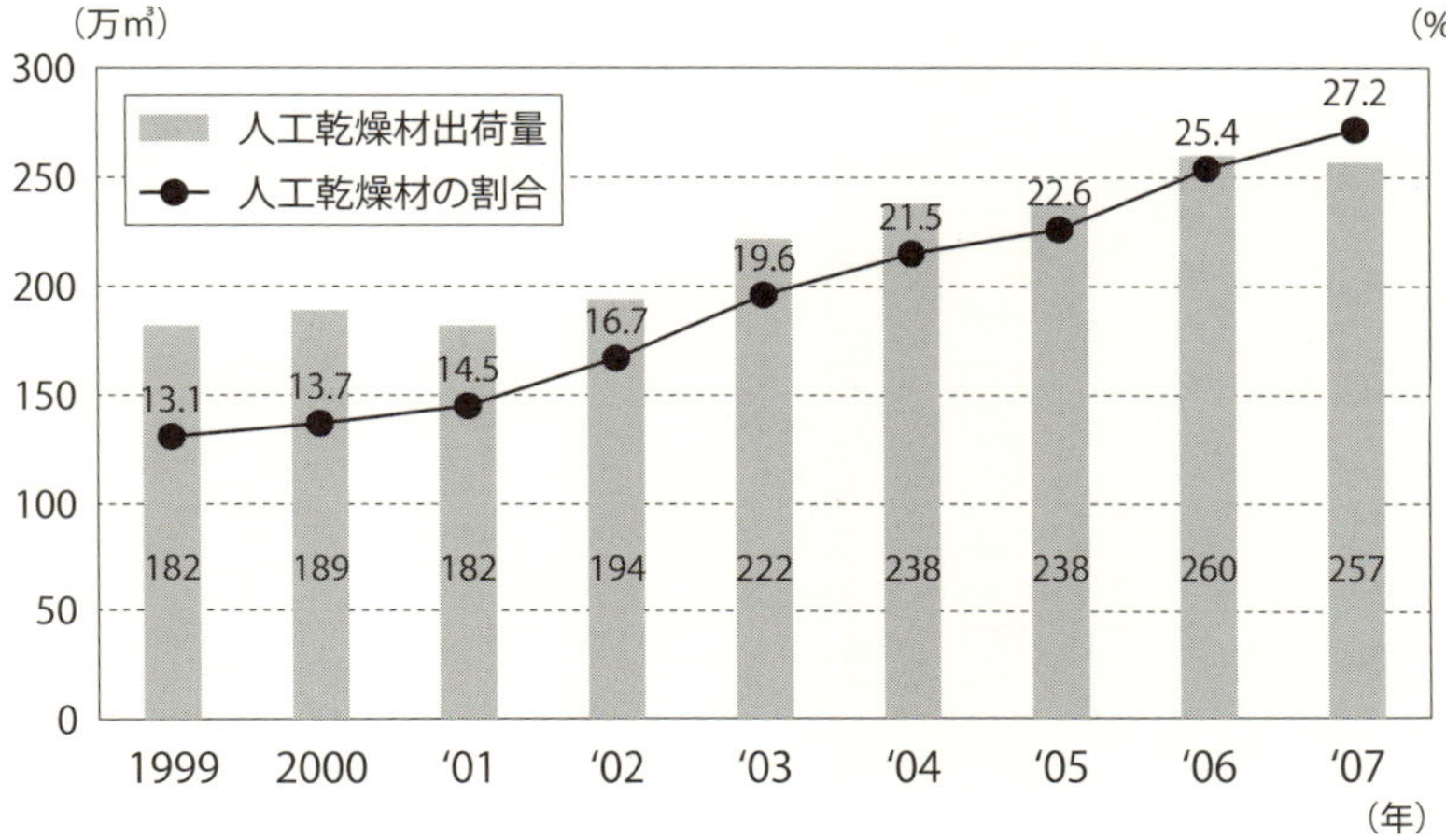

図3-9　建築用製材品出荷量と人工乾燥材割合の推移
資料：農林水産省「木材需給報告書」

た。農林水産省『木材需給報告書』のデータで見ても、2005〈H17〉年の国産材集荷量に占めるKD材率は18・4%であったが、2015〈H27〉には41・6%へアップしている)。この辺の経緯を、マクロ解説編第1章で紹介したトーセンを事例にたどってみることにしよう。

トーセンは、もともとはスギ小径間伐材の量産工場であった(1995〈H7〉年当時で約5万㎥の丸太消費)。その後、中径材丸太製材にウェイトを移しながら消費量を増加していったが、初めて乾燥を手がけたのは1995~96(H8)年のことであった。天然乾燥を施しモルダー掛けした間柱が好評だったからである。しかしこれは一旦途切れる。再び乾燥化に取り組んだのは2002年になってからである。この間のブランクは、デフレ不況によるものだ。同年、ドイツ製中温乾燥機(40㎥)を2基購入。翌年高温乾燥機(40㎥)2基、中温乾燥機(40㎥)2基を導入し、本格的な人工乾燥化へと取り組んだ。以後、さらに人工乾燥設備を整備拡充し、2001（H13）年に製材品に占める人工乾燥化率は1・7%であったものが、2004（H16）年には一挙に40%に増加している。トーセン以外にも、外山木材が10%から29・4%に、瀬戸製材所が13・3%から22・2%へ、協和木材が30%から50%に増加している。

ちなみに年間国産材丸太消費量2万㎥以上の製材工場で組織されている国産材製材協会が、会員企業27社に対して行ったアンケート調査結果によれば、製材品生産量に占めるKD比率（容量ベース）は89・9%とほぼ9割に達している。

KD化にさらに磨きをかけたのが、柱角の4面をプレーナー仕上げしたS4S（Smooth Four Side Surfaceの略）だ。これによってスギKD柱角の製品精度は著しく向上したのである。

KD化によってさらに製材規模拡大

製材品の人工乾燥（KD）化は、精度、寸法、含水率、強度などの面でエンジニアードウッドに近づいただけでなく、品質管理の面でもグリン材（GR）時代とは比べものにならないほどの〝進化〟を遂げた。

その第1は、製材品の在庫が可能になったという点でグリン材の時代と大きく異なる。グリン材製材の時代には、製材してすぐ出荷しなければ、製材品に曲がりや捻れなどが生じ、即クレームとして跳ね返ってきたからである。人工乾燥化することによって、製材品の在庫が可能になり、需要（注文）に応じて製品出荷量の調整が可能になった。大手国産材製材業の近代化（企業化）が大きく前進したことになる。

第2は、KD化は住宅建築の季節性をなくしたことだ。かつて住宅業界には「秋需」という営業用語があった。空気が乾燥している秋（9～11月）

は、木造住宅業界にとって書き入れ時という意味である。これに対して梅雨という季節は、住宅業界にとっても製材業界にとっても〝鬼門〟であった。雨が多いと建築工事に不適当だからだ。しかし、製材品のKD化によって、季節性は平準化されたのである。

第3は人工乾燥に重油を使う代わりに、製材端材をボイラーに投入して蒸気を発生させ、それを乾燥に充てるようになる。そのためには一定の製材規模が必要になってくる。

これによって大手国産材製材メーカーは追加投資（規模拡大）が可能になる。一般論であるが、製材経営が軌道に乗った場合、年商の1割（例えば50億の年商なら5億円）は機械設備への投資が可能になるといわれる。つまり人工乾燥技術の確立によって、製材はいい方へいい方へと進むことになる。

こうしたいわば製材革命によって、大手国産材製材工場はそれまで外材一辺倒だった大手ハウスメーカーや地域ビルダーから「頼り」にされ始めた。前出のトーセンが人工乾燥化技術を確立した頃から、しきりと商社が営業にやってくるようになったという。これによって、同社はそれまでの製品市売市場出荷から東京・首都圏のプレカット企業と結びついていくのである。

こうした国産材製材業の規模拡大が、2012（H24）年から始まったFITとうまい具合に結びついて「複合林産型」を志向することになった。同時にこれが、国産材産地構造の弛緩をもたらし、産地間競争から企業（産業クラスター）間競争への移行に拍車をかけたのである（補注、257頁）。

合板メーカーの国産材シフト

次いでB材である。2000年代に入り、ロシアに森林資源ナショナリズムが台頭した。2007（H19）年、前年に発効したロシア新森林法への追加的措置として、ロシア産針葉樹丸太の輸出課税率をそれまでの6・5%から20%へ、さらに2008(H20)年に入ると25%に引き上げた。これだけでも驚きなのだが、翌2009(H21)年には課税率を一挙に80%にアップすると発表した。しかしさすがにこれは引っ込めた恰好になった(撤回したわけではない)。このドタバタ劇に嫌気がさした日本の合板製造業界はロシア材に見切りをつけ、スギ、カラマツなどの国産材丸太への転換を図った。

戦後、日本の合板業界が原料として真っ先に目をつけたのが、フィリピン、マレーシア、インドネシア産の南洋材であった。ラワン材に代表される南洋材は大径広葉樹で節がなく、しかも繊維の密度が高くて強度があり、合板用丸太には最適の原料であった。しかし東南アジアの森林資源が次第に減少し、それに伴って芽ばえた森林資源ナショナリズムによって、産地国では自らが合板を製造して日本へ輸出するようになった。

そこで日本の合板製造業界は、原料を広葉樹から針葉樹に切り替え、ニュージーランド、オーストラリア、チリなどの南半球産地国からラジアータパインを、北米からダグラスファーなどを輸入した。その後「主役」はロシア材(北洋カラマツ)に移ったが、そのロシアで、丸太輸出課税アップ騒動が起きたのだった。

こうして東南アジア→オセアニア→北米→ロシアと環太平洋を時計と逆回りで1周し、半世紀を経て原料基盤を国産材に移行したことになる。その半世紀=50年は、奇しくも戦後造林スギの伐期齢に該当する。

こうした合板用丸太需給激変の兆しが見えるなか、林野庁は「国産材新流通・加工システム」なる補助事業を実施した(2004〈H16〉~2006〈H18〉年度)。その目的はB材需要拡大の創出とそれに対応した丸太の安定供給体制の確立であった。今振り返ると、じつにタイムリーな政策であった。これが合板メーカー各社のB材利用の拡大を一挙に後押しする形になった。一

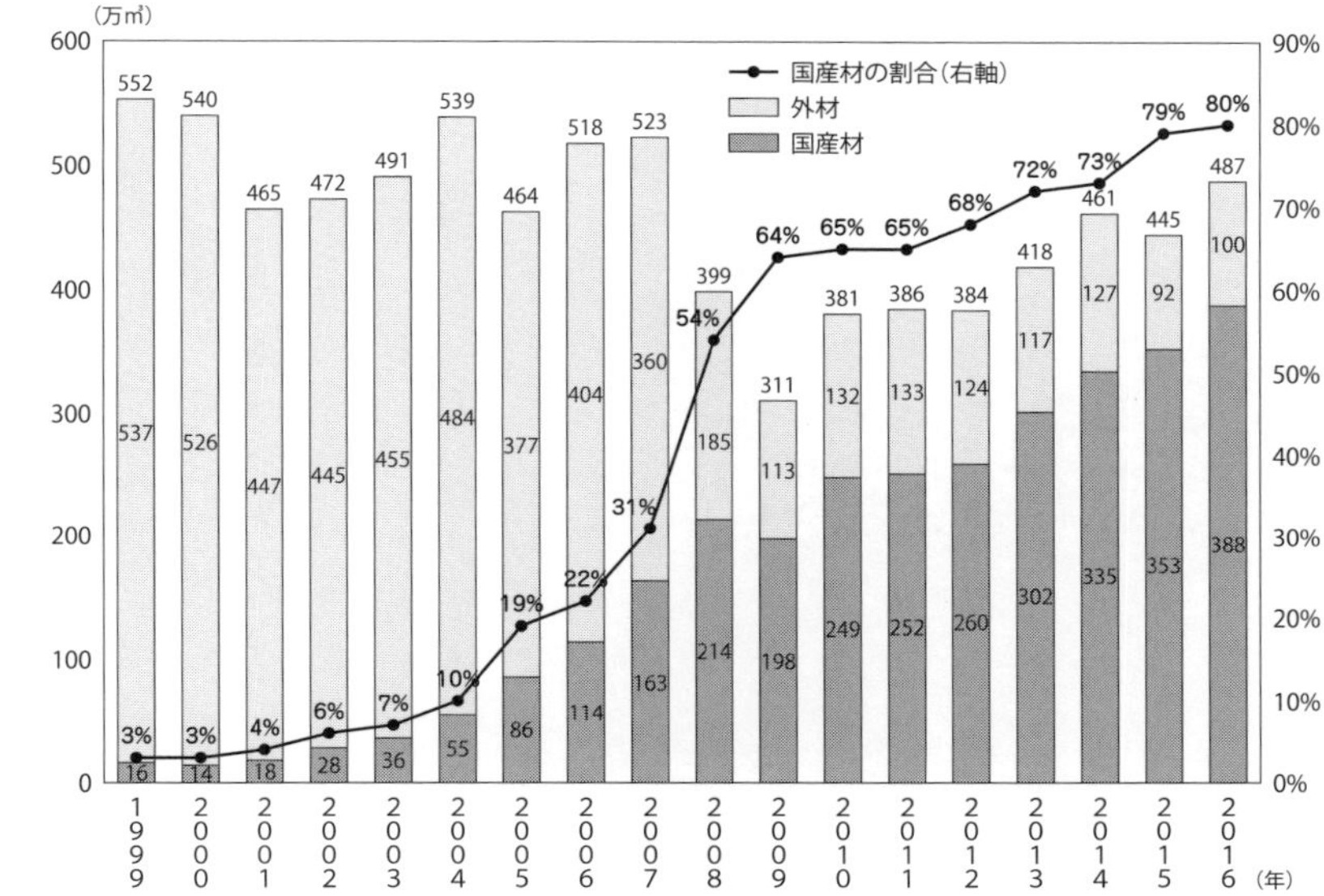

図3-10　材種別合板用素材供給量と国産材割合の推移
資料：木材需給表(林野庁)

方、合板メーカー側もスギやカラマツを合板原料として利用できるように、例えば、末口径10〜12㎝の小径丸太からでも、剥芯30㎜(直径)を残して単板を剥けるロータリーレースを開発し実用化にこぎ着けた。この結果、2005(H17)年頃から合板メーカーの国産材利用率が一気に高まった(**図3-10**)。

前述のようにB材は、曲がっているが故に建築用材として評価されず、梱包用材やダンネージなどの産業資材や物流資材の原料に甘んじてきた。建築用材として使われる場合でも野地板、ラス下地などに製材されるのが関の山であった。このB材を合板メーカーが大量に利用し始めたのだ。これによって4000円/㎥前後だったB材丸太価格は1万円台/㎥へと倍以上もアップした。2016(H28)年の合板用素材生産量(国産材丸太)は368万2000㎥(農林水産省『平成28年木材需給報告書』)である。仮に合板用丸太の平均単価を1万円／㎥としても368億円が「山元還元」されたことになる。もはやB材抜きでは日本の森林・林業・木材産業の将来像を語れなくなったのである。

C材にスポットライトが

次にC材に移ろう。わが国の木材チップ需要量は年間約1800万t（絶対乾燥状態）規模で推移している。その内訳は60％が輸入チップ（大部分がユーカリなどの広葉樹）、40％が国産材チップである。国産材チップの7割がスギ、ヒノキなどの針葉樹である。

木材チップの9割以上は紙・パルプの原料になる。したがってその供給量は紙の需要量に左右される。リーマン・ショック前は年間2000万t（絶対乾燥状態）水準であったが、翌年の世界同時不況で1500万t台に急減したものの、その後、穏やかに回復して現在に至っている。

さてC材が問題視されるのは、ここにきて紙以外の新たな需要が発生し、木材チップの需給構造を一変させかねないような状況になったからだ。FIT（再生可能エネルギー固定価格買取制度）による木質バイオマス発電所が多数立地し稼働し始めたことによる。

資源エネルギー庁が公表した2016（H28）年8月現在のFIT認定のバイオマス発電所は、未利用材69件、一般木質105件、建廃4件、計178件、出力別では未利用材42万kW、一般木質296kW、建廃3万kWになる。

本邦初の木質バイオマス発電所・グリーン発電会津（5700kW）の年間燃料消費量は6万t（水分率36％）、グリン材換算で年間7～8万㎥が消費されている。これを基準にすると、未利用材で556万㎥、一般木質では3896万㎥（いずれも年間）という膨大な量になる。一般木質には製材端材、輸入チップ、ペレット、PKS（補注、249頁）も含まれるので、為替相場の変動などによって、国産材の利用量が減る可能性は否定できないが、いずれにしても膨大な木材需要が発生することは間違いない。ちなみに2016年林野庁が策定した森林・林業基本計画では、2025年にバイオマスなどの燃料用需要は900万m³に増加するとの見通しを示している。

2014(H26)年の木材チップ工場は1424である。そのチップ工場はこれまで減少傾向で推移してきたが、ここにきて木質バイオマス発電による新規需要を睨んで、新たなチップ工場が全国各地に開設されている。

こうした状況のなかで、最近、C材需給はタイトになりつつある。製紙用チップになる丸太価格は4000~5000円/m³であるのに対して、木質バイオマス発電の燃料用チップ丸太価格は6000~7000円/m³(1t=1m³)であるが、最近では7500円/m³、高いところでは8000円/m³という価格が提示されるケースもでている。

ABCDの総合利用が「複合林産」力を形成

C材需給逼迫と価格上昇に拍車をかけているのが、国産材丸太の海外輸出だ。ここ2、3年、九州を中心に国産材丸太輸出量が増加している(詳細はマクロ解説編第4章参照)。

2017(H29)年の丸太輸出量は97万m³と100万m³に肉薄する実績を示した。C材の需給逼迫《ひっぱく》は、他の下級材、例えば家畜用の敷料になるおが粉用丸太や丸棒や杭木用丸太などの価格上昇にも繋がっている。2016(H28)年夏現在で、南九州を例にとると、木質バイオマス発電燃料用丸太が7500円/t(≒m³)、海外輸出用(スギ40cm上)1万5000円/m³、おが粉用丸太・丸棒用丸太が7000円/m³である。おが粉用丸太はかつて3000円/m³であったが、倍以上に値上がりしたことになる。ちなみに合板用丸太が9000円、製材用が1万5000円(いずれも山土場渡し価格）である。

Ｃ材価格の上昇は、丸太や立木価格の上昇に繋がるだけでなく、価格の下支えという重要な役割を果たす（補注、２５８頁）。事実、南九州では木質バイオマス発電所が稼働している周辺のスギ立木価格が、これまでの２２００～２５００円／㎥から５０００円程度に上昇していることが現地調査で確認できる。

しかしここにきて、また悩ましい問題が起きている。Ｃ材価格が上がってもＡ材価格は上がらない。それだけではない、Ｃ材価格が下がるとＡ材価格も下がる傾向が見え始めたことだ。例えば、鹿児島県のように製材業の力が弱い地域では、それが顕著に現れる。

さて、以上述べたＡＢＣ加えて、最近、Ｄがにわかに注目を浴びている。Ｄ材とは立木を伐採した際、搬出してもコストが嵩むので林地に置き去りにされた未利用材のことだ。これを木質バイオマス発電事業の燃料用丸太に充てようというものである。ここに至って、〈ＡＢＣＤ〉という想定されるプレーヤーが出揃ったというわけである。

この４つの有機的な組み合わせによって「複合林産」力発揮の素地ができ、それが「森林総合利用」力にも繋がる可能性が出てきた。しかし、それは〈ＡＢＣＤ〉の恣意的な組み合わせや「強いもの勝ち」が支配する利用方式であってはならない。おのずと一定のルール存在する。それが丸太のカスケード利用である

ＡＢＣＤは丸太の用途区分であるが、同時に丸太のカスケード利用の謂《い》いでもある。カスケード（cascade）とは、「a amall WATERFALL, especially one of several falling down a steep slope with rocks」（『ＯＸＦＯＲＤ現代英英辞典』）とあるように、階段状に連続する滝のことを意味する。

資源やエネルギーは使用するごとに、その形状や性質のレベルが下がっていく。しかし下がったからといって捨ててしまったのではもったいない。

各レベルに応じた効率的な利用が求められる。

熱を例にとってみよう。工業で扱う熱は1500℃くらいだから、まずエンジンを回して照明や電力に使う。その後出てきた熱は1100℃前後なのでガスタービンを回してやはり電気として使う。最終的には家庭用の給湯として使ってしまう。このように資源やエネルギーをできるだけ使い切ることを、階段状に連続する滝になぞらえてカスケード利用という。

迫られる製材方式の見直し

「木造持ち家本位」と「柱取り林業」見直しの気運が徐々に高まるなか、両者を媒介する「柱取り製材」の見直しが迫られている。その要点は2つある。

第1はこれまでのように、中小径木をツインバンドソーシステムで製材して構造材を量産し、木造軸組住宅需要拡大へと繋げていくこれまでの森林・林業政策が根底から揺るぎ始めたことである。将来、新設住宅着工戸数が減少し、一方でリフォーム市場が活気を呈してくると、その需要は極端にいえば「タルキ1本、根太1本」の注文に変わってしまう。つまりこれまでの製材システム（少品種量産）から多品種生産・即納体制へと転換を余儀なくされる。こうした需要構造の変化に対して、どのような製材加工システムがふさわしいのか、これといった決め手が出されていないのが実状だ。

第2は、間伐推進の森林・林業政策推進の結果、スギ大径材の出材量が増えてきたことだ。詳細はミクロ解説編第7章で取り上げるが、じつは以前（1990年代中頃まで）、これと似たような問題が発生し、国産材業界の悩みの種になっていた。「スギ中目材問題」である。

頭のなかにコンパスで円を描いてほしい。1辺が10・5㎝の正方形がすっぽりと収まるためには直径16㎝程度がいい。10・5㎝角（3寸5分）の柱取りに適した末口径だ。12cm角（4寸角）でも18cmあればOKだ。この柱適寸丸太（末口16～18cm）を採るのが「柱取り林業」の基本である（「側＝背板」から間柱を採ることを考えると20～22cm）。

ところがそれ以上に成長して中目材（末口24～28cm）になると、柱を製材するには太すぎるサイズになる。芯を挟んで柱を採り、「側」からラス下地や野地板を採ればいいのではないかという見方も出ようが、さてそれが売れるのかというとまったく別問題だ。合板やパネルの普及によって、板類の販路は縮小する一方であった。さてどうしようか。これが「スギ中目材問題」だったのだ。

しかし90年代も末になると、「スギ中目材問題」は一応の解決を見た。ツインバンドソーで太鼓挽きして原板を採り、そこから構造用集成材のラミナや間柱を量産することが可能になったのだ。ホッとしたのも束の間、今度は「スギ大径材問題」が浮上し、国産材業界に再び悩みの種を蒔いている。どうすべきか。後述するミクロ解説編第7章で議論してみたい。

第4章 新たな国産材輸出ビジネスの胎動

―丸太から製材品への可能性を探る

ある〝異変〟

２０１８（H30）年『日刊木材新聞』（1月16日付）トップ記事を見て驚いた。驚いた、というよりう「やはりそういうことだったのか」と合点がいった。大見出しに「北米最大の木製フェンス会社買収―伊藤忠商事―」、中見出しには「既存子会社連携しフェンス事業拡大」と続いている。記事の概略は以下のようなものだ。「伊藤忠商事は（1月）15日、北米最大手の木製フェンスメーカーを買収したことを明らかにした。米国内の好調な住宅建築を背景に住居を囲い込むフェンス需要が堅調で、当該企業の収益も良好なことに加え、既に当地にある金網フェンス子会社の販売ネットワークを生かし、事業の相乗効果を高められると判断した」。

この記事に先立つ２０１７（H29）年夏頃から、筆者は九州のスギ丸太需給（流通）をめぐる〝異変〟をキャッチしていた。その〝異変〟とは主に合板用スギ丸太（末口径16cm以上、長さ4mのB材）をめぐって生じていた。ポイントは次の２つだ。

(1)合板用スギ丸太が商社を介して海外輸出（中国）に回され始めた。これまでの輸出用スギ丸太といえば「13下」（末口径級が13cm以下の丸太のことで、日本では主として母屋・桁用に製材される。〈**写真4-1**〉）を中心とする下級材と相場が決まっていたが、ここにきて合板用丸太（**写真4-2**）の〝買い〟が強まっている。その港着値は1万５００～1万１０００円／m³と国内の合板工場着値とほぼ同じだ。

(2)一方、九州の梱包材・パレットを挽く製材工場（補注、２５９頁）でもスギ合板用丸太が強気に買われ、〝あるモノ〟が製材され始めた。〝あるモノ〟とはツーバイフォー（2×4）住宅用のフェンス材である（**写真4-3**）。

2×4住宅部材の樹種は北米産SPF（S：スプルース、P：パイン、F：ファー）の独壇場で、他の樹種が入り込む余地はほとんどなかったが、

写真4-1　ある大手木材商社が落札した中国向けスギ丸太
（鹿児島県森連隼人共販所、2014〈H26〉年）

写真4-2　合板用スギ丸太
（鹿児島県森連隼人共販所、2014〈H26〉年）

写真4-3 南九州の大手梱包・パレット製材工場で挽かれた米国輸出用スギフェンス材

住宅を囲うフェンス材を国産材スギが代替するような気配が見え始めた。

スギフェンス材の輸出先は米国である。このような〝異変〟はここ1～2年の短期間に起きた出来事だ。財務省『貿易統計』からもその一端が窺える。すなわち2016(H28)年のスギ製材品輸出量は3万9026㎥、このうち米国向けは7％にすぎなかった。ところが2017(H29)年になると一挙に18％(スギ製材品輸出量は7万2315㎥)に跳ね上がっている。スギを含む製材品全体の輸出量でも、2017年は8万7363㎥で対前年比144％、うち九州は2万3173㎥で同173％と大幅な伸びを見せている。特に米国への輸出量が2836㎥で対前年比580％となった。

こうした〝異変〟を裏付けるかのように、商社からコンテナ2～3個分(40フィートコンテナで約1万2000枚のフェンスが積める)を準備できないかというオファーがしきりと製材各社に入るようになった。冒頭の『日刊木材新聞』記事は、この延長線上にあることは明らかだ。「やはりそういうことだったのか」という筆者の思いとは、そういうことである。それにしてもこんな短期間に生じた〝異変〟の裏にはいったいなにがあったのだろうか。それを探るのが本章の課題である。と同時にこの課題へのアプローチは、国産材丸太輸出が製材品輸出へと〝飛躍〟できるか否か、その可能性の追求にも繋がることになる。

「環太平洋」という視点

上記の課題にアプローチする場合、「環太平洋」という視点が不可欠だ。「環太平洋」とは文字通り太平洋を取り巻く国々、地域のことである。

この「環太平洋」をめぐる木材需給動向は米国と中国の２つの経済大国を焦点とした楕円の形で展開している。このなかで米国の景気が好調で住宅着工戸数も順調に推移している一方で、中国は対米輸出で外貨を稼いでいることは周知のとおりだ。中国は自他ともに認める「世界の工場」で木材も例外ではない。すなわち「環太平洋」木材産地諸国から丸太を輸入し、それを加工して米国へ輸出している。近年、その輸出品目のなかにフェンス材が入ってきた。その原料が日本から輸入したスギ丸太なのである。後に詳述するが、日本から中国へ輸出している丸太は、現在のところラジアータパインやロシア材に比べると量的には少ないが、徐々に増えつつある。特に、対米向けのフェンス材に限っては、日本のスギは重要な役割を果たしている。

冒頭に述べた〝異変〟とは米中日３国の間で生じている現象だ。その詳細は、追い追い明らかにしていくつもりだが、この３国間で、森林大国日本の果たしている役割はきわめて大きい。さらに米中日３国にロシア、ニュージーランド、カナダが密接に絡み合いながら（**図４-１**）、〝異変〟となって現在に至っている。

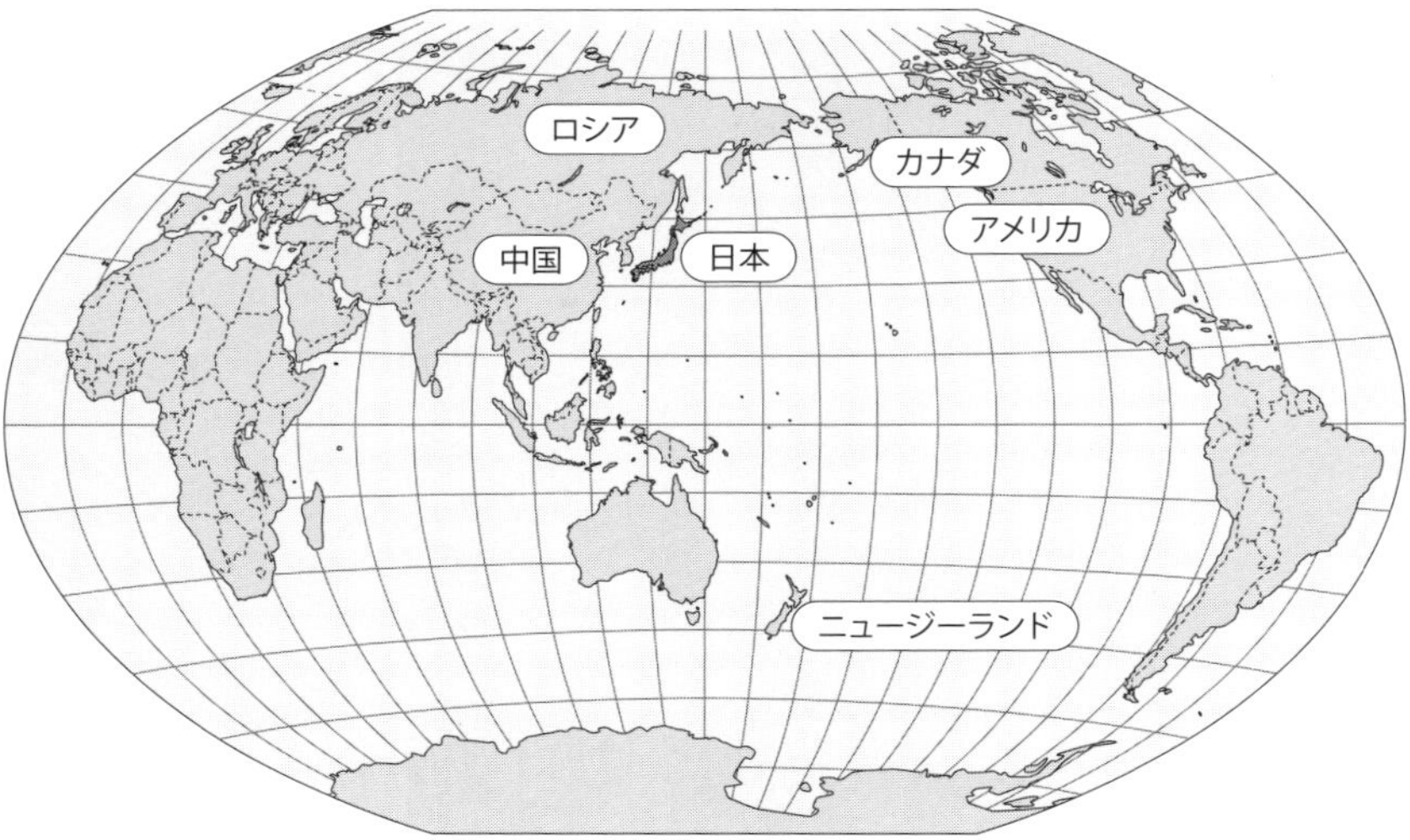

図4-1　「環太平洋」の木材産地諸国

九州から中国向け原木量が急増

そこで楕円の2つの焦点の片方をなす中国で、丸太需給をめぐってどのような〝異変〟が起きているのかを見ておこう。**図4-2**は日本の原木輸出量の推移を九州とそれ以外の地域に分けて示したものである。ご覧のように九州が大きなウェイトを占めて推移しているが、ここで注目したいのは2016（H28）年から2017（H29）年にかけて一挙に輸出量が増加していることだ。そこで九州の上位3港湾（志布志、細島、八代の3港。**図4-3**）別にその変化を示すと**表4-1**のようになる。3港とも中国向けの原木量が著しく増えている。

これは中国側からのデータでも裏付けることができる。後でも触れるが、上海近郊の原木輸入2大港は常熟港と太倉港だ（**図4-4**）。このうち常熟港の2016年の原木輸入実績（294万㎥）を仕入れ先別にを見ると、第1位がニュージーランド（217万㎥）で全体の74%のシェアを占め、次

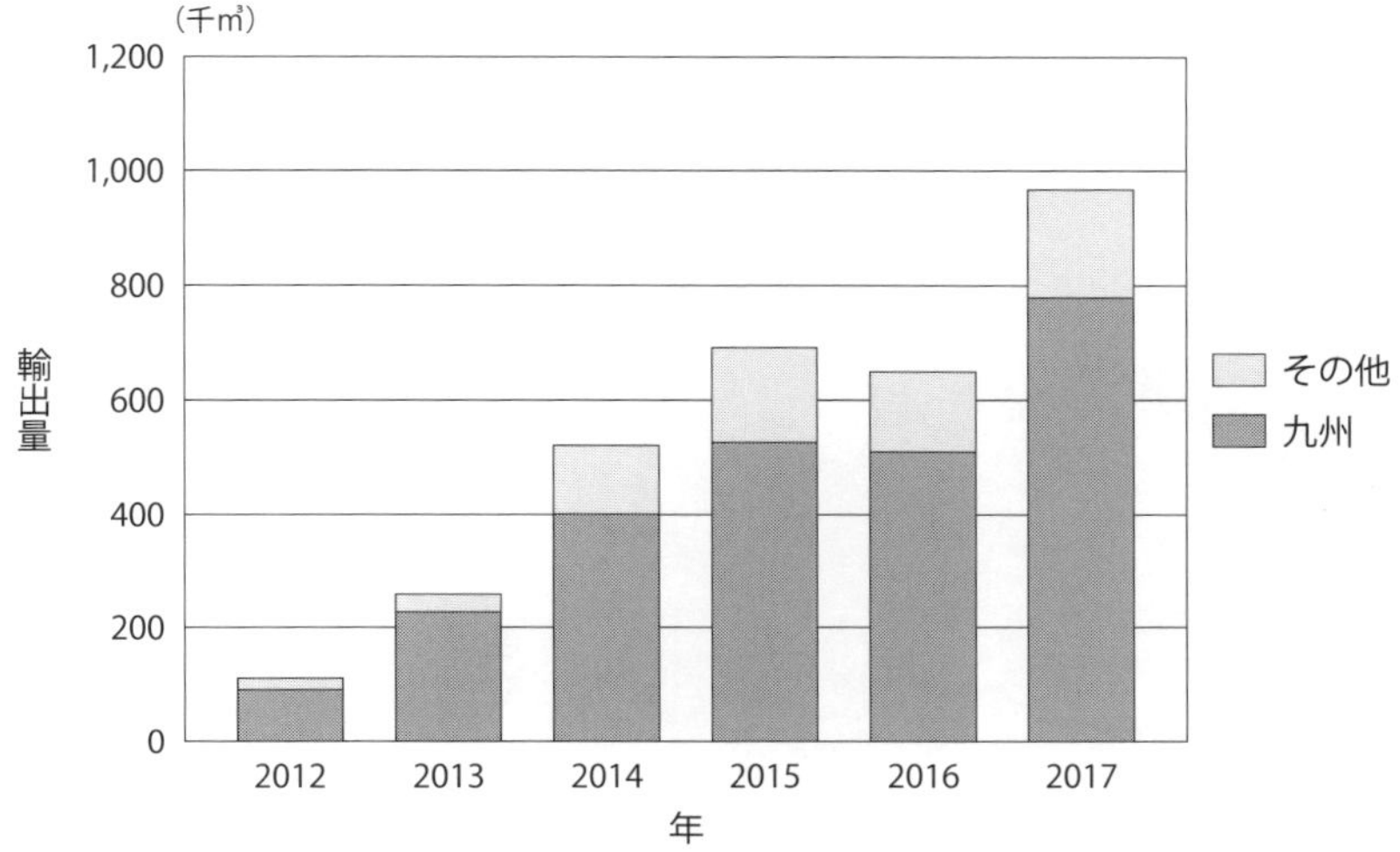

図4-2　地域別国産材原木輸出量の推移
資料：財務省「貿易統計」

いでロシア（27万㎥、9％）、日本（20万㎥、7％）の順だった。ところが2017年1～9月の実績（226万㎥）の内訳を見ると、第1位のニュージーランド（127万㎥、56％）は変わらないものの、日本が第2位（38万㎥、17％）に浮上している（常熟市港湾局調べ）。これは日本の丸太供給力の増大とも見えるが、別の見方をすれば中国側の〝買い〟の強さを物語っている。いずれにしても注目したいのは、中国でなぜ日本からのスギ丸太輸入量が増えたのか、ということだ。

　ところで九州上位3港湾のなかでも志布志港からの輸出量は約17万㎥から26万㎥へと大幅に増加している。ここで想起されるのが2017（H29）年5月12日に放映されたNHKテレビ「なるほど実感報道ドドド！　九州から始まる！ニッポン林業の夜明け」（NHK福岡放送局制作）だ。これは志布志港を中心に増加の一途をたどる国産材丸太輸出の実態とその背景について報道したものだ（筆者はコメンテーターとしてスタジオ出演している）。冒頭、志布志港埠頭に立つ王爱军氏（南通青墩进出口有限公司社長、江苏省太江仓市）の姿がアップされた。埠頭に積まれた14万本に及ぶ丸太（大部分がスギ）を目の前に「日本からの木材輸入量が足りていない。さらに増やしてほしい」と要望し、今回の来日で5万本の丸太購入の契約をしたという。

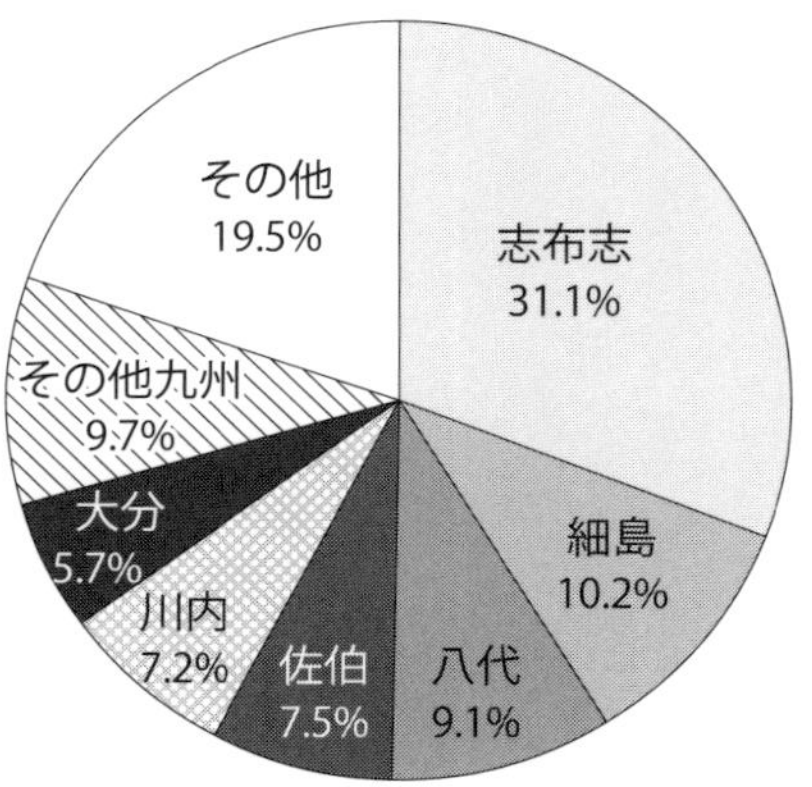

図4-3　港湾別国産材（針葉樹）丸太輸出量割合（2017年）
資料：財務省「貿易統計」

フェンス材製材用のスギ丸太輸出を

この年（２０１７年）の晩秋、筆者は王社長を訪ねて上海へ飛んだ。上海浦東国際空港から車で３時間、長江（揚子江）沿いに南通青墩进出口有限公司の製材工場があった（**図4-4**）。同公司の製材工場はニュージーランドから輸入したラジアータパインを主に月６０００㎥の丸太を挽いている。製材品の９割は梱包材・パレット用材であるが、残りの１割は２×４住宅用のフェンス材で、日本から輸入したスギを原料に製材し、商社を介して米国に輸出している。フェンス材の需要は２年前から急増したという。それに対応するためＮＨＫ報道で述べたように、「日本からの丸太輸入量が不足しているので、もっと増やしてほしい」という要望（というより渇望）になったのだという。

工場視察後、王社長に日本からの輸入丸太（スギ）が積んである場所に案内してもらった。**写真4-4**のように末口８㎝以上、４ｍの丸太を輸入

表4-1　港湾（税関）別、輸出先別原木輸出量の変化

単位：㎥

港湾（税関）	輸出先	2016年	2017年	前年比
志布志	中　国	169,038	264,357	156%
	台　湾	26,335	29,849	113%
	韓　国	4,097	5,249	128%
	インド		129	
	ベトナム		61	
	計	199,470	299,645	150%
八　代	中　国	49,383	64,583	131%
	韓　国	18,576	23,672	127%
	台　湾	383	242	63%
	ベトナム	1,906	469	25%
	計	70,248	88,966	127%
細　島	中　国	32,238	56,701	176%
	台　湾	25,545	17,290	68%
	韓　国	5,646	24,269	430%
	ベトナム	268	108	40%
	計	63,697	98,368	154%

資料：財務省『貿易統計』

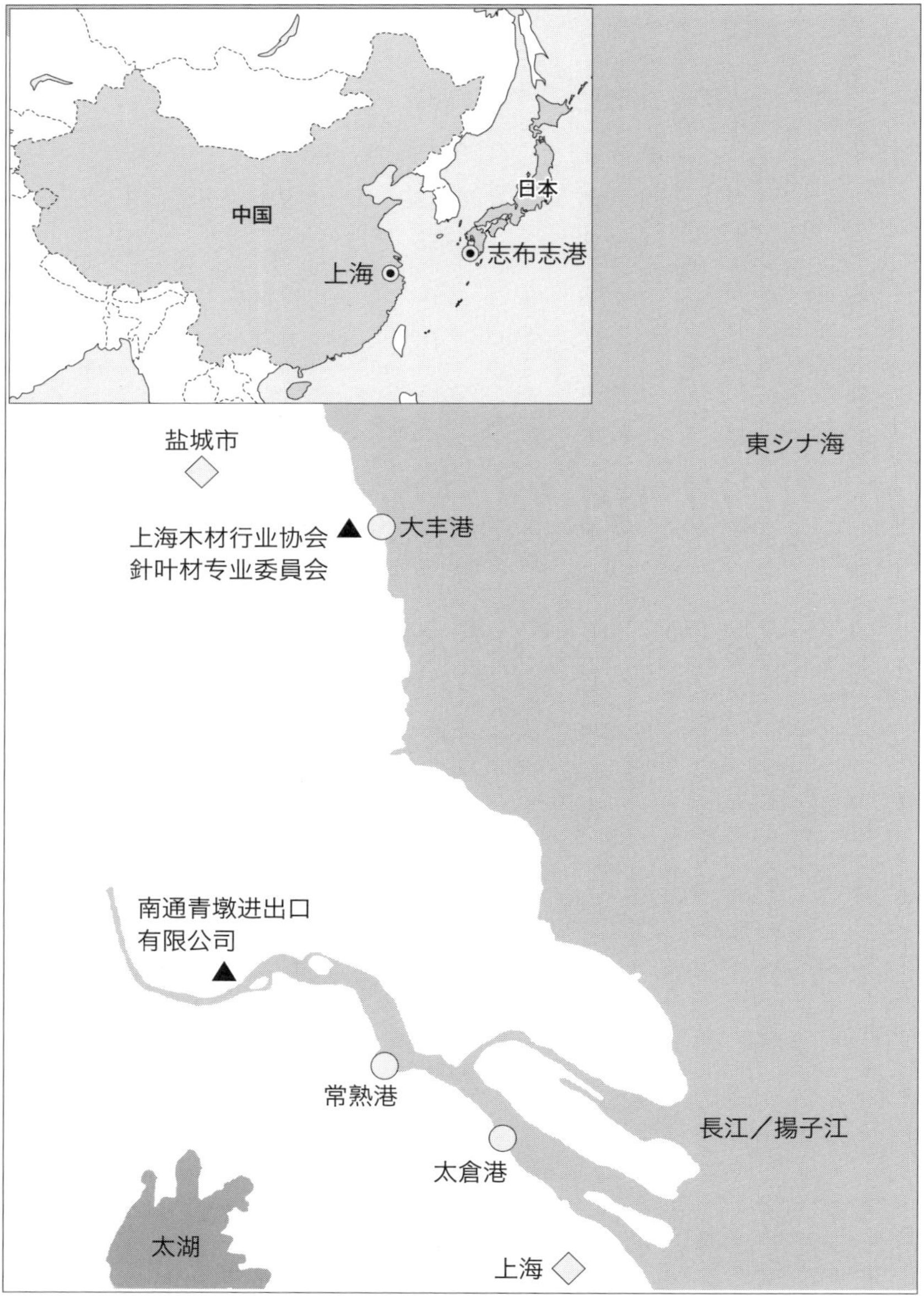

図4-4 上海近郊の木材輸入港と視察製材工場の位置

写真4-4　日本から輸入した末口８㎝上のスギ丸太
（ここに20㎝上が混入）

しているが、このなかに末口径20㎝以上の丸太が、数こそ少ないものの混入しており、これをピックアップしてフェンス用に充てるのだという。

王社長曰く、「米国向けフェンス材を増産してほしいという要望が日増しに強い。フェンスを製材するには末口径20㎝以上のスギ丸太が歩留まりがいい。だから日本からのスギ丸太もこれまでの『8㎝上』の大雑把な括りではなく『20㎝上』を送ってほしい。そのほうが製材効率が飛躍的に伸びるから」。先述の日本での〝異変〟が合板用丸太を中心に起きているということと符合するではないか。今後スギ20㎝上B材丸太をフェンス用として中国へ輸出するとしたら、当然、日本国内では合板用丸太との競争になる。それをどう調整するのか、日本のスギ丸太輸出にとって新たな課題が惹起している。

最後に王社長に尋ねてみた。「上海近郊に米国向けフェンス材を挽いている製材工場はたくさんあるのか」と。「日本からスギ丸太を輸入してフエンス材を挽いている製材工場はたくさんある。なかには新たにギャングリッパーを購入してフェンス材を製材しようとしている会社がある。行ってみないか」との答えが返ってきた。

フェンス製材はビジネスチャンス

　いったん上海へ戻った筆者は、翌日車で王社長から教えてもらった上海木材行业协会针叶材专业委員会（**図4-4**）を目指した。車で移動すること6時間、同社事務所のある盐城市の工業団地の一角（15ha）では5つの製材工場が建設中であった（**写真4-5**）。そのなかを案内してもらうと、中古の製材機械、プレーナーのほかフェンス挽き（板割）用の新品のギャングリッパー（一度に20～30枚のフェンス材を生産できる）4台が並んでいた（**写真4-6**）。製材5ラインで年間30万～40万㎥の丸太（このうち日本のスギは10～12万㎥）を挽く計画だという。日本のトップクラスの国産材製材工場に匹敵する。

　案内役を買って出たリーダー格の社員に尋ねてみた。「なぜ今、米国向けのフェンス製材なのか」と。するとこういう答えが返ってきた。「弊社は2014（H26）年から米材、ニュージーランド材（8cm上の低質材）を輸入して梱包材を挽いていた。しかしここにきて米国で2×4住宅用のフェンス材の需要が一気に高まっている状況を見て、ここがビジネスチャンスと判断してこの工業団地に進出した。15haを買ったのは他社の進出を許さないためだ」。

　役員格の社員はさらに言葉を継いだ。「弊社は中国の製材ビジネスの新しいモデルになる」と。「どういうことか」と問う筆者に、「新しくできた港へ行けばその理由がわかる」と車を出した。4㎞の橋を渡ってわずか15分で大丰港という人工港に着いた（**写真4-7**）。人工港（5つある）といっても海上に浮かんでいるため、時化《しけ》のときは荷役作業ができないという。大丰港は3年前にでき、

写真4-5　建設中の製材工場（５棟を建設中）

写真4-6　フェンス加工用のギャングリッパー４台を購入

写真4-7　4㎞の橋で繋ぐ人工港が５つ海上に浮かんでいる

写真4-8　8万ｔクラスの大型船が接岸可能

水深が17ｍあり、８万ｔクラスの大型船が接岸できる。コンテナ船もバルク船も接岸して荷役作業ができる（**写真４－８**）。

件《くだん》のリーダー格の社員は中国の新たな製材ビジネスを次のように熱っぽく説明した。「これまで日本から輸入されたスギ丸太は長江（揚子江）河口の太倉、常熟両港に荷揚げされ、そこからバイヤー（商社）を介して各製材工場へ配材されていた。しかし、それでは商社へ口銭（マージン）を支払わなければならないし、両港からトラックで弊社工場まで運んでこなければならない。効率が悪いしコストがかかる。そこで日本から直接大丰港へスギ丸太を輸入する計画だ。現在建設中の製材工場も、これまでの中国特有の〝人海戦術〟製材ではなく生産性の高いラインが設定できる。これで米国向けフェンス材製材の競争力が高まる。当地の工業団地に進出し、新たな製材投資をしたのもそのためだ」。

生産拠点が中国→ベトナム→インドへ移行

「なるほど」。筆者にはこの社員の言葉１つ１つが腑に落ちた。中国の製材工場を回って見ると、たしかに〝人海戦術〟製材だ（**写真　補注－15**）。オサノコ（縦鋸）１丁で、あとは人手という製材工場が少なくない。

しかし中国も経済成長で人件費が上昇している。２０１２（Ｈ24）年頃は１人民元が12～13円だったが、筆者が上海浦東空港で両替したときは18円であった。人件費上昇はコストアップに繋がる。生産性の高い製材システムが必要になる。そのためには新たな投資が求められる。競争に勝つためだ。その競争に勝つ新たな製材ビジネスが上海木材行業協会針叶材专业委員会の工場というわけだ。

話は多少それるが、中国の人件費の上昇は、日本の原木輸出にも影響を与えつつある。前掲**表４－１**をもう一度ご覧いただきたい。志布志、八代、細島各港から、これまでに見られなかったインドやベトナムへ原木が輸出されるようになった。もちろんインドやベトナムで日本の丸太需要が増えていることも事実だが、人件費の上昇に伴って生産拠点が中国→ベトナム→インドへと移行していることも充分に考えられる。やがてミャンマーやバングラデシュへ生産拠点が移るだろう。「環太平洋」の製材業は、このような変化を内包しながら展開しているのだ（補注、260頁）。

中国は「世界の木材工場」

さて、中国2社の製材工場を訪れたが、「肝」の部分がわからず終いのまま帰途に就いた。いうまでもない、中国でなぜ北米向けフェンス製材が、しかも、ここ1〜2年のうちに急増したのか、その理由である。2社に聞いても答えは返ってこなかった。「よくわからない。私たちは商社（バイヤー）の注文に応じているだけなので」。

しからば筆者なりにその背景を探り当てなければなるまい。そこでまず、中国の丸太需給の状況をスケッチしておきたいが、その際、中国を「世界の木材工場」（原木を海外から輸入し、それを製材加工、合板、集成材あるいは家具にして海外へ輸出）と位置づけると、その実態が浮き彫りにされる。

周知のように、中国の2001（H13）年のWTO加盟によって、同国の対外開放政策が始まったが、木材産業も例外ではない。**図4-5**は2000年代の中国の原木輸入量の推移を示したものだが、じつに3倍に増えている。そしてその需要を賄っているのが海外からの丸太輸入だ。

中国でも〝ロシア材離れ〟

もともと中国は、隣の森林大国ロシアから丸太を輸入していた。ところがプーチン大統領がロシア産丸太輸出の関税（輸出税）アップを表明したことによって、事態は急変した。ロシア政府は2007（H19）年2月7日、前年12月に発効

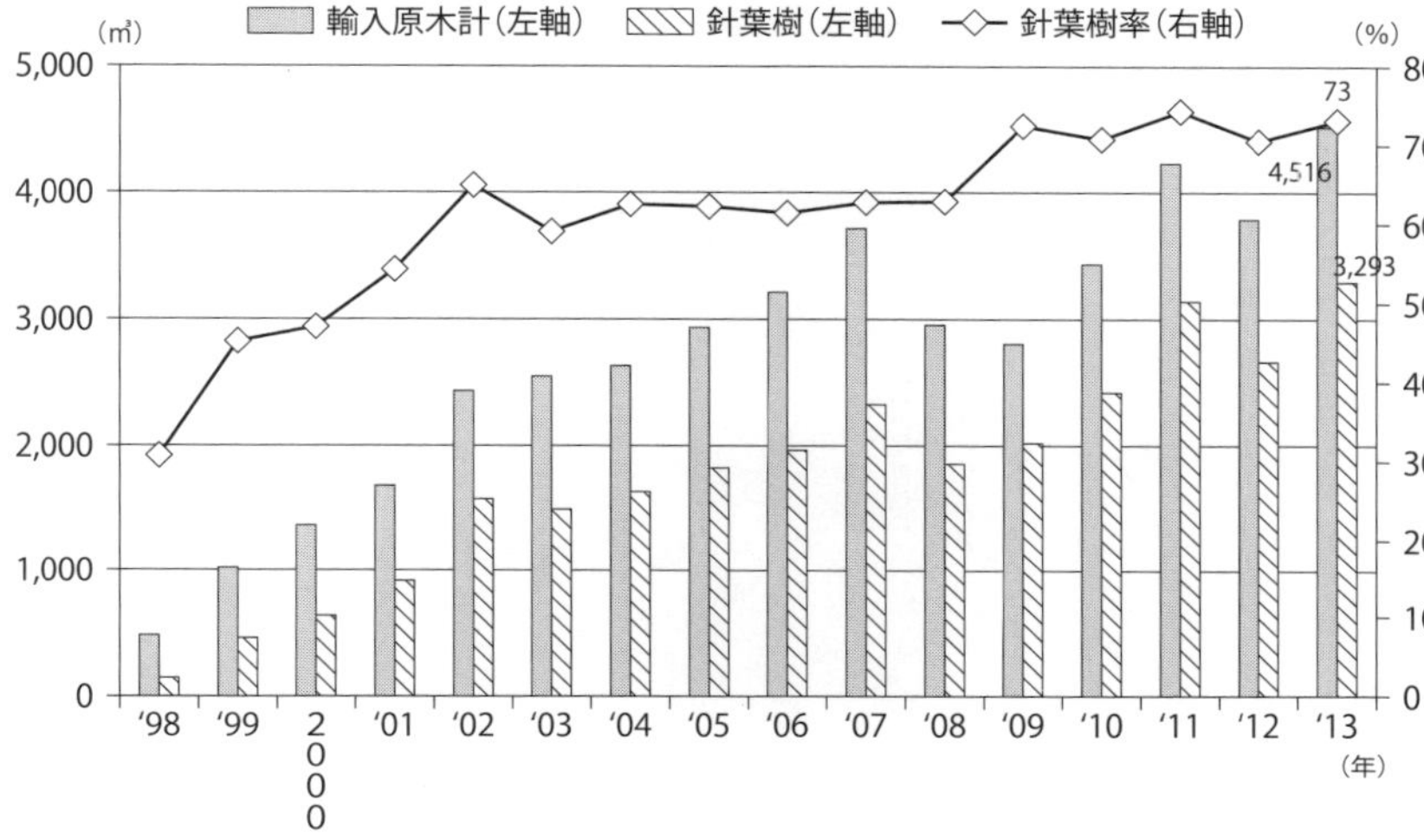

図4-5　中国の原木輸入の推移
出典：日本木材輸出振興協会

したロシア新森林法の追加的措置として丸太の輸出税アップを表明した。これによってそれまでの６・５％だった税率を一挙に20％に（２００７年７月）、さらに翌２００８（Ｈ20）年には25％に引き上げた。驚くことに、その直後プーチン大統領は２００９（Ｈ21）年に80％にアップすると言い出した。その真意がどこにあるのか不明であるが（資源ナショナリズム、違法伐採、外貨獲得などが複雑に入り交じった結果だろうが）、いずれにしてもロシア材の３大輸出国（フィンランド、日本、中国）を中心に〝ロシア材離れ〟が起きたことは当然の成り行きであった。

中国の〝ロシア材離れ〟をカバーしたのがニュージーランド産のラジアータパインだ。同国のインターネットニュースサイト「Scoop」（２０１４〈Ｈ26〉年２月４日）は、２００８年からニュージーランドの丸太輸出が増え始め、２０１４年には08年比２４０％に達した。この背景には中国の丸太需要の増加があり、この状況は当分の間続くだ

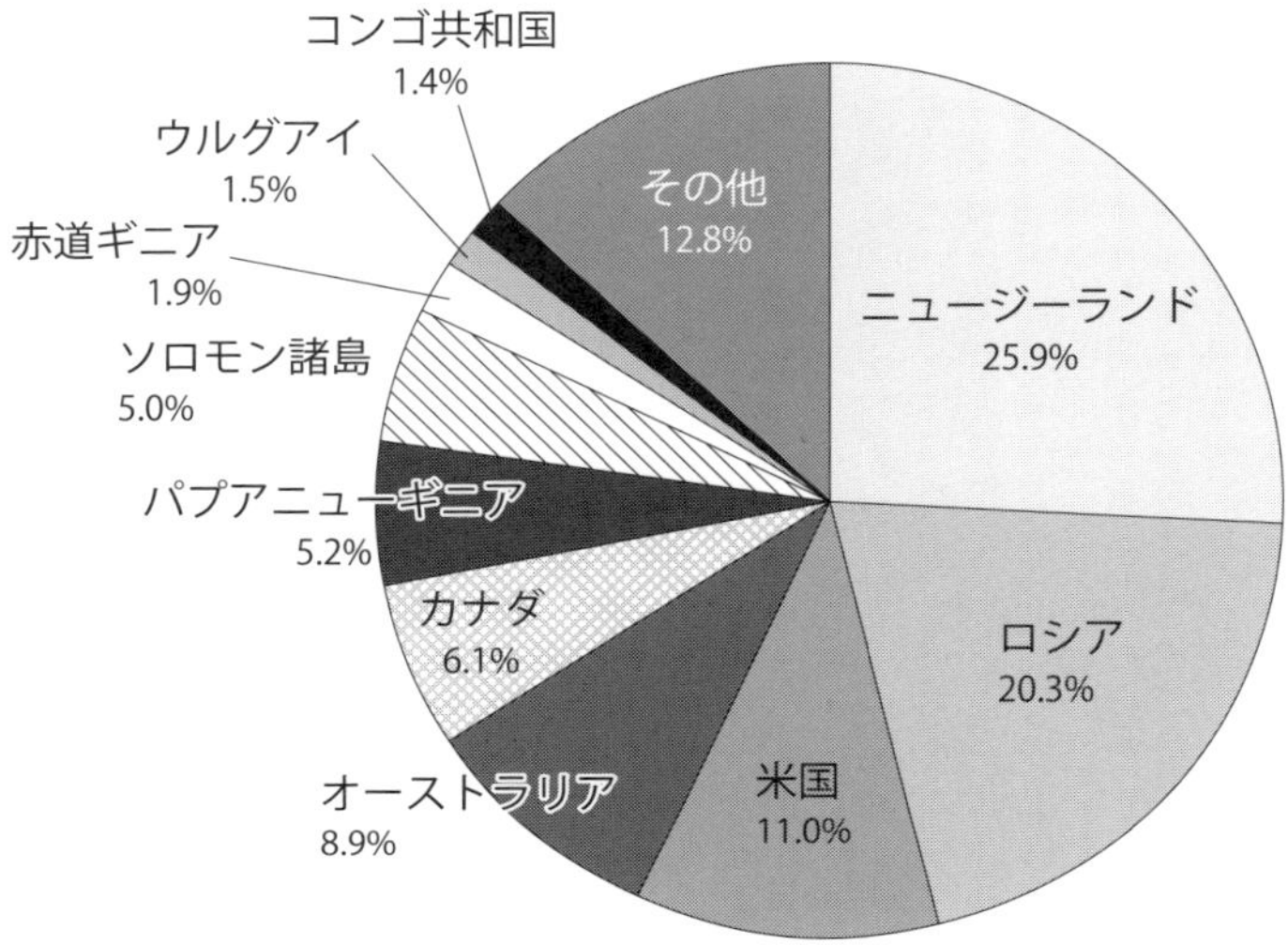

図4-6　中国の輸入国別原木輸入実績（材積）割合（2017年）
資料：「CHINA NEWSLETTER」（日本木材輸出振興協会）

ろう、という趣旨の記事を載せている。

実態はそのように推移し、現在の中国の丸太需要の26％を賄っているのがラジアータパインである（**図4-6**）。したがって中国に輸入される原木価格の相場を形成するのがラジアータパインで、日本のスギもこの価格で輸出せざるをえない。

ではなぜ丸太を海外に依存せざるをえないのか。その背景には中国の深刻な森林劣化とその防止策としての森林伐採規制の強化がある。１９９８（H10）年、中国は未曾有の長江（揚子江）氾濫に見舞われた。死者４０００人、被災者2億４０００万人に達した。中国政府はこの被害甚大の要因として森林の過伐があると判断、森林の伐採規制に踏み切った。

その一方で、植林事業にも着手している。「WORLD ECONOMIC FORUM」（２０１８〈H30〉年1月12日付）には、「中国は今年からアイルランドの面積に匹敵する植林事業を開始する。10年後には国土の23％を人工林にしたい」という趣旨の記事が載っている（アイルランドの面積は北海道のそれとほぼ同じ）。しかし、それが伐期に達するには当分時間がかかる。その間、森林伐採規制と外材輸入で凌《しの》ごうという意図が見え隠れする。

「東拡・西治・南用・北休」

その森林伐採規制のいわば規範とでもいうべきものが「東拡・西治・南用・北休」という言葉だ。これは中国政府（国家林業局）の森林・林業政策の基調でもあり、この４文字には中国の森林・林業の国家的配置方針と各区域別の発展戦略が込められているのだ。

「東拡」とは、中東部地区及び沿海地区において、都市林業と農村林業の発展と林産業のチェーンの拡大を図ることを目的としている。「西治」は、東北、華北、西北の３北地区、西南峡谷、青海チベット高原地区において、生態系修復の加速化を目指すという意味である。「南用」が本章にもっとも関わりが深い。すなわち南方の集体林区及び沿岸熱帯地区において、産業基盤を発展させ、森林の質とレベルを高めることを目的としている。「北休」とは、主として東北地区において、天然林木の保全を強化し、森林に休養棲息の期間を与えることである。

つまり、中国国内の丸太供給地区は「南用」に象徴される南部の木材産地、すなわち福建省、江西省、湖南省、広東省、広西チワン族自治区に限られる（**図４-７**）。そしてここで生産・流通しているのが「福スギ」（福建省産のスギ）である。「福スギ」は流通上の呼び名であって、正式名称はコウヨウザン（広葉杉）だ。「南用」の意図は、この「福スギ」（人工林）を伐採禁止にするのではなくて、むしろ伐採を奨励し、他地区の伐採規制の部分をここで補おうというものである。

しかし中国広しといえども国内の「福スギ」を原料にしていたのでは、北米向けのフェンス製材はおぼつかない。ニュージーランドのラジアー

図4-7　中国の各省の位置

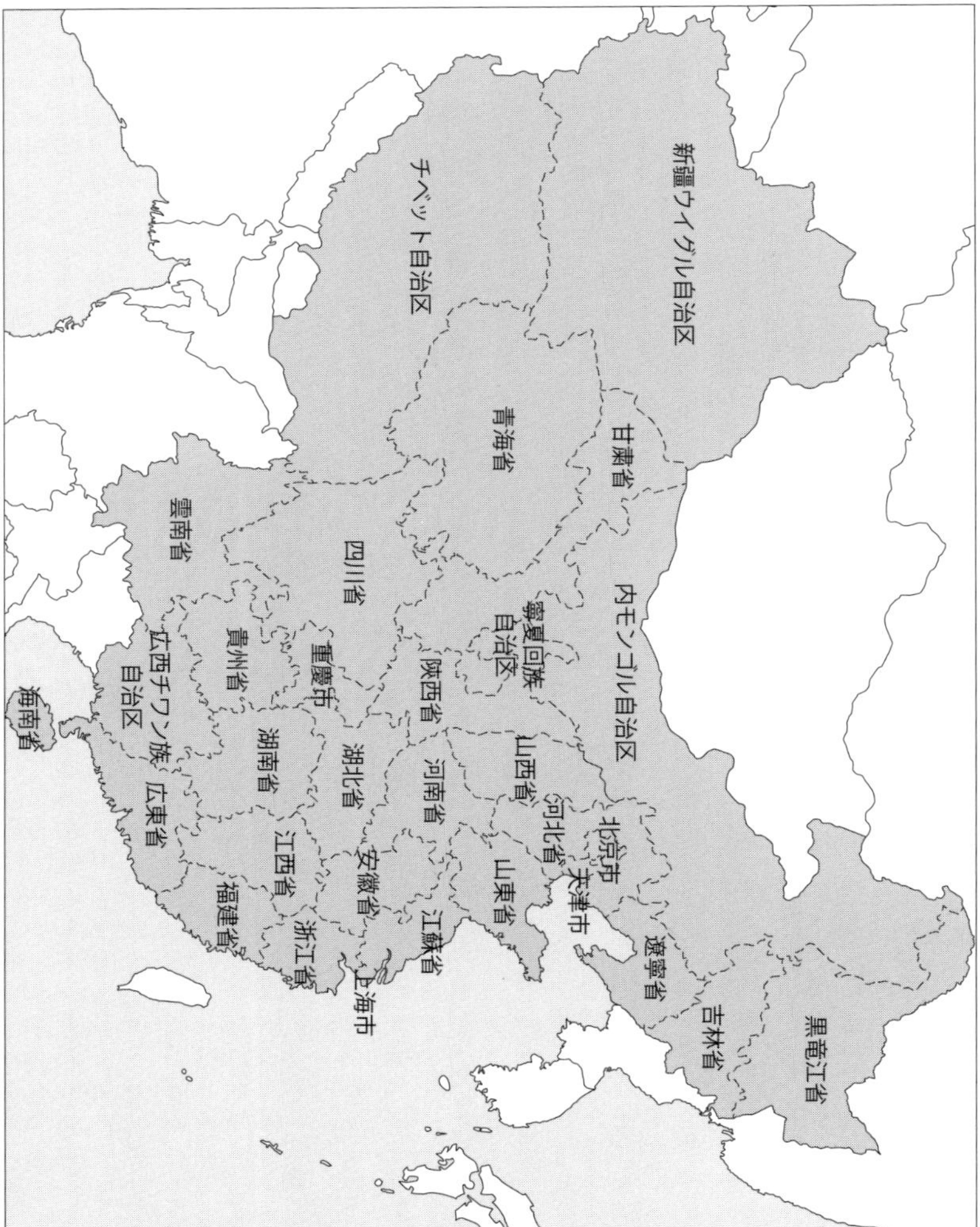

タパインはフェンスには不向きだ（青カビが発生）。そこで目をつけたのが日本のスギというわけだ。しかも「福スギ」と日本産スギの材質を比べると後者に軍配があがる。日本からスギ丸太を、しかもフェンス製材用の末口20㎝上をどんどん輸出してほしいという中国の事情が手に取るようにわかる。

米スギの価格高騰

さて次に、「環太平洋」のもう一方の焦点をなす米国の動きに目を移そう。以下では樹種を米スギに特定して考察を進めたい。というのもフェンス材やデッキ材市場は米スギの独壇場だからだ。

米スギは日本の木材市場における通称で、正式名称はウェスタンレッドシダー（シダーなのにヒノキ科）である。日本のホームセンターの木材コーナーでも、デッキ材として売られている。ＤＩＹ・日曜大工には馴染みの深い樹種である。

その米スギが、丸太、フリッチ、製材品を問わず日本向け価格が急騰している。その背景には米国内市場での米スギ価格の高騰がある。「特にデッキグレード４分の５×６インチ（ＫＤ）は前年同期比32％幅で値上がりしている」（『日刊木材新聞２０１７〈Ｈ29〉年3月7日付』）。

では米国内の米スギ価格高騰をもたらしている要因はなにか。３つある。１つは米国の新設住宅着工戸数が順調に推移していることだ。２０１８（Ｈ30）年２月16日のワシントンロイターは「米商務省が（２０１８年）16日発表した住宅着工件数（季節調整済）は年率換算で前月比９・７％増の１３２万６０００戸」と報じたが、これを見ただけでも米国住宅需要の旺盛さが窺える。特に高級住宅（２×４住宅）の内・外装材として米スギの引き合いが強い。住宅だけでなく、高級店舗の内・外装用として米スギが採用されるケースが多いという。

第２の要因は、現在、係争中の米国と隣国カナダとの製材貿易紛争だ。カナダはロシアに次ぐ森林大国で、世界最大の木材輸出国である。そのカナダから米国に輸出される米スギ製材品に米国政府による高率の暫定輸入関税が課せられている。この分が米スギ製品価格にオンされるため、価格高騰に拍車をかける結果になっている。

第3は、肝心のカナダでマウンテンビートル被害対策のため、過伐が行われ、米スギそのもの林分蓄積が減少していることが充分に考えられる。

丸太から製材品輸出の可能性を探る

こうした米加両国の米スギ需要（フェンス材やデッキ材）の代替材としてにわかに注目を浴び始めたのが日本のスギである。日本産スギを原料としたフェンス材（デッキ材を含む）は、これまで見てきたように、〈日本産スギ→中国で製材→米国に輸出〉と〈日本産スギを日本でフェンスに製材→商社を介して米国に輸出〉の2つのコースがある（図4−8）。

第1章で紹介したさつまファインウッドは後者のコースでフェンス材を米国に輸出している。近々デッキ材も輸出する計画だ（デッキ材は「ラフソーン」と呼ばれる毛羽だった表面加工が必要。現地でスムーズに塗装できるように加工したものだ。現在その「ラフソーン」加工技術開発に着手している最中である）。また九州を中心にフェンス材を製材して米国に輸出している梱包用材・パレット用製材工場が増えていることは既に述べたとおりだ。

ではスギのフェンス材やデッキ材の輸出の見通しはどうなるのか。筆者は「条件さえ整えば増えるし、やがては〝本丸〟（2×4住宅そのもの）輸出も可能だ」と断言したい。その根拠は、南九州で増えつつあるスギ大径材がフェンス材やデッキ材にもってこいの材料だからだ。

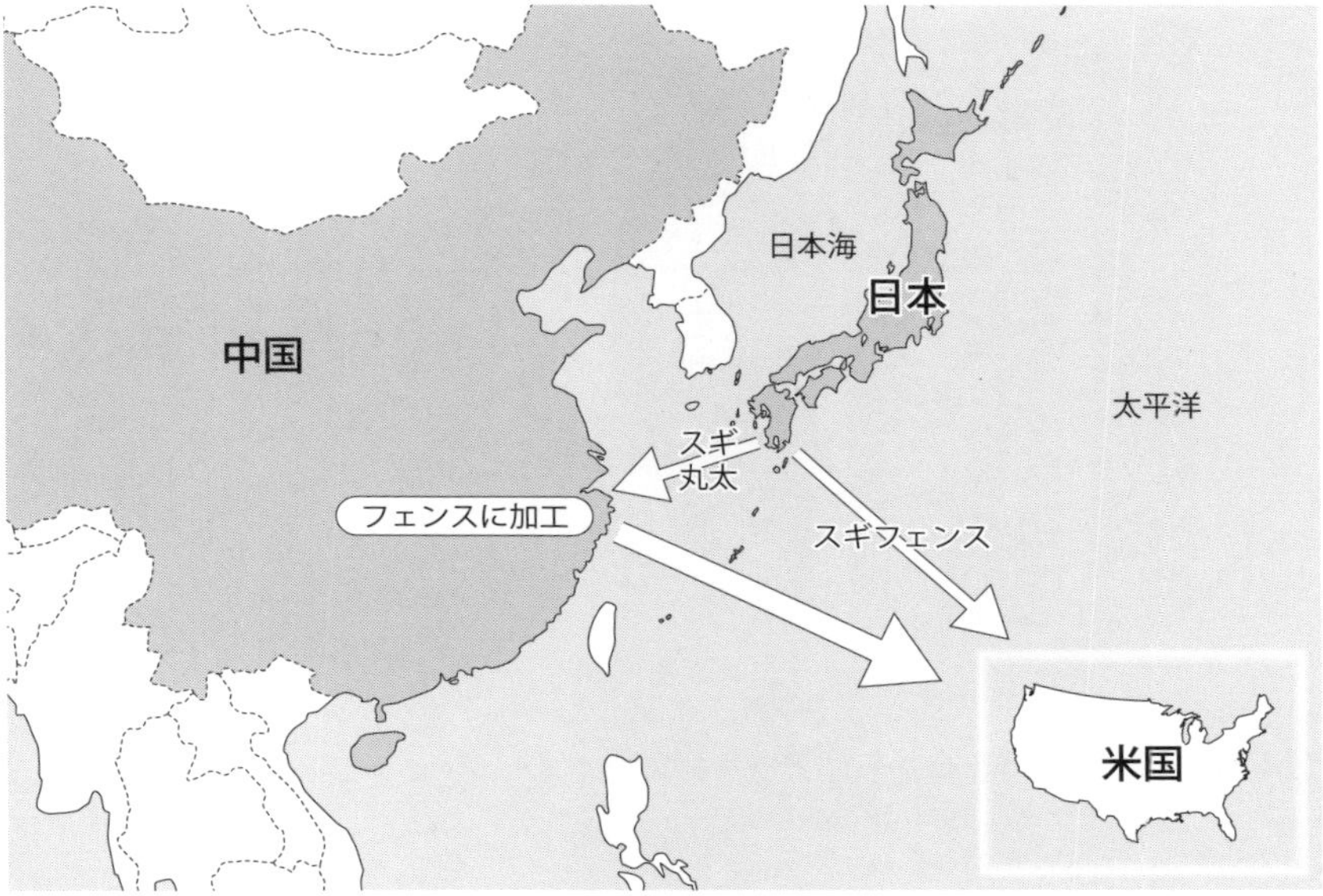

図4-8　日本産スギをめぐる米中日３国間の関係

製品輸出の切り札・厄介モノ扱いのスギ大径材

ミクロ解説編でも述べているように、スギ大径材が南九州を中心に増加している。しかし今のところこれといった用途の切り札がない。やむなく中国へ棺桶用材やフロアー材として輸出されているのが実状だ。

しかし、南九州産のスギ大径材（その大部分がオビスギ）には計り知れないほどの魅力が凝縮されている。『日本書記』神代の巻のスサノオノミコトの説話に「杉および樟、この両の樹は、もって浮宝（舟）とすべし」と記されている。このようにスギは船材（弁甲材）として使えるが、なかでもスギの赤身は軽量で加工しやすく、耐久性、防虫性に優れている。また死節が少ないため、フェンス材やデッキ材には最良の樹種である。法隆寺の昭和大修理に携わった西岡常一棟梁も「スギの赤身は１００年以上もつ」と太

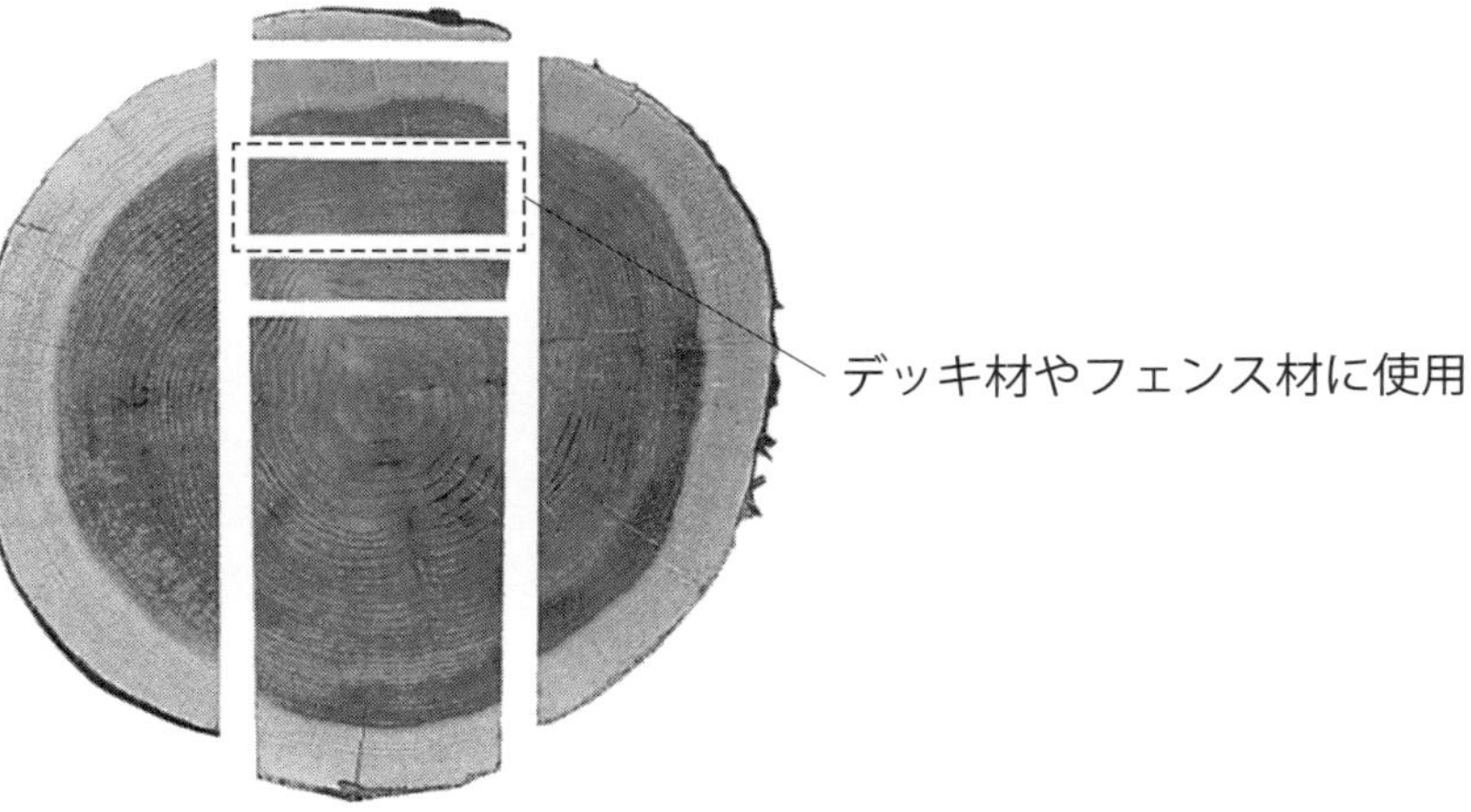

図4-9　スギ大径材赤身からのデッキ材製材イメージ
出典：ナイス㈱『ObiRed』

鼓判を押しているほどだ。

２×４住宅本体に使うＳＰＦは、①柔らかくて加工しやすい、②軽い、③きれいに面取りできる、などの特長がある反面、水に弱いという難点がある。したがってフェンス、デッキ、テラスなど屋外での使用には向かない。そこで出てきたのが米スギだ。防虫防腐効果があり、フェンス、ウッドデッキとして絶大の人気がある。その米スギの需給が逼迫し、価格が高騰しているのだ。

この米スギの代替材として注目されているのが日本のスギである。特にスギ大径材の赤身部分から採ったフェンスやデッキが有望視されている（**図４-９**）。

ところで赤身部分でフェンスやデッキを量産製材するには、小・中径丸太ではなく大径丸太（尺上材）が有利なことはいうまでもない（**写真４-９**の赤身部分の多さに注目）。

ナイス㈱（本社横浜市）では、南九州の製材工場と連携して、この赤身を使ったフェンスやデッキ

写真4-9　中国向けのオビスギ大径材（40㎝上）。赤身の多さに注目

を自社ブランドで全国展開し、大変な好評を博している（**写真4-10、写真4-11**）。

こうしたオビスギのフェンス材やデッキ材を米国に輸出することは充分に可能だ。問題は安定供給できるかどうかにかかっている。この意味ではマクロ解説編第1章、第2章で紹介した「志布志モデルⅡ」にさらに磨きをかけることが必要になる。

またスギ大径材の用途は輸出用フェンス材、デッキ材に限らない。2×4住宅そのものも部材としても有望視されている。

2×4とはツーバイフォー住宅部材の総称だ。ツーバイフォー部材は2インチ×4インチ（38㎜×89㎜）を基本として全部で6種類ある（**図4-10**）。2×8くらいまではスギ中目丸太でも製材できるが、2×10や2×2×12のサイズになるとスギ大径材のほうが有利だ。

写真4-10　ナイス㈱のオビスギ赤身を使ったフェンス材

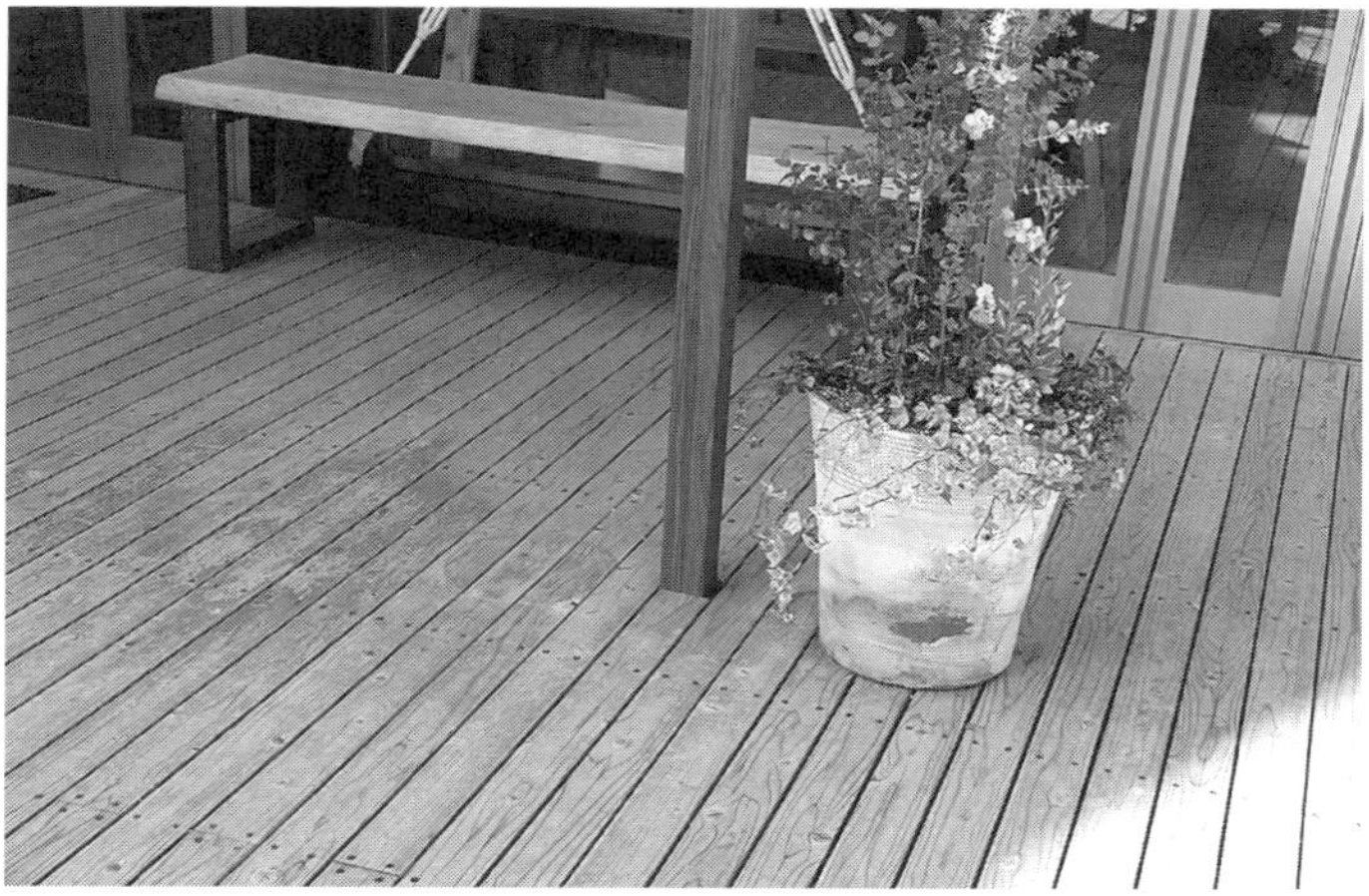

写真4-11　ナイス㈱のオビスギ赤身を使ったデッキ

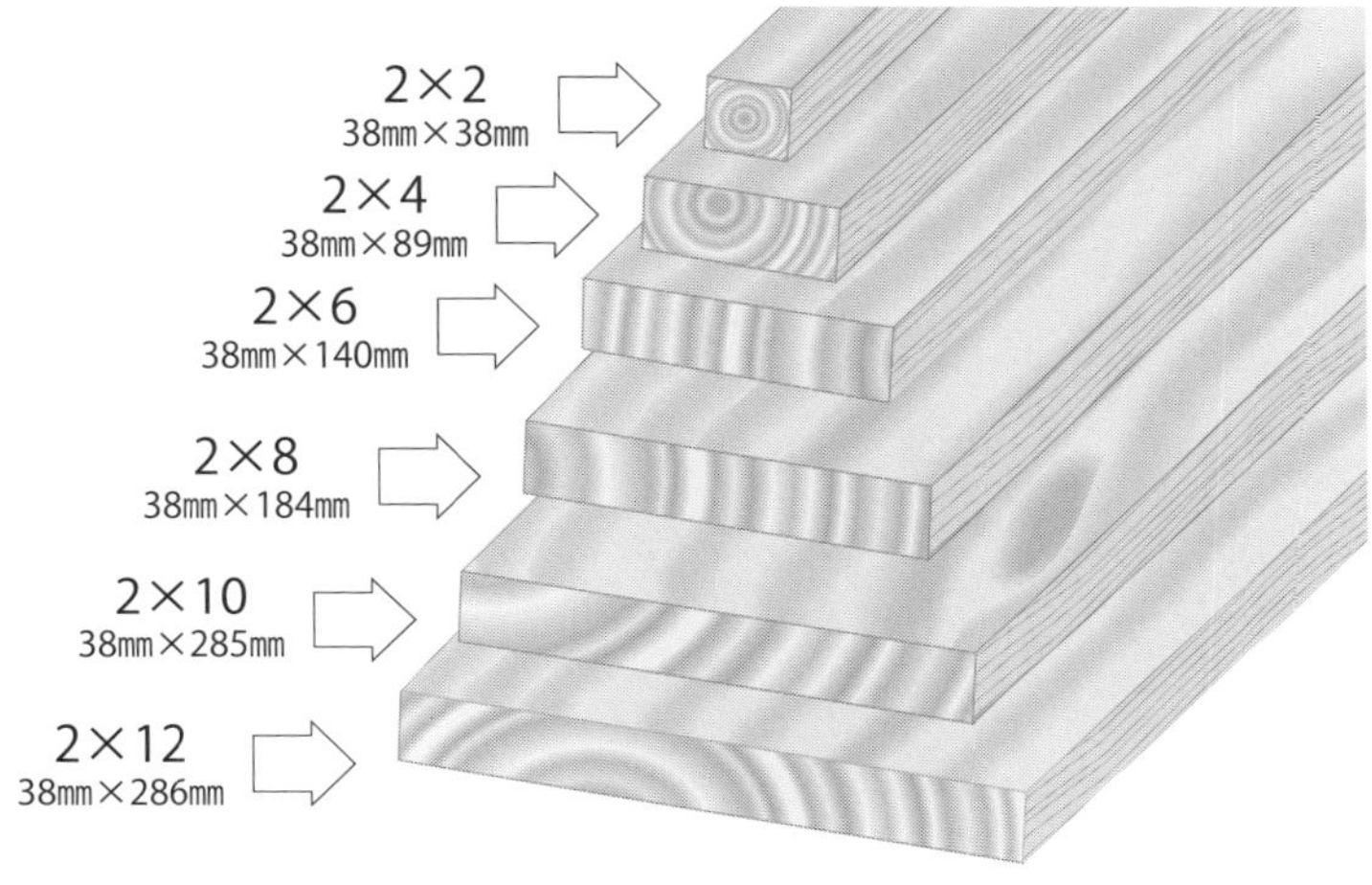

図4-10　２×４部材（６種類）

南九州スギの競争相手はロッキー山脈

筆者は、スギフェンス材やデッキ材の輸出は「条件さえ整えば増える」と断言した。その条件とは安定供給（サプライチェーンマネジメントやロジスティクスの論理に裏付けた）に尽きる。北米から日本、韓国、中国へ向けられるＳＰＦ２×４部材にはＪ（Japan）ソート、Ｋ（Korea）ソート、Ｃ（China）ソートがあるが、質的にはＪソートが最上だ。そのＪソートと比べても、日本産スギの２×４部材が、品質、精度の面でも勝っている。例えばさつまファインウッドのスギスタッドは現場の大工から大きな評価を得ている。パネルがピタッと入るからだ。したがって、２×４パネル制作工場では、部材の在庫をもつ必要がないし、施工現場での選別も要らない。建築の施工性を高めるため、部材の寸法・精度、形状の安定性を求めるのは日本であろうが、米国であろうが同じだ。

以前、テレビで建築家・安藤忠雄氏がインタビユーに答えた内容が印象に残っている。「安藤さん、なぜ建築材料としてコンクリートなのですか」というインタビュアーの質問に対して安藤氏はこう答えた。「建築にとって木材は地域的なものですが、コンクリートは世界の基準だから」。たしかこのような返答だったと記憶している。

住宅にも世界基準がある。２×４住宅である。２×４本家本元の米加はいうに及ばず、韓国も中国も木造住宅といえば２×４だ。評価の高い日本産スギ２×４部材は、世界基準の住宅へチャレンジすることになる。

しかしいいモノをつくれば売れる時代ではない。いいモノを安定供給できる力をいかに高めるかだ。第２章の「志布志モデルⅡ」にさらに磨きをかけることが必要だ。

「志布志モデルⅡ」のサプライチェーンマネジメントの重要なプレーヤーである外山木材。その先代社長外山勝氏（故人）は、宮崎県木連会長時代、「宮崎スギの競争相手はロッキー山脈だ」と喝破し、果敢に宮崎スギの県外出荷にチャレンジした。その結果、東京・首都圏市場で米ツガ製材品と互角の勝負を展開した。

現在、外山先代社長の〝チャレンジ精神〟は姿形を変え「南九州のオビスギの競争相手はロッキー山脈（のＳＰＦ、米スギ）」として蘇っている気がしてならない。

ミクロ解説編
国産材業界の経営・技術革新

第5章

木材流通の経営・技術革新の事例

1 東信木材センター協同組合連合会
2 群馬県森林組合連合会渋川県産材センター

1　川上・川下の利害を超えた連携流通ビジネス
―東信木材センター協同組合連合会

「三方よし」の木材ビジネス

「三方よし」とは近江商人の活動理念としてあまねく知られている。「三方よし」は「売り手よし・買い手よし・世間よし」のことで、お客様（買い手）に喜んでもらうことはもちろん、社会貢献ができてこそよい商売ができるという考え方だ。近江商人のこのビジネス精神は時代を超えて受け継がれている。

ところが「三方よし」を森林・林業・木材産業で実践しようとなると「売り手」「買い手」双方の利害対立が露わになる。「売り手」（川上の森林所有者、森林組合、素材生産業者など）が立木や丸太を1円でも高く売りたいのに対し、「買い手」（製材業、合板製造業、木材チップ製造業など）はできるだけ安く買いたいからだ。この利害対立は、いわば森林・林業・木材産業の「宿痾《しゅくあ》」であり、川上・川下の連携は「言うは易く行うは難し」と、なかば諦観の念をもって語られてきた。

しかしこうした利害を乗り越え、「三方よし」の木材ビジネスを遺憾なく発揮している事業体がある。長野県小諸市にある東信木材センター協同組合連合会（以下、東信木材センターと略称）がそれである。なぜ同センターが「三方よし」を成し遂げたのか、以下それを考えてみたい。

川上・川下双方の出資で設立

東信木材センターは長野新幹線佐久平駅から車で15分、上信越自動車道小諸ＩＣから10分の標高１０００ｍの地にある。東信地域とは佐久・上小地域の別名で、東が群馬県、埼玉県に、南は山梨県、静岡県に接している。つまり大消費地関東に近い。しかも上信越自動車道を利用すれば北陸、中部、東海、近畿へのアクセスも容易である。

こうした地の利を活かし、カラマツの集荷・販売（一部加工品）をしているのが東信木材センターである。同センター周辺の浅間山や八ヶ岳山麓に生育する信州カラマツは年輪が細かく、通直で強度に優れているため、用途は多岐にわたっている。原木取扱い量は16万１８４９㎥（２０１７〈H29〉年度）に達し、単一の原木市場（センター）としては伊万里木材市場（佐賀県）に次ぐ全国２番目の規模を誇る。

センターの構成（出資）メンバーは、丸太の「売り手」である長野県森連をはじめ、森林組合、素材生産業者と、「買い手」である長野県木材協同組合連合会など12団体である。この顔ぶれから見ても利害の相反する出資者によって組織されたセンターであることがわかる。

写真５-１は東信木材センターの鳥瞰だ。土場（面積約７０００坪）の中央に原木選別機が、右奥に管理棟、左に杭や丸棒などの加工施設が設置されている。

多様な買取りで「売り手よし」「買い手よし」へ

東信木材センターは全国の林材業関係者から「カラマツセンター」と呼ばれているように、原木取扱い量の８割をカラマツが占める。原木集荷の中心は組合員である森林組合や素材生産業者である。地域別に見ると地元（東信地域）３割、地域外集荷７割である。

写真5-1　東信木材センターの鳥瞰

原木集荷（販売）の部門別実績を２０１７（H29）年度の数値で示したのが**表5-1**だ。

最も多いのが「センター」で、全体の48・2％を占めている（販売量、以下同じ）。「センター」とは組合員からの丸太の買取りと国有林のシステム販売のことであるが、後者が９割を占めている。組合員からの買取り材は「売りづらい材」、例えば、夏季のカラマツ小径木などである。小径木を利用した土木用材は公共事業（土留め用、河川工事など）で多く使われるが、需要期は10月から翌年の３月に限られる。したがって夏場の土木用小径木は売れ行きが落ち、しかも相場が下がる。そこでこれを買い取って公共事業以外の需要に結びつけている。当センターの組合員に対する配慮（換言すれば「売り手よし」）が窺われる。

次いで多いのが「市売」（35・4％）だ。「市売」といっても通常の原木市場で見られる市売（セリ）とは異なる。すなわちセリにかけない販売方式で、組合員からの受託材を一番高く買ってくれる需要

表5-1　２０１７（H29）年度部門別事業実績

部門別	販売量		売上金額	
	実数（㎥）	割合（%）	実数（千円）	割合（%）
市　売	57,300	35.4	74,399	38.1
付　売	5,836	3.6	83,987	4.3
センター	77,932	48.2	763,103	39.3
素　材	15,787	9.7	166,449	8.5
加工品	4,994	3.1	192,016	9.8
計	161,849	100.0	1,948,954	100.0

資料：東信木材センター協同組合連合会調べ

家へ販売する方式である。

３番目に多いのは「素材」である（9・7%）。これは組合員がセンターに原木を持ち込まずに、伐採現場から需要家へ直送する方法である。これによって原木販売の回転率が高まるだけでなく、センターに原木を搬入して椪《はい》積みしないぶん、市場手数料（７%）がほぼ半分になるというメリットが生じる。東信木材センターによれば、センター経由の回転数を３回とすれば直送は５〜６回になるという。これも「売り手よし」「買い手よし」に繋がっている。

最後に「加工品」であるが、これは皮剥き機で剥皮丸太、杭、丸棒に加工した製品の販売である（ちなみに剥皮過程で出てくる樹皮〈バーク〉は、東信地域で盛んなブルーベリー農家用の土壌改良材やマルチング材として販売している）。

丸太の販売網は全国展開

原木の用途別出荷割合（材積）は、合板・ＬＶＬ用が40％と最も多く、次いで製材用（構造用集成材ラミナを含む）25％、土木用（18％）、その他（17％）となっている。出荷先は多岐にわたっている。ただ最近、米材丸太価格が急騰しているため、これを国産カラマツで置き換えるケースが目立ってきた。梁、桁分野へ、東信木材センター進出の可能性も出てきた。

合板用・ＬＶＬ用原木の販売先は、本州のすべての合板メーカー（ＬＶＬメーカーも含む）に及んでいる。つまり北は岩手・秋田両県から南は島根県まで合板用原木販売の商圏になっている。土木用材の販売は東北・関東・四国に及んでいる。

製材用材（構造用集成材ラミナを含む）は、地元長野県の大手集成材メーカーを中心に販売している。地元の集成材メーカーへは、末口16～34㎝のカラマツ原木（直材、曲がり材）を、主として伐採現場から直送している（価格は3ヵ月に一度の協定取引。なお原木の材積などの検知は素材生産サイドが行っている）。また富山新港の量産製材工場で、かつて北洋材を挽いていた工場へもカラマツ丸太を販売している。

このように東信木材センターの丸太販売網は全国に及んでいるが、地元販売から全国展開に至った契機は東日本大震災（２０１１〈Ｈ23〉年3月11日、以下、「３・11」と略称）であった。「３・11」復興資材としてカラマツ小径木（土木用）の需要が急増した。ここで東信木材センターの実力が遺憾なく発揮された。

独自の「一目選木」で一躍注目

通常の原木流通では、小径木とは末口13㎝下（「13下」）を指す。しかし被災地の土木用材製材工場にとっては、例えば8㎝の杭を製材する場合、「13下」を購入すると、その中から8㎝の丸太を

写真5-2　「一目選木」されたカラマツ丸太の椪

ピックアップしなければならない。そのぶんコストが嵩む。被災地から「なんとかならないか」という声があがったが、遠藤林業（本社・福島県古殿町。土木用丸太を中心に年間30万㎥の丸太を扱う最大手）の社員から「長野にある東信木材センターでは１cm刻みの椪（「一目《ひとめ》選木」**写真5-2**）を作って販売しているという。ぜひそこから購入して欲しい」という要望が出され、同社は東信木材センターのカラマツ小径木を購入することに決めたという（**写真5-3**）。

　遠藤林業の遠藤秀策社長はいう。「土木用材はさまざまな現場の条件に合わせなければならない。これ単品量産型のラインを組んでも意味がない。これに対応するためには、東信木材センターの『一目選木』は大いに役に立つ。しかも必要な材を、必要なときに、必要なだけ、ジャストインタイムで納入してくれる」。こうした東信木材センターの販売姿勢が高く評価され、以後、「カラマツセンター」として全国的に名を馳せることになった。

写真5-3　遠藤林業が東信木材センターから仕入れた「一目選木」カラマツ丸太

「3・11」を契機に丸太取扱い量が一気に増加

図5-1は東信木材センターの樹種別原木取扱い量の推移を示したものである。発足時の２００６（H18）年度の取扱い量はわずか３万５５６８㎥であったが、その後、着実に伸ばし、２０１５（H27）年度には当初の目標であった15万㎥をクリアした。さらに２０１７（H29）には16万㎥を超える実績を示した。

ちなみに２００６年度の原木取扱い量を１００（指数）とすると、以後１３６（２００７〈H19〉年度）→１５８（２００８〈H20〉年度）→２２６（２００９〈H21〉年度）→２５８（２０１０〈H22〉年度）→２６１（２０１１〈H23〉年度）→３１４（２０１２〈H24〉年度）→３４２（２０１３〈H25〉年度）→３６８（２０１４〈H26〉年度）→４２２（２０１５〈H27〉年度）→４２４（２０１６〈H28〉年度）→４５５（２０１７〈H29〉年度）となり、「３・11」

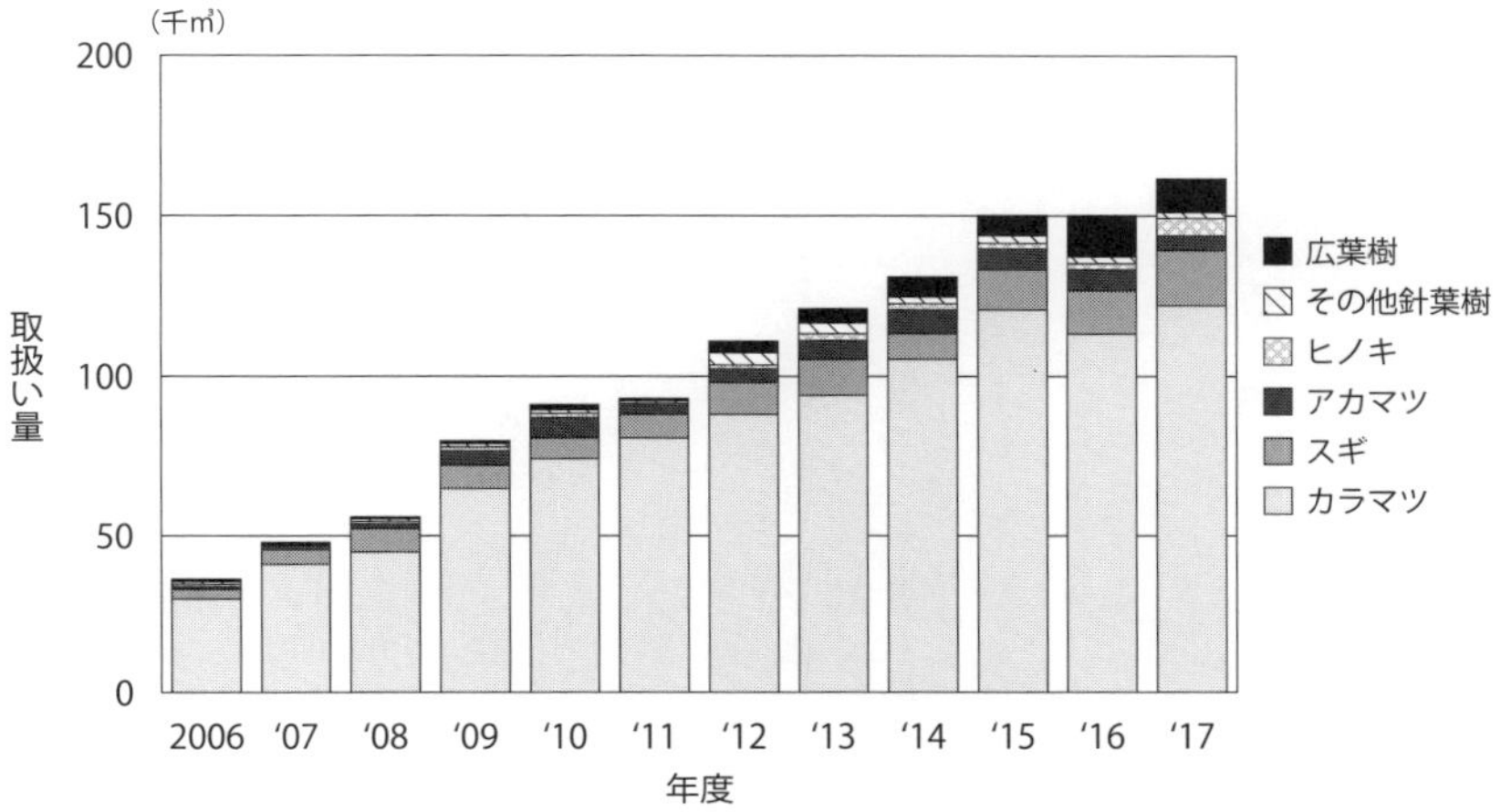

図5-1　東信木材センターの樹種別丸太取扱い量の推移
資料：東信木材センター協組連合会調べ

を契機に大幅に増加していることが窺える。

「売り手よし」「買い手よし」に繋がる４つの木材ビジネス

お客様の立場で考えた「一目選木」

ここで東信木材センターが全国的に支持されている理由を整理してみよう。第１が「一目選木」と呼ばれる独自の小径木仕分け方式だ。前述のように多くの原木市場では、小径木は「13cm下」で一括して椪積みし販売されている。これに対して、同センターでは６～14cmのカラマツ小径木を１cm刻み、つまり６cm、７cm、８cm……に選別して椪を作り販売している。

ではこの「一目選木」が売り手・買い手双方にもたらすメリットとは何か。まず買い手側であるが、「一目選木」丸太は、先述の遠藤林業のような土木用資材製造工場にとっては、用途に合ったサイズの丸太が製材・加工できるから、作業の手間が省けるうえ、歩留まりが向上する。

一方の売り手側にとっては、「13㎝下」で括るよりも原木価格が上がるというメリットがある。「丸太は選別すればするほど、その径級と質に見合った価格が付く」というのが、全国の原木市売市場話の大方の見方だが、まさにそのとおりである。つまり「一目選木」は「売り手よし」「買い手よし」に繋がっている。

丸太の安定供給を約束する協定取引

こうした「一目選木」に対して、読者の中には「土木用カラマツ小径木だからできたのではないか」という疑問が出されるかもしれない。これに対して同センターの小相沢徳一代表理事専務は「協定取引を導入すればスギでもヒノキでもアカマツでも可能だ。要は細かい選別作業をやる気があるのか、ないのかの問題」だと断言する。この協定取引を導入したことが全国的支持を得ている第2の理由である。

東信木材センターの丸太（杭、丸棒などの加工品を含む）の販売先は、北海道、沖縄県を除く都府県に及んでいる。ほぼ全国ネットワークだ。顧客数は優に100社を超えるという。

これら販売先との中心をなすのが協定取引だ。用途別材積、取引価格は3ヵ月ごとの協定で決めている。

例えば長野県の大手集成材メーカーにはカラマツの直材及び小曲材（いずれも末口径16～34㎝）を注文に応じて販売している。合板用（LVLを含む）も同様である。これらはいずれも協定取引での販売だ。

協定取引のメリットは、買い手にとっては必要な材を、必要なときに、必要なだけ、ジャストインタイムで入手できることである。ここ数年間、国産材丸太は暴落、暴騰を繰り返し「国産材は頼りにならない」と酷評されているだけに、東信木材センターの果たしている「安定供給」の意義は

写真5-4　富山への帰り荷としてカラマツ丸太を運ぶ

大きい。

効率的な丸太配送システム

協定取引を成立させるためには、東信木材センターの土場（あるいは伐採現場）にいつでも原木を出荷できる体制を整えておく必要がある。同センター選別機のオペレーターは、原木が土場に搬入された時点で、この丸太はA社、あの丸太はB社、と販売先がわかるという。オペレーターの頭には、需要家の欲しい原木がインプットされているのだ。

これをもとに販売先への効率的な丸太（加工品を含む）配送システムが確立されている。東信地域は海のない長野県の東部に位置する。船は使えない。どうしてもトラック、トレーラーに頼らざるをえない。そこでこれを縦横無尽に駆使した配送システムを確立している。

一例を挙げよう。**写真5-4**は富山ナンバーのトラックだ。じつはこの車、富山から飼料を積んで長野にやってきた。荷物を降ろしてそのまま富山へ帰れば空荷になる。そこでこの帰り便に丸太を載せて富山へ帰すというわけだ。富山新港の製材工場（北洋材カラマツから国産カラマツへ樹種転換した）へ丸太を納めるという。

もちろん逆のケースもある。例えば、東信木材センターから千葉県のＬＶＫ工場へカラマツを運ぶ場合は、帰り荷がなければ輸送コストが嵩む。これを運送会社と協力して無駄を排除している。

先述の遠藤林業もまったく同じ方法でトラックを回している。遠藤社長は語る。「弊社は東信木材センターから月10ｔ以上のカラマツ丸太を仕入れて木杭や輸出用ダンネージに加工している。ここから静岡県の清水まで定期的に運ぶ荷物があるので、その帰りに東信センターへ寄り、協定取引で購入したカラマツ丸太を積んでここへ帰ってくる」。

トラックの往復運賃には差がある。例えば、丸太1㎥を積んで納入先へ行く場合（行きの便）、その運賃が5000円としよう。そのトラックが帰る場合（帰りの便）、つまり空荷に積載した場合は3000円で済むという。東信木材センターではこの差額2000円を「山元還元」つまり原木を2000円高く購入している。

現在の東信木材センターのカラマツ丸太の平均価格は1万1000円／㎥である。「山元還元」分の2000円はその2割弱に相当する。このもつ意味は大きい。「売り手」にとっては何よりも素材生産・供給の励みになるし、「買い手」にとっても、原木の安定的確保の面でメリットがある。さらに運送会社にとってもメリットが大きい。このため現在では、運送会社のほうから1週間のトラックの行程表が提示されるほどだという。

量こそ最大の力なり

第4は「量で勝負」の木材ビジネスを貫いていることだ。おそらくこれが東信木材センターの最大の強みであるし、需要家にとっても大きな魅力になっていることは間違いない。行き帰りのトラックがやってきたとき、「すみません。丸太がありません」ではシャレにもならない。いつでも積載可能な丸太を準備しておかねばならない（遠藤林業が清水への定期便トラックを安心して東信木材センターに回せるのもそのためだ）。これを可能にするためには丸太を頻繁に貯木場（土場）に搬入させなければならない。7000坪の土場は決して広いわけではないから丸太搬入の回転率を高める必要がある。ひっきりなしにトラックやトレーラーが出入りしているのはそのためだ。1日の原木取扱い量が1000㎥になることも珍しくないという。

また丸太選別機のそばには照明施設があり、夜間でも選別作業が可能だ。通常は朝から夕方まで400㎥の原木を選別するが、夜間照明下で選別作業をすると1・8倍の700㎥をこなすことができるという。こんなところにも同センターの「量で勝負」に対する執念が垣間見られる。

次の目標は30万㎥

東信木材センターの木材ビジネスは、今後の国産材需要拡大にさまざまなヒントを与えてくれる。その「肝」は利害が相反する川上・川下が共同出資していることだ。例えば中間土場のあり方や運営にも大いなる示唆を与えてくれよう。中間土場とは、需要と供給の中間に土場を設置するような単純なものではない。需給の合流点だ。したがって、東信木材センターのように、川上・川下がともに出資した中間土場こそが本来の姿であろう。その際、その土場の運営は川上・川下双方がメリットを享受できるものでなければならない。そのヒントを東信木材センターは与えてくれる。またマクロ解説編第2章で紹介したスウェーデンの木材コントロール組合の日本版にも応用できる。

さて、これまで東信木材センターの取り組みを仮に「第1ステージ」と位置づければ、次の「第2ステージ」の目標は倍増の30万㎥だという。つまり全国トップクラスの原木市場を目指すことにほかならない。

地域林業を発展させ、日本国土を守ることで「世間よし」

　では「売り手よし」「買い手よし」にさらに磨きをかけ、これを「世間よし」に繋げるためには何が必要か。小相沢専務はこう結んだ。「長野県は北海道（9285万㎥）に次ぐカラマツの森林蓄積（5730万㎥）を誇る。これも先人の粒粒辛苦《りゅうりゅうしんく》の賜にほかならない。これをどのような形で次世代に継承していくかが、東信木材センターの責務だ。ところがカラマツ人工林の利用率（伐採率）は北海道の1・7％に対して長野は0・3％と低い。現状で推移すると300年もつ森林資源が賦存することになる。しかしカラマツは高樹齢（70～80年）になると幹にウロ（空洞）が入るなど、商品価値が落ちてしまう。

　また、大径材化してしまうと先端がコケ（タケノコのような状態）になり、しかも節が多いので、せっかく需要が増している土木用材には向かなくなってしまう恐れがある。したがって標準伐期齢で伐採をしていくシステムをつくりあげる必要がある。そのためには『植えるために伐る』という新たな発想が求められる。東信木材センターはそれを積極的に提唱していきたい。これが地域林業の発展、つまり『世間よし』に繋がる。また最近、日本では台風被害、土砂崩れ、地震による液状化、軟弱地盤化が多く発生している。これからさらに土木用材の需要が増えることは間違いない。日本の国土を守るためにも頑張る決意だ。これも『世間よし』に繋がる」。大鴻《たいこう》の志ここにありだ。東信木材センターは堂々と「第2ステージ」に立ったことになる。

２　川下で創出された実需に川上はどう対応すべきか？
その〝解〟を示唆する群馬県森林組合連合会渋川県産材センター

激変する川下への対応〝解〟

本書を貫く大きな問題意識は、激変する川下の国産材業界に、川上はどのように対応すべきかであった。その１つの〝解〟を示唆するのが以下で紹介する群馬県森林組合連合会渋川県産材センター（以下、渋川センターと略称）の取り組みである。

首都圏という巨大なマーケットを目前に控え、群馬県は1970年代中頃までスギ羽柄材を中心とした製材業が隆盛をきわめ、ピーク時の1973（S48）年には580もの製材工場が稼働していた。だがその後の木材不況で、旧態依然の製材工場は転廃業を余儀なくされ、櫛の歯が欠けたような状態になってしまった。渋川センターが稼働を始める直前の2010（H22）年末の製材工場数は126とピーク時の２割にまで落ち込んだ。製材工場の減少は、即県産材の需要減に繋がり、群馬県は関東一の森林資源を擁しながら、木材価格は全国最低レベルに落ち込んでしまった。こうした窮状を打破すべく設置されたのが渋川センターである（2011〈H23〉年開設）。

県産材加工センターへ１次加工品を

渋川センターの話には前日談がある。群馬県は

写真5-5　当時話題になったワンウェイ式ツインバンドソー

窮状打開として、県内に需要を創出しようと県内外の製材業者へ打診をした。紆余曲折があったものの、結局、栃木県に本社をおくトーセンが進出することになり、国産材業界では大いに話題になったものだった。２００６（H18）年、群馬県森連などが出資した県産材加工協同組合の第１工場が群馬県藤岡市に開設された。ワンウェイのノーマンツインバンドソー（**写真5-5**）を中心に、間柱、平角などを製材する量産工場（年間丸太消費量５万㎥）であった。その後トーセンは同じ藤岡市に第２工場（モルダー、フィンガージョインターなどを設置した加工施設）を設置し、本格的な群馬県産材の利用が始まった。

じつは渋川センターはこの県産材加工センターへ１次加工品を出荷することを視野に入れて開設されたものだ。そのことは渋川センターの立地条件からも窺える。地図を広げて見ればわかるが、渋川市は吾妻川と利根川の合流点に位置している。ということは道の合流点（JR上越線と吾妻線の合

写真5-6　渋川センター（手前左管理棟、左奥チップ工場、右奥製材工場。林の向こうは利根川）

流点）でもある。しかもその背後には充実した人工林資源が広がっている。一方、藤岡市の隣は埼玉県、もうそこには東京・首都圏という巨大な消費地がある。つまり渋川センターは川上と川下を結ぶ絶妙の場所に立地しているのだ（**写真5-6**）。

渋川センターの3つのコンセプト

渋川センターのコンセプトは３つある。第１は長さ３ｍの無選別丸太を受け入れること。第２はＡ材、Ｂ材、Ｃ材のすべてを全量・定額で買い取ること。第３がその受け入れたＡ材、Ｂ材、Ｃ材を用途に合わせて有効利用することである。

詳しく見ていこう。渋川センターでは出荷者（森林組合や素材生産業者）が搬入した丸太を長さが３ｍであればＡ材、Ｂ材、Ｃ材にかかわらず、全量を定額で買い取っている。なぜ３ｍなのか。２つ理由がある。１つは藤岡市の県産材加工へ１次加工（グリン材）の柱（Ａ材利用）を納入するためだ。

柱の長さは3mが基本だからである。2つめは伐採現場での生産性向上を目指すためである。ここではA材（製材用）、B材（合板用）、C材（チップ用）を想定しながら採材する必要はない。片っ端から3mに玉切りすればそれでよい。これほど効率のいいものはない。それを渋川センターが全量・定額で買い取ってくれるわけだから。

A材、B材、C材の用途

渋川センターが買い取った3m材（センター周辺40～50㎞の範囲）は無選別で土場に搬入されるので（**写真5-7**）、同センターでABCに選別しなければならない。その力を発揮するのが自動丸太選別機である。丸太の割れ、黒芯、アテなどはオペレーターの目視で仕分けるが、それ以降は設置されたカメラ2台で、長さ6㎝刻みで節と曲がり具合を読み取る。

では選別後のA材、B材、C材はどのような用途に向けられるのか。まずA材は芯持ち柱角に製材（粗挽きのグリン材）し、県産材加工センターへ販売される。グリン柱角はここで人工乾燥・修正挽きされトーセンブランドとして市場に出荷される（**写真5-8、写真5-9**）。B材は構造用集成材ラミナ及びラミナ用のブロックに製材され、やはり県産材加工センターへ販売される。原板ブロックは県産材加工センターでギャングソーで板割（ラミナ）にされ集成材になる。C材はチップ工場でチッピングされて静岡県の製紙工場へ販売している。渋川センターとマクロ解説編第2章で紹介した青森県森連との違いは、後者が丸太を買い取り、それを選別して丸太のままで販売するのに対して、前者は1次加工し、付加価値をつけて販売している点である（しかも1次加工に徹している点に注目）。

図5-2は渋川センターの用途別原木買取り量の推移を示したものである。まず気がつくことはC材がほぼ半分を占めていることだ。C材は材積

写真5-7
搬入された無選別材
（径級の違いに注目）

写真5-8
選別されたＡ材丸太

写真5-9
県産材加工センターへ
納入されたスギ柱角
（グリン材）

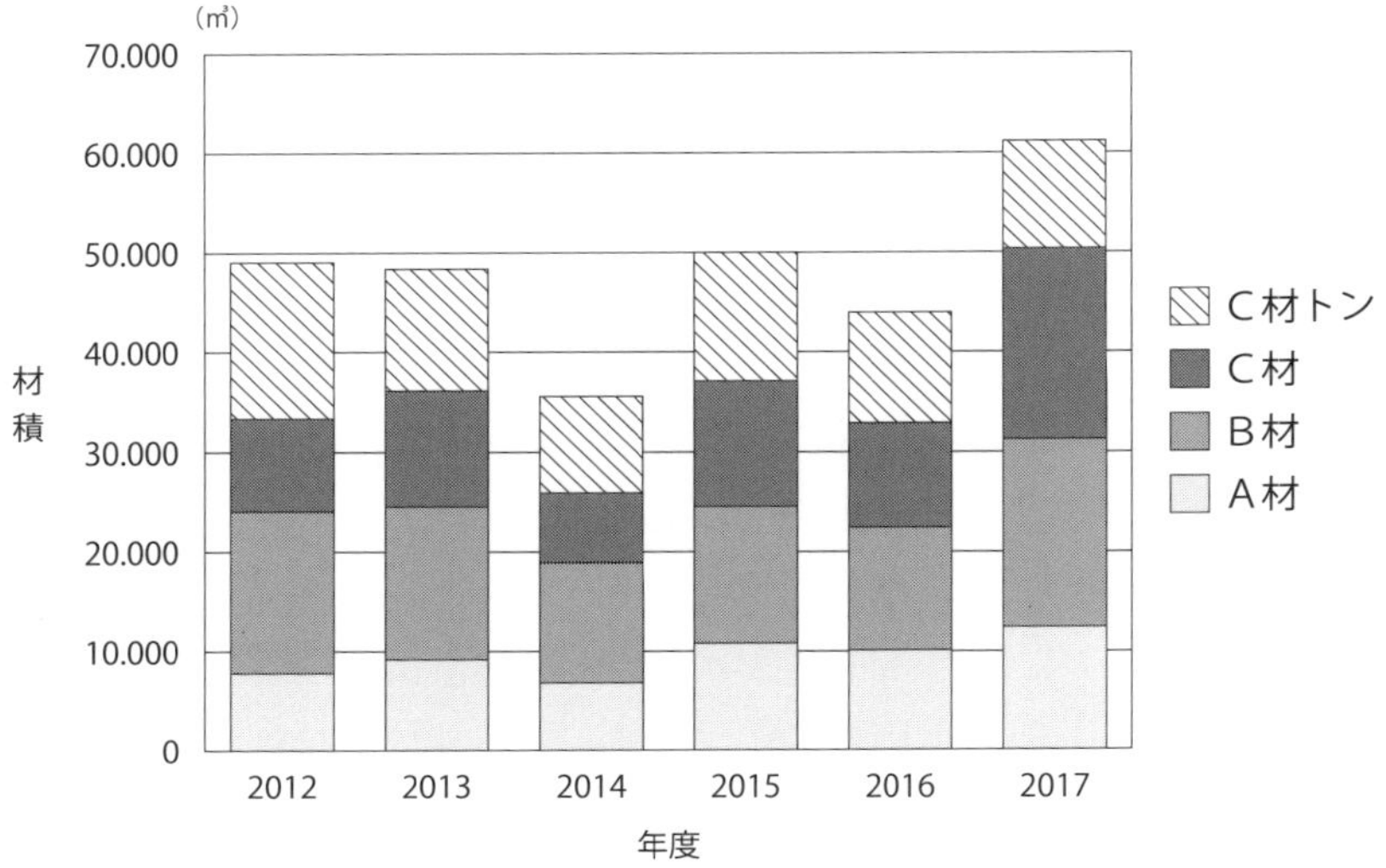

図5-2　渋川センターの用途別原木買取り量の推移
資料：群馬県森連調べ

で買い取る方法と、重量（t）で買い取る2通りがある。後者には3mのほか、2m材も含まれている（うち1割が広葉樹）。C材は大曲がり材・低質材だから、これを定額で買ってくれると、森林所有者や森林組合の間伐意欲が湧いてくるのは当然のことだ。しかも環境税（ぐんま緑の県民税）を使った森林整備の過程で出てきた伐り捨て間伐材にも用途が生じる。

こうした3m無選別材を出荷しているのは、群馬県森連傘下の森林組合と素材生産業者だ。渋川センターは森林組合系統共販に固執せずに素材生産業者にも門戸を開いている。その割合は**図5-3**に示したように渋川センターの木材ビジネスを支えている。群馬県の素材生産業者には力のある事業体が少なくない。年間1万㎥以上の素材生産をする事業体が5〜6社ある。彼らの大部分は国有林の請負事業に従事しているが、それ以外の時期（3〜6月）に立木を伐採して渋川センターへ出荷している。

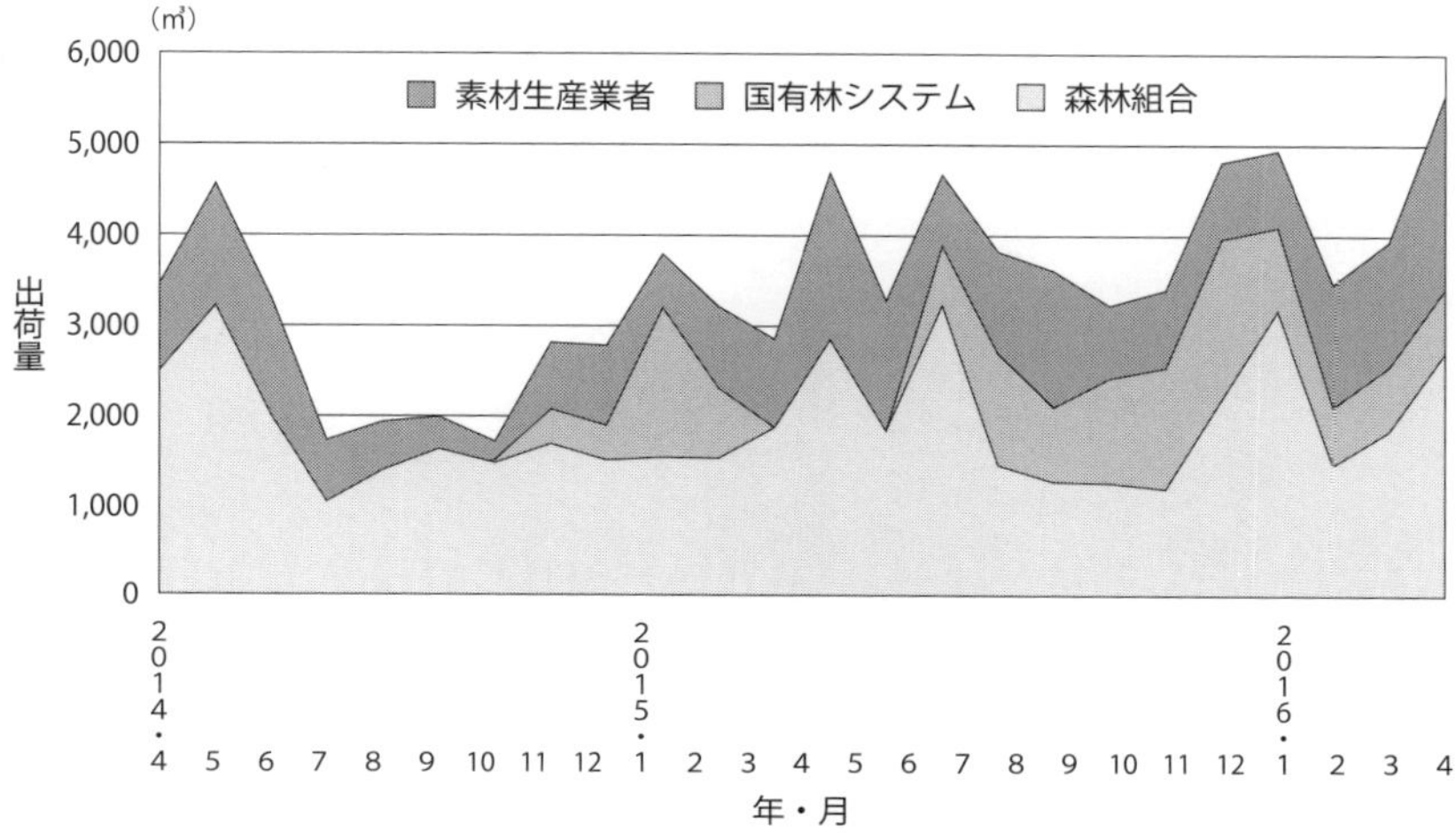

図5-3　渋川センターの出荷者別原木買取り量の推移
資料：群馬県森連調べ
注：合板用などの直送分は含まない

また同図からも窺えるように、２０１４（H26）年後半以降、国有林のシステム販売が一定の役割を果たしている。

地域林業改革に大きく貢献

渋川センター開設が地域林業に与えた影響はきわめて大きい。第１は群馬県の素材生産量の増大を促したことである。**図５-４**は群馬県の素材生産量の推移を示したものだが、２００６（H18）年、つまり県産材加工センターが稼働開始した頃から素材生産量が上向きになっている。次いで２０１１（H23）年頃（渋川センター開設）からさらに素材生産量が増加している。県産材加工センターと渋川センターの稼働が相乗効果となって素材生産量の増加を促したのである。

第２は同センターが無選別３ｍ材で購入することによって、伐採現場で素材生産性が向上したことだ。例えば、お膝元の渋川広域森林組合の素材

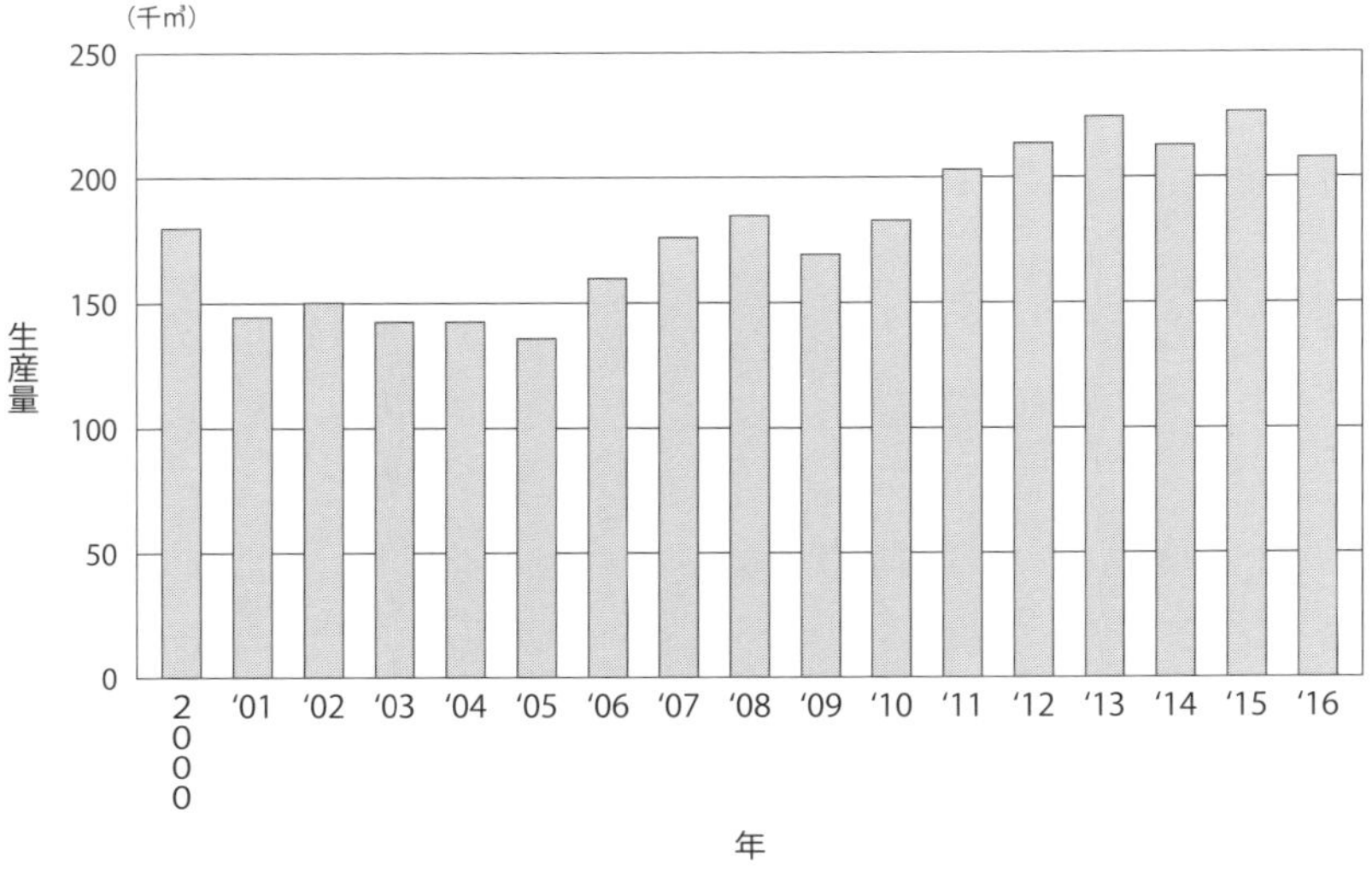

図5-4　群馬県の素材生産量の推移
資料：農林水産省『木材需給報告書』

生産性は、平均で6〜7㎥／人・日、場所によっては10㎥／人・日まで向上させている。これに触発されて、高性能林業機械を増やして林産事業を増やす森林組合が現れたり、それまでまったく林産事業の経験がなかった組合でも素材生産にチャレンジするケースもできた。

第3は丸太の定額買取り（3ヵ月ごとに改定）によって、相場に左右されない安定価格による丸太売買が可能になったことである。**図5-5**は、渋川センターのA材、B材の買取り固定価格と群馬県森連前橋木材共販所の相場を示したものだが、その違いは一目瞭然である。

第4はA材、B材、C材を一括して購入しながらも、渋川センターで用途別選別を緻密に行うことによって、ABCの一物一価を定着させたことである。

以上、紹介した渋川センターの取り組み

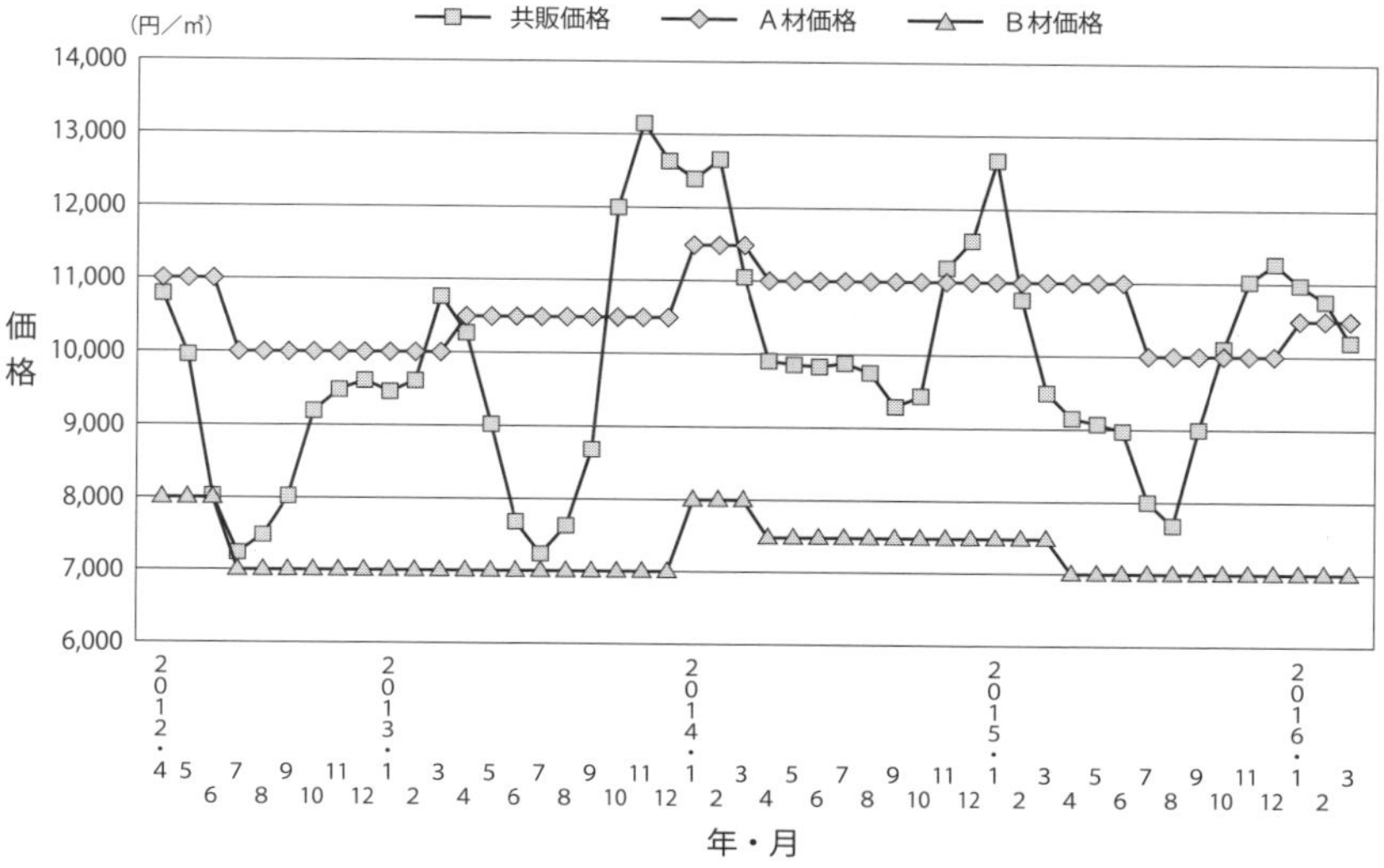

図5-5　渋川センターの用途別原木買取り価格の推移

資料：群馬県森連調べ

注：共販価格は群馬県森連前橋共販所のスギ3m材
　　A材価格、B材価格が渋川センターの買取り固定価格

は、需要を創出することによって森林・林業が動くことを見事に証明したといってよい。森林資源があってもそれを活用して林業・木材産業を興せない地域のビジネスモデルになることは間違いあるまい。

ミクロ解説編
国産材業界の経営・技術革新

第6章 「A材問題」打開に向けた経営・技術革新

「柱取り林業」「柱取り製材」「木造持ち家本位」が瓦解の危機に

「A材問題」についてはマクロ解説編第3章で詳述した。ここではその打開策について考えてみたい。その前にごく大雑把に「A材問題」の所在をお復習《さら》いしておこう。

A材とは柱に代表される製材用直材のことである。本書で何度も強調したように、戦後わが国の森林・林業・木材産業政策は「柱取り林業」「柱取り製材」「木造持ち家本位」の三位一体で展開されてきた。しかし少子高齢化や空き家の増加によって「木造持ち家本位」政策が限界に達した。三位一体の一角が崩れれば「柱取り林業」及び「柱取り製材」も瓦解《がかい》の危機に瀕することは自明の理である。そこで出てきたのが木造住宅以外、つまり非住宅分野で新たなA材の需要を創出していこうという発想だ。

これを後押しする形で2010（H22）年10月「公共建築物等における木材の利用の促進に関する法律」が施行された。その趣旨は以下のとおりである。戦後造成された人工林が主伐可能な時期を迎えているにもかかわらず、少子高齢化や空き家の増加によって近い将来新設住宅着工戸数の減少が確実視されている。例えば野村総合研究所は2030年の新設住宅着工戸数を55万戸と予測している（ちなみに2017〈H29〉年のそれは約97万戸である）。住宅の〝氷河期〟がやってくる。それに伴ってA材需要が縮小していく、その打開策として公共建築物に木材（国産材）を使用していこうというものだ。ところが肝心の公共建築物分野に目を転じると木造率が低い。2015（H27）年度で11・7％（床面積ベース）にすぎない。この分野へ木材（国産材）活用を推進していこうというのがこの法律の趣旨である。

法律の趣旨には賛成だ。ただ公共建築物の木造率がなぜ低いのか、という問題とその打開を考えなければ、この法律に魂を入れることはできまい。

なぜ公共建築物の木造率は低い？

ではなぜ公共建築物の木造率が低いのか。２つの理由がある。１つは第2次世界大戦後、日本国内で公共建築物に木材を使用することが制限されたことだ。１９５０（S25）年、衆議院で「都市建築物の不燃化の促進に関する決議」がなされ、さらに同年制定された建築基準法によって、大規模建築物についての木材利用の道が閉ざされてしまった。「公共建築物等における木材の利用の促進に関する法律」から見ればとても考えられないことだが、当時の事情、すなわち戦災、戦後の大火、台風、地震などによって、木造建築に対する不安感が増幅し、耐火、耐震、耐風などの面から鉄筋コンクリート造に期待されたのは無理からぬことではあった。

公共建築物に木材を使おうという気運が芽ばえてきたのは、１９８０年代末から１９９０年代にかけてであった。小国ドーム（熊本県、１９８８〈S63〉年）、出雲ドーム（島根県、１９９２〈H４〉年）、大館樹海ドーム（秋田県、１９９７〈H９〉年）などに木材が使われ、建築設計士に木材に対する関心を抱かせるようになった。この間40年近くは大型公共建築の木造技術「空白」期間といえる。これをどのようにカバーしていくのか、これが今後の大きな問題である。

２つめの理由は、木造住宅建築には木材が使われやすい流通・加工システムが形成されているのに対して、公共建築物分野ではほとんど形成されていないことだ。建築設計士がせっかく木造でと奮起しても、肝心の木材はどこへいったら入手できるのか途方に暮れてしまうという話をよく耳にするが、このことである。

既存の木材・加工流通と公共建築を結びつける2つの事例

このようなことを考えると、公共建築物にＡ材を使っていくためには、既存の木材・加工流通と公共建築との〝接点〟を模索する必要があるが、じつはそのヒントがある。以下では2つの例をあげてみよう。

柱を縦に並べてパネル化する縦ログ構法

別荘やセカンドハウス向けに建てられてきたログハウスが、集合住宅、学校、商業施設などの非住宅分野へとビジネス領域を拡大し始めている。この潮流のなかで、最近注目度を高めているのが縦ログ構法だ。A材のよさを活かしながら、施工の合理化や低コスト化が図れると評価が広がっている。福島県南会津町の芳賀沼製作所を中心に開発された構法である。

ログハウスはログ（丸太）、あるいは角材を水平方向に井桁のように重ねて積み上げるが、縦ログ構法はログ（柱角）を縦に並べてパネル化し壁をつくる構法である。できあがったパネルを現場で組み立てるだけなので、工期の短縮、人件費の抑制に繋がるメリットがある。またパネルは断熱材と構造材及び仕上げ材を兼ねるので、コストダウンと同時に質の高い温熱環境も実現できる。

縦ログ構法パネル化の工程の概略は以下のとおりだ。①スギ丸太から12㎝の柱角を製材→②人工乾燥して含水率を10％にして修正挽きし10・5㎝角に仕上げる→パネル化のための溝加工（雇い実《ざね》、接合、面取りなど）を施す→③柱角を接合してパネルにする（**写真6-1**）。

写真6-2は縦ログ構法で建てたソフトボール投球練習施設（福島県南会津町）だ。独特の曲がりを支えるために鉄パイプを挿入しているが、縦ログ構法の特徴がよく表れている。120㎜×180㎜×5ｍの縦ログを4本つないで1枚のパネルにし、それをビスとボルトで繋ぎ合わせている。

もう1例紹介しよう。**写真6-3**は縦ログ構法で建設した社会教育施設（南会津町）である。建築面積は470㎡、延床面積は285㎡ある。縦ロ

写真6-1
パネル化は接着剤を
使わずビスでとめる

写真6-2
ソフトボール
投球練習施設（南会津町）

写真6-3
縦ログ構法で建てた
社会教育施設
（南会津町）

グのサイズは120㎜×240㎜（一部240㎜角を使用）で二重張りだ。地元の音楽会や講演会などの会場として利用されている。このほか茨城県つくばみらい市の福祉施設など多くの非住宅建設に採用されている。

縦ログ構法は1年の半分近くが雪で埋もれる豪雪地帯の小さな町工場から生まれた建築構法である。基本となるログは10・5㎝の柱角（A材の典型）だ。したがって小さな製材工場でも手がけられるし、一般の流通材も使えるというメリットがある。

縦ログ構法の現行価格は16万円／㎥前後だが、価格ダウンは充分可能だという。事実、これまで大工の手加工だったものをモルダーを導入することによって低コストで精度の高い溝加工を実現した。今後は接合に必要なビスの開発も手がけて、さらにコストダウンを図っている。そうなるとスギ立木価格4000円／㎥を確保しながら、12万円／㎥以下で出荷することができる。豪雪地帯の町工場から新たなA材活用の発信である。

柱角を束ねて重ねてBP材に

次に紹介するのは、やはり既存流通の柱角（A材）を活用したBP材である。BP材とは芯持ち柱角を積層、圧着した新しい大断面木質材料のことである（事務局：一般社団法人日本BP材協会）。**図6-1**のように製材した芯持ち柱角を束ね（Binding）、重ねて（Piling）、作り上げる。柱のサイズは120㎜と150㎜角、材の長さは3～10ｍが基本になり、**図6-2**のように2段、3段、4段……と重ねて「せい」をとっていく。

2015（H27）年4月に「木質複合軸材料スギBP2段、3段、4段、5段重ね」として建築基準法第37条に基づく国土交通大臣認定を取得した。BP材としてのスギ柱角の条件は、①JAS製品であること、②含水率18％以下で表面仕上げした人工乾燥材（KD材）であること、③ヤング係数（機械等級区分）がE70、E90、E100の適合品であること、である。以上の3条件をクリアしたスギ柱角にエポキシ樹脂系2液型接着剤を塗布して

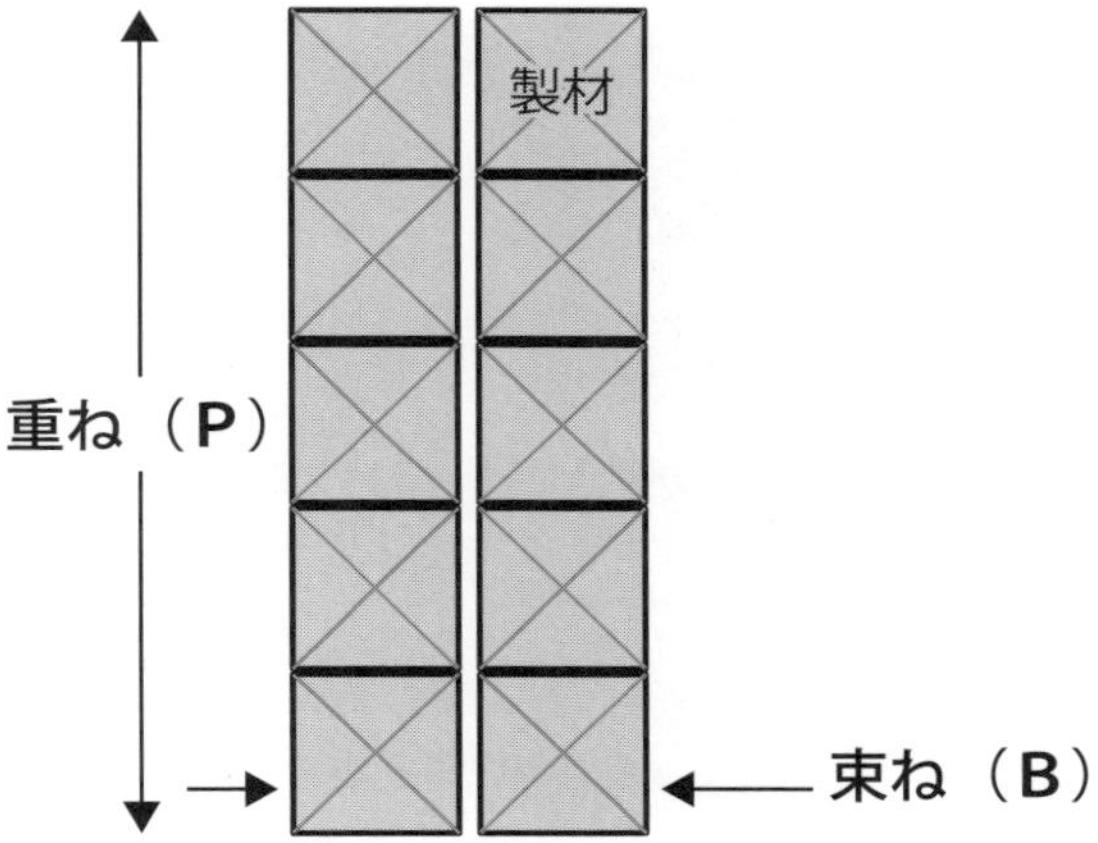

図6-1　芯持ち柱を重ね束ねてＢＰ材の基本に

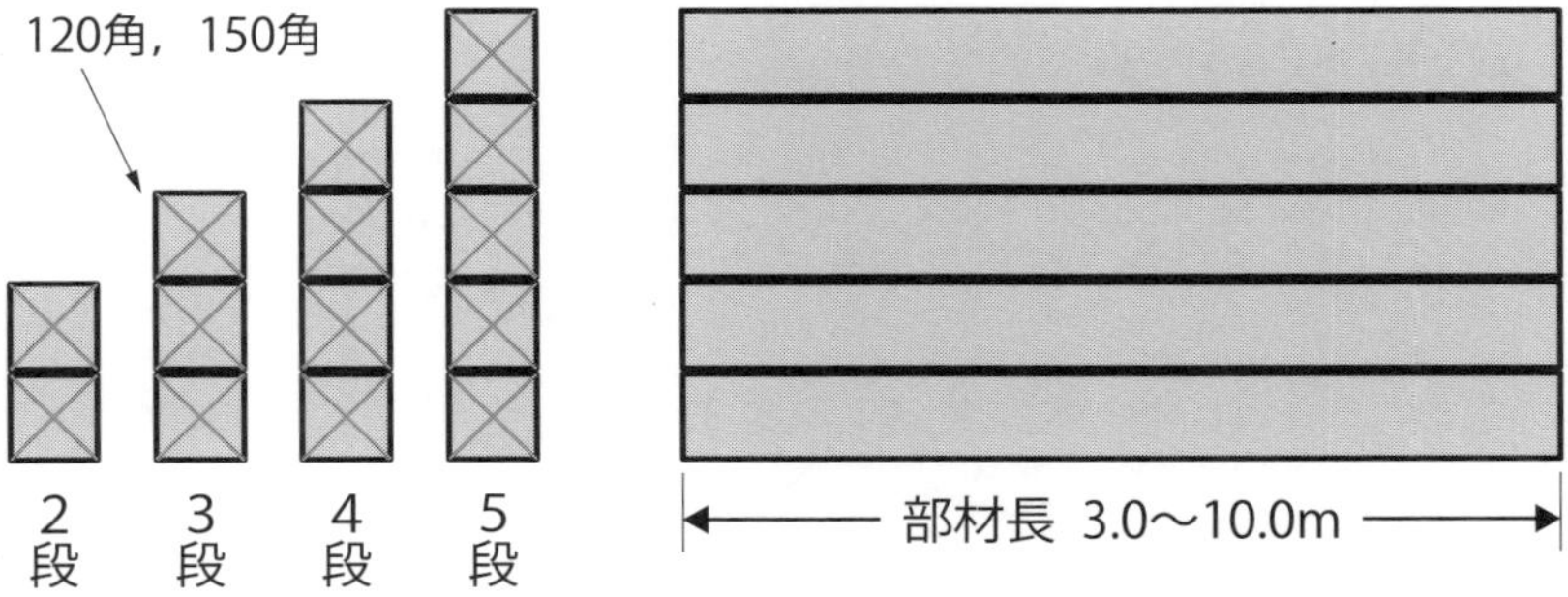

図6-2　芯持ち柱を重ねて「せい」をとる

写真6-4　スギBP材を使った大型公共建築物（体育館）

プレス機で圧縮し、養生期間を経て寸法調整しBP材に仕上げる。

10m以上の長さをとるには鉄筋拘束接合（GIR方式）という方式を用いて材を継いでいく。部材にあけた孔に鋼棒を挿入し、エポキシ樹脂系接着剤で固定する。これをTKS構法（鉄筋拘束接合構法）という。その特長は金物が露出しないため意匠性に優れていることだ。また高性能耐力壁と併用することによって大空間の確保が可能になる。学校や保育園、老人ホームなどの公共施設建設にはもってこいである。実際、これまでのBP材の受注はTKS構法とセットになった公共物件がほとんどだ。今後は商業施設やマンション建設などにも広げることが期待される。**写真6-4**はスギBP材を使った大型公共施設（体育館）である。太宰府市総合子育て支援施設など数多くの大型公共建築物に採用されている。

ここでBP材のメリットを整理しておこう。第1はなんといってもA材の代名詞である芯持ち柱角を大型建築物の構造材として利用できることだ。第２は人工乾燥が比較的容易にできること。大断面製材品の人工乾燥はかなり難しいが、ＢＰ材の場合は１２０㎜角と１５０㎜角の乾燥技術で処理できる。第３は少ない設備投資でＢＰ材が製造できることである。ＣＬＴや構造用集成材を製造するためにはラミナの製材工場を併設しなければならず多額の設備投資が必要になる。しかし、ＢＰ材の場合は特殊な設備や加工ラインはいらない。圧締するためのプレス機と養生を行うための温度管理設備があればよく、２億円程度の投資で済む。

中小製材と森林組合、素材生産業者が連携してＢＰ材を

このように、ＢＰ材製造には特に製材工場の併設は必要ないが、その代わり芯持ち柱角を製材する協力工場が必要になる。つまり、中小製材の連携なり、サプライチェーンマネジメント体制が求められる。その際、ただ単に求められた芯持ち柱角を提供すればいいというものではない。そこには当然一定の品質基準がある。

ところで前掲**図６-２**では、部材の長さが３ｍから10ｍになっている。３ｍ及び４ｍは既存流通で入手可能であるが、10ｍは特注になる。これについては立木伐採の段階で10ｍに採材する必要がある。それを製材工場に持ち込み、台車挽きで10ｍの柱角に製材することになる。となると森林組合や素材生産業者との連携が不可欠になる。

いずれにしても、ＢＰ材の製造と需要拡大には品質管理の行き届いた製材品（ムク柱角）の確保が必須条件になる。つまり中小の製材工場がレベルアップを図っていかないとＢＰ材の供給力は高まってこない。サプライチェーンマネジメントの確立が不可欠になる。

写真6-5　肥後木材㈱のプレカット材倉庫

一般流通材で11～33ｍのスパン

上記２例に関連して**写真６-５**をご覧いただきたい。熊本市に本社を置く肥後木材㈱のプレカット材倉庫だ。木造平屋建てで、建築面積は１００３㎡、延べ床面積は９６３㎡、すべて既存の一般流通材で大空間を構成している。使用した木材はオール熊本県産材で、土台、梁、柱などの構造材と間柱などの羽柄材を合わせて99㎥になる（このほか熊本県産材を使用した構造用合板〈ヒノキ〉を１２５０枚使用している）。

この倉庫はＡＴＡハイブリッドという新しい構法を採用したものだ。一般流通材を利用して11ｍから33ｍまでのスパンを飛ばすことができる。本邦初の大規模・高性能スーパーマーケットをはじめ、これまでに全国20棟の建築実績をもっている。

ＡＴＡハイブリッド構法の特長は一般流通材を使うことにより、建設コストが鉄骨造と同じ水準になったことだ。したがってこの構法を活用すれば、これまで鉄骨造でしか建てられなかった校舎、体育館、病院など多くの公共建築物を木造化できる。公共建築に限らず、大型店舗や倉庫、大型車庫などの民間施設の木造化も可能になる。しかも一般流通材のプレカットをそのまま利用できるというメリットがある。

工夫次第で「A材問題」は打開可能

以上紹介した2例に共通しているのは、第1は既存流通市場で入手可能な芯持ち柱角を大型建築物として利用していること。第2はいずれも町場の中小製材工場が斬新なアイディアを発信していることだ。彼らの潜在的な技術力にもっともっとスポットライトを与えていいのではないだろうか。非住宅の大規模木造建築物となると〝ゼネコンの世界〟と見られがちだが、決してそうではない。既存の中小製材工場でも担えることを、この2例は実証しているといえよう。つまり「A材問題」打開に向けた経営・技術革新は、工夫次第で充分可能である。

ミクロ解説編
国産材業界の経営・技術革新

第7章
「スギ大径材問題」とその打開策

「スギ中目材問題」から「スギ大径材問題」に

戦後の拡大造林によって造成された人工林が主伐期を迎えるなか、大径化したスギ丸太が増加し、その用途開発と販売戦略の確立が焦眉の課題になっている。特にスギ人工林が最も早く成熟期に入った九州でこの問題が深刻化している。この問題は早晩、全国に広がることは確実である。なぜか。

マクロ解説編で詳述したように、戦後の「柱取り林業」「柱取り製材」が限界にきたことから生じた問題だからだ。「スギ大径材問題」に先だって、国産材業界には「スギ中目材問題」という苦い経験があったことはマクロ解説編第3章で言及したとおりである。「スギ中目材問題」も解決され、めでたしめでたしと思っていた矢先に「スギ大径材問題」が浮上してきた。このままで推移すれば「スギ大径材問題」は早晩全国共通の深刻な問題になることは明らかである。問題の先取りをしているのが九州であって、他の地域とは単なるタイムラグにすぎない。だからこそ、今のうちにその対応策を考えておく必要がある。

そこで以下では、まず「スギ大径材問題」とは何かを整理し、その後に今後の打開策について考えてみたい。

「スギ大径材問題」とは何か?

増え続けるスギ大径材

周知のように日本農林規格（ＪＡＳ）では、素材（丸太）の規格は次のようになっている。すなわち小丸太が末口径14cm未満、中丸太が14～30cm未満、大丸太が30cm以上だ。そこでひとまず径級30cm以上のスギ大丸太が増加していることを確認しておきたい。**図7-1**は宮崎県森連のスギ丸太共販事業量に占める径級30cm以上丸太の割合の推移を示したものだ。宮崎県は4半世紀にわたってスギ素材生産量日本一を誇っている。その宮崎県で径級

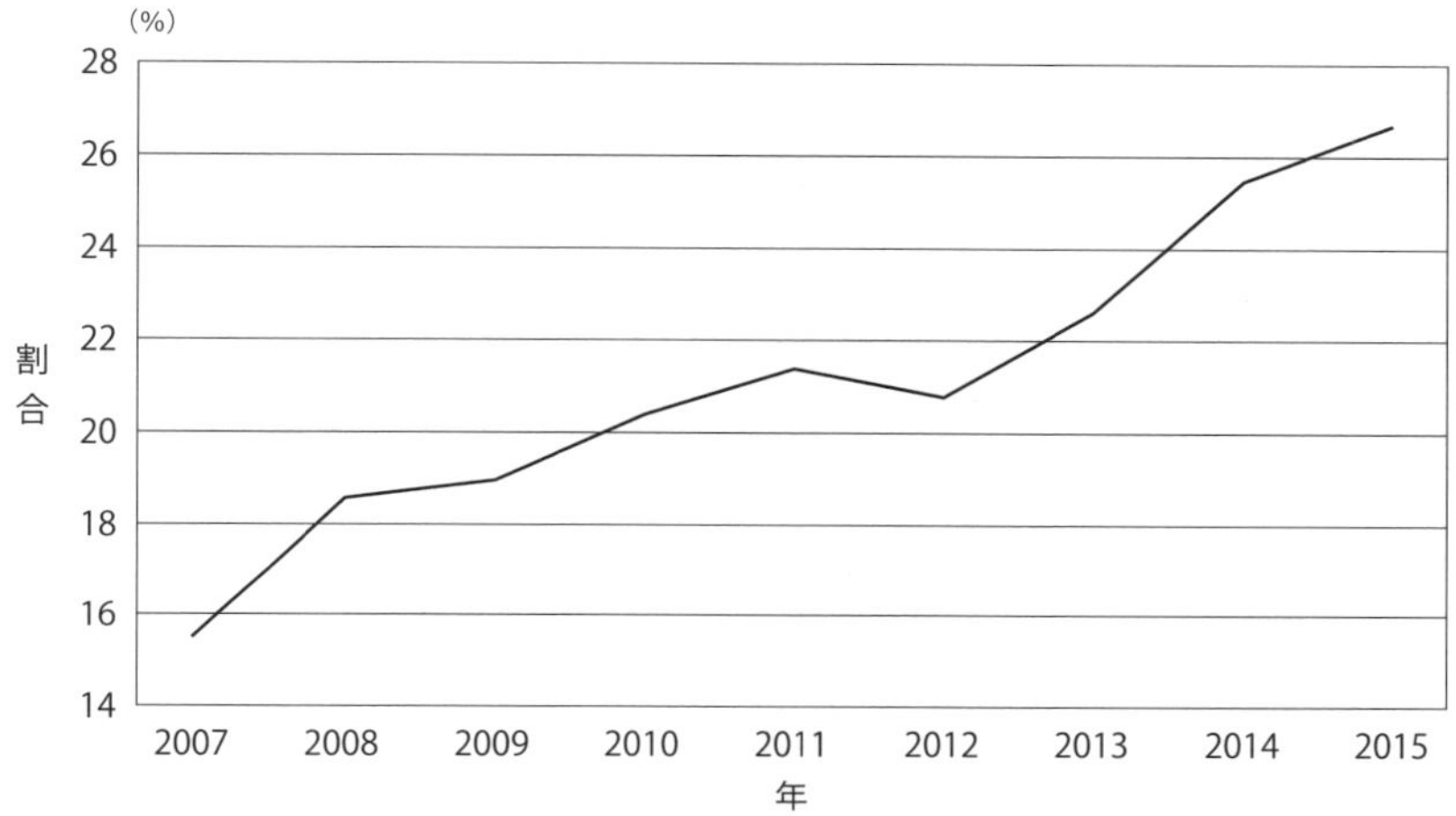

図7-1　宮崎県森連共販事業に占めるスギ径級30㎝以上丸太割合の推移
資料：宮崎県森連調べ
注：スギABC、長級２m、３m、４m、その他込み

30㎝以上のスギ丸太が年々増加し、２０１５（H27）年には27％近くになっている。さらに径級30㎝以上丸太を細かな径級別で示したのが**表7-1**である。いずれの径級も増加していることが確認できよう。

表7-1　径級別材積割合の推移

径級（㎝）	割合（%）	
	2007年度	2015年度
30～34	12.2	16.1
36～38	1.8	5.3
40～44	1.1	3.7
46上	0.4	1.6

資料：宮崎県森連調べ

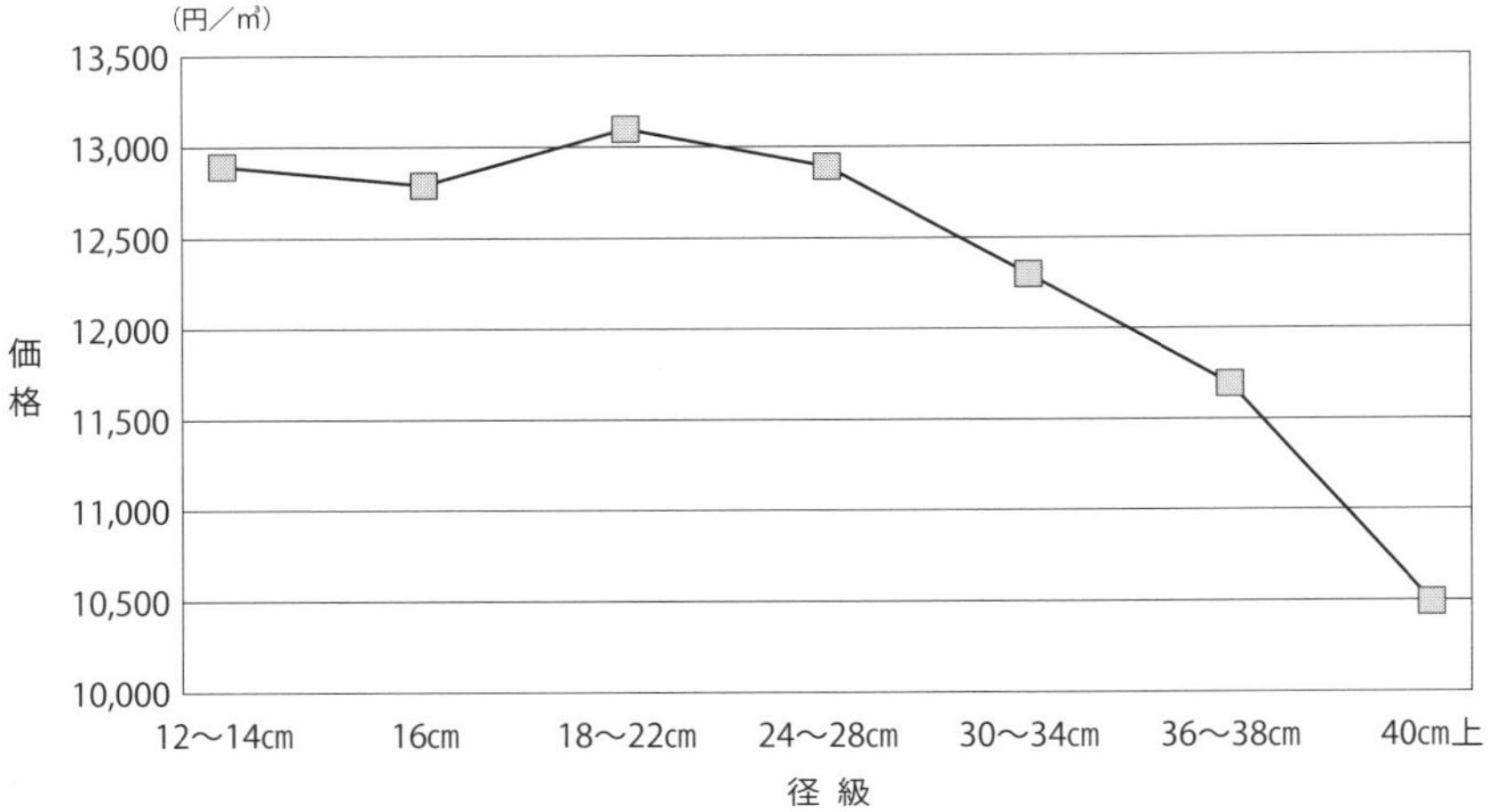

図7-2　宮崎県森連日南共販所における径級別スギ丸太価格の分布
資料：宮崎県森連調べ（2015年10月９日、販売量2,170㎥）
注：４m材、中値

太くなればなるほど丸太価格が低下

　ではなぜスギ大径材の増加が問題になるのか。**図７-２**をご覧いただきたい。スギ大径材の「メッカ」である宮崎県日南地域（かつての飫肥林業地で弁甲材の産地）のスギ径級別価格分布を示したものだ。径級18～22㎝（ＫＤ柱取り用）及び24～28㎝（中目丸太）をピークに、その後、径級が太くなるにつれて価格がダウンしている。径級30㎝以上丸太のなかでも、30～34㎝＞36～38㎝＞40㎝上という価格差が生じている。価格が安いということは、用途（需要）に乏しいことにほかならない。したがって40㎝以上の価格が最安値ということは、用途（需要）がきわめて乏しいということになる。そこで筆者は「スギ大径材問題」の対象を、先述の日本農林規格のように30㎝以上で一括りするのではなく、径級40㎝以上に絞ったほうがより「スギ大径材問題」の本質に迫れると考えている。その理由は以下のとおりである。

予測できなかったスギ大径材の増加

その前に「スギ大径材問題」のスギ材を大雑把に定義しておきたい。ここでいうスギ材とは戦後造林スギ、換言すれば「スギ並材」のことである。「並材」とは「戦後の植栽木は3000本植栽で自然落枝で無節材となるにはやや疎植に過ぎ、また枝打ちが必ずしも十分に行われていないものが多く、無節材は少ない（中略）（さらに）年輪幅は全くといってよいほど不揃い」（『SUGI・情報ネットワーク—並材のフロンティアを求めて』、スギ並材研究会、1990〈H2〉年、98頁）な材のことをさす。したがって役物製材が可能な良質スギ大径材とは根本的に違う。

ではなぜ「スギ大径材問題」がここまで深刻化したのだろうか。第1の理由はスギ大径材がここまで増えるとは予想されなかったことだ。例えば製材の権威といわれる西村勝美氏は1990年当時、次のような予測を立てていた。「供給増が予想されるスギ材は、多少長伐期になっても（中略）品質的に良好といえない、いわゆる『並材』の中小径木が主体となることが十分予想される。（したがって）その製材方式の今後はより徹底した低コスト生産を基底において設定しなければならない」（同、113頁）。これは西村氏に限らず、当時の林材業関係者に共通した考え方であった。そのため小中径材の出材を前提にしたツインバンドソー製材システムが開発され、これが多くのスギ量産製材工場で採用されたのである。「柱取り林業」「柱取り製材」「木造持ち家本位」政策の根拠がここにある。

ところが予期せぬ事態が起こった。1990年代後半になってスギ丸太価格が急落し、皆伐しても伐採跡地の再造林がままならない状況に陥ったのだ。そこで緊急避難の一策として、林野庁は間伐を繰り返して標準伐期齢の倍に相当する80年を想定した「長伐期」へと政策転換した。さらに京都議定書による森林の二酸化炭素吸収達成のため、大々的な間伐が推進されたことは周知のとおりである。かてて加えて民主党政権時代の森林・林業再生プランでは、「viva（万歳）間伐」が闊歩し、林業界は間伐一色になってしまった。この「副産物」がスギ大径材にほかならない。

厄介物扱いの40㎝上スギ大径材

スピード（生産性）が要求されるツインバンドソー製材システムでは、40㎝上のスギ丸太製材は厄介物扱いだ。多くのスギ量産製材工場では、径級36～38㎝まではツインバンドソーやチッパーキャンターで製材できる。しかしそれ以上太くなるとシングル台車で製材するしかなく、よほど付加価値の高い製品がとれない限り生産性が落ちてしまう。ならば合板用に使えばという考え方もあるが、リングバーカーに投入される末口径はせいぜい45㎝くらいまでだ。しかもロータリーレースで単板に剥いた場合、目粗なため強度や乾燥の面で不安が残る。そのため合板メーカーも径級40㎝上は敬遠してしまう。それならいっそチップにして木質バイオマス発電用の燃料にしたらどうかという御仁がいるが、筆者はこれには賛成できない。森林所有者への侮辱にほかならないからだ。

スギ大径材には他にもいくつか難点がある。1つは元玉のヤング係数が低いことだ。スギの高さ方向の強度分布については元玉のヤング係数が低く、それ以上の高さはほぼ同じということが知られている（『スギの安定供給と高度利用に関する研究の現状と今後の課題』、森林総合研究所研究会報告№16、1999〈H11〉年）。2つめは製材した際、葉節（極小な生き節）が現れ、平角でもラミナでもユーザーからのクレームの対象となることである。

しかしこうした難点を打開し、できるだけ付加価値の高い製材品の用途開発とその販売戦略の確立を目指さなければならない。

「スギ大径材問題」の対応政策を考える

径級38㎝までは製材可能

幸いなことに、スギ大径材の有効利活用をめぐっては、九州や北関東で新たな動きがでてきた。九州では大手製材工場を中心に、スギ大径材（ただし径級36～38㎝まで）が製材ができるように設備を更新したり、新たにシングル（もしくはツイン）台車の導入を計画するケースが目立ってきた。あえてスギ大径材製材にチャレンジしようとする理由は3つある。

第1は、特に森林組合の製材工場で見られるケースであるが、組合員（森林所有者）から出材される丸太が大径化しているため、この製材方法を確立し「山元還元」をしなければならないことだ。

第2は、スギ大径材が柱取り丸太や中目材より価格が安いことである。

第3は、九州の建築現場ではスギ小割製品はごく当たり前のように使われてきたが、工務店やビルダーが好むのは芯去り材である。スギ大径材の中心部は未熟材が多く、角挽きには向かない。芯をはずして板割にしてラミナ製材や小割などの羽柄材を製材するにはスギ大径材は有利である。九州屈指の大型量産工場で、スギ大径材を大量に製材している松本木材（福岡県）では、これまでグリンのラフ仕上げだった小割製品を乾燥（天然乾燥＋人工乾燥）・プレーナー仕上げで販売し、大変な好評を得ている。

第4は、沖縄で新たな木造建築市場が広がりつつあることである。プレカット工場もできるなど、今後、小割製品の販路開拓が期待されそうな気配である。

こうしたなかで北関東ではスギ量産工場と中小工場の連携（分業）の機運が醸成されてきたことは注目に値しよう。北関東産のスギ大径材から平角を製材し、独自のムク平角市場を形成している二宮木材（栃木県）では、2013（H25）年からツインバンドソーで製材していた径級32㎝以上のスギ大径材の製材を中小の台車挽き工場に外注し、自社のツインバンドソーは径級30㎝前後の丸太の製材に集中させている。またトーセングループに丸太を供給している鈴木材木店（栃木県）では、トーセン那珂川工場（栃木県）に集まるスギ丸太のうち、那珂川工場（マクロ解説編第1章、**写真1-5**、23頁）では挽けない大径材（36㎝以上）を中心に構造用集成材ラミナや小割用の原板を1次製材してトーセンに納入している。

北関東の事例は、量産工場のツインバンドソーシステムに乗らないスギ大径材でも、中小の台車挽き工場と連携し、さらに2次加工（乾燥、仕上げ）することによって付加価値化が可能なことを示唆している。

問題は40㎝上の用途開発が急務

以上見てきたように、径級30㎝以上のスギ大径材でも36～38㎝は、利用の目途がつきそうな可能性が見えてきたが、厄介なのが40㎝以上のスギ大径材だ。末口径級40㎝以上といっても50～70㎝の丸太も結構多い。製材システムがどうこうという前に、リングバーカー（皮剥き機）に入らない（**写真7-1**）。たとえ製材機に投入できたとしても、重量が1t近くになる。最初の背板取り製材の際、背板落下の衝撃荷重が大きく、製材システムに支障を与えかねない。

ではどのような製材システムが望ましいのか。わが国の森林・林業政策は、従来の間伐一辺倒から皆伐へも門戸を開き始めた。それに伴って出てくる林地残材のバイオマス利用も徐々に進展し、出材された丸太をすべて使い尽くすことが今後の製材の基本になると予想される。となると大径材専用製材機ではなく、もっとフトコロが大きくて丸太の径級に弾力的に対応できる大型ツインバンドソーの開発が必要になってくるのではないか。搬送工程はがっちりさせながらも、本機自体は巨大化させずに径級によって製材速度を変えるシステムがベターな感じがするが、いかがであろうか。

写真7-1　径級40㎝以上はカッターバーカーで剥皮

いずれにしても40㎝上のスギ大径材の利用については、製材品だけでなく、その他の用途（例えば家具など）も含めて開発が必要になってくる。以下ではその事例をいくつか紹介してみよう。

㈿兵庫木材センター（兵庫県宍粟市）では、一昨年春、既存の量産製材システムとは別に最大径1・1mの丸太が製材可能な台車とテーブルを導入し、スギ大径材からムクのフリー板を挽いて乾燥し、家具用、窓枠用、テーブルの天板用などとして販売している。ここで注目したいのは、「量産」ではなく地域の製材利用にあたっては、スギ大径材の工務店やビルダー、設計士と連携し、家づくりの際、積極的に自社製品を提案していることだ。

同じことは高嶺木材（宮崎県日南市）にもいえる。同社では40㎝以上の丸太でも比較的色合いがよく、年輪幅が比較的詰まっている丸太を購入し、そのよさを出して内装材、フローリング、デッキなどとして販売している。マクロ解説編第4章で紹介した、ナイスのオビスギ赤身を使ったフェンス材、

写真7-2　名古屋市中区に設置されたスギベンチ

デッキ材の製材加工の一部を高嶺木材が行っている。

写真7-2は名古屋市中区に設置されたスギ（ムク）のベンチ（40㎝角、長さ3ｍ、材積にして0・48㎥）である。「森・人・街をつくる都市の木質化プロジェクト」の一環「木を使う街づくり」によって歩道に設置されたものだ。豊田森林組合が傘下の協力製材工場の台車（径級1・1ｍまで製材可能）で製材し、表面加工したものである。価格は1脚4万円という。スギ大径材の利用方法として最も効率がよいとされるのがムク平角である。平角のサイズは100種類に及ぶが、そのうちの12㎝×36㎝、長さ3ｍ製品の九州問屋着値の相場が6万5000円／㎥前後であるから、これと比べても割に合う価格である。これは、市民（消費者）の目線を入れて新たな製品を開発した好例であろう。

40㎝以上スギ丸太は中国へも輸出されている。マクロ解説編第1章で紹介した木材輸出戦略協議会（事務局、南那珂森林組合〈日南市〉）で取り組んでいる。**写真1-18**（69頁）は2・2mに採材された40cm以上丸太だ。中国の棺桶用材（中国では寿材と呼んでいる）として輸出し、好評を博している。ここで注目したいのは2・2mという長さの採材だ。日本の丸太流通ではスタンダードではない。そこで、木材輸出戦略協議会のメンバーをなす4森林組合では直営の伐採班に中国の棺桶用として2・2mの採材を指示している。需要に見合った商品（丸太）を販売するというマーケティングの基本をしっかりと堅持している。

マクロ解説編第3章の最後でも触れたが、「スギ中目材問題」が一応の解決を見せたあとに今度は「スギ大径材問題」が深刻化している。国産材業界の英知を結集して、近い将来、解決の方向が見えてくるだろうが、「スギ中目材問題」とは異なり、消費者（市民）の知恵を仰がないと、なかなか解決の道に至らないと思うが、いかがであろうか。

ミクロ解説編
国産材業界の経営・技術革新

第8章
皆伐跡地の再造林をどうするか

皆伐跡地の再造林その1
再造林支援と皆伐ガイドライン

森林・林業政策が従来の間伐中心から主伐へと大きく転換しているなか、最大の問題は皆伐跡地の再造林をいかに行い、持続可能な森林経営へと繋げていくかだ。現在の立木価格（特にスギ）では森林所有者が自力で皆伐跡地に再造林することは至難の業である。しかし、それを理由に手をこまねいているだけでは再造林はいっこうに進まない。なんとか窮状を打開できる手立てはないか。じつはそのヒントを与えてくれる取り組みが各地で出始めている。

その取り組みには、現在のところ3つのタイプがある。第1は行政主導とでもいうべきもの、第2は森林組合主導型、第3は民間主導によるものである。第3のタイプの典型例は伊万里木材市場で、これまで何度か言及しているのでここでは割愛し、第1のタイプと第2のタイプについて見ておこう。

基金創設で再造林を支援

第1のタイプには岩手県森林再生機構や大分県森林再生機構がある。前者の構成メンバーは岩手県森林組合連合会、岩手県森林整備協同組合、ノースジャパン素材流通協同組合、岩手県山林種苗協同組合、岩手県木材産業協同組合、岩手県国有林材生産協同組合連合会、岩手県水源林造林協議会、岩手県チップ協同組合の8団体である。

加盟各団体は丸太1㎥当たり10円、20円を拠出し、森林再生基金として積み立て、１ha当たり10万円以内（1件当たり5ha以下）を助成する仕組みになっている。助成の条件として、再造林の際、通常の植付け本数の８割程度に本数を減らすことや、伐採から植え付けまでを連続で行うことなどが盛り込まれている。

森林再生機構の先駆けとなった大分県森林再生機構の内容も岩手と大同小異だ。また青森県でも青い森づくり推進機構が設立され（森林組合連合会など6団体で構成）、２０１９年から基金を運用して再造林助成が開始される予定である。次に森林組合主導型の例を２つ紹介しよう。

森林組合が自ら「長期ビジョン」を策定

北海道旭川駅からＪＲ石北本線の電車に乗って30分ほど揺られると当麻という小さな駅に到着する。駅を降りると目の前にＪＡ当麻の看板がかかった４階建てのビルがある。正式な名称は当麻町農林業合同事務所だ。このビルの２階には町内の第１次産業関連の事務所が揃って入居しており、これから紹介する当麻町森林組合の本部もここにある。

当麻町森林組合の売上げ額は７億１０００万円で、道内の平均的な森林組合の２倍強の事業規模だ。売上げ額で最も大きいのは加工事業で全体の63％を占めている。加工事業の中心は製材業である。製材工場は２０１４（Ｈ26）年度に既存の工場をリニューアルし、チッパーキャンター付きツインバンドソー、ツインオートテーブル、５軸トリマー（曲線や局面などの複雑な形状を加工する機械）などの最新機械設備を導入した（**写真８－１**）。２０１５（Ｈ27）年度の丸太消費量は３万m³弱で、原木の仕入れは民有林が76％、残りが国有林だ。

一方、販売事業（全体の３割）も当麻町森林組合にとっては重要な事業だ。販売事業の中心は素材販売と請負生産である。じつはこれから紹介する当麻町森林組合の「造林事業等資金預かり金」制度

写真8-1　当麻町森林組合の製材加工施設

（以下、「造林預かり金」制度と略称）は、加工事業や販売事業と密接な関係がある。それを2014（H26）年9月に当麻町森林組合が自ら策定した「長期ビジョン—循環型林業確立のために」（以下、「長期ビジョン」と略称）で見てみよう。

3200haの人工林を50年で回す

「長期ビジョン」作成の背景には次のような事情がある。すなわち2008（H20）年のリーマンショック、続く民主党政権による「森林・林業再生プラン」の提出、森林・林業界では先が読めない不透明な時期が続いていた。この時期に当麻町森林組合では当麻町の森林・林業・木材産業の未来像をどのように描いたらいいのか、という問題意識が急速に高まった。そこで「長期ビジョン」の作成に着手したが、「ビジョン」を実行するときに中心的な担い手となる組合の課長補佐クラスを中心に7名の職員で取り組んだ。

できあがった「長期ビジョン」の「肝」は次のとおりだ。すなわち、当麻町には町有林、私有林合わせて７０００haの森林がある。そのうち46％、３２００haが人工林だ。「長期ビジョン」ではこの人工林を50年伐期で回し、最終的に法正林に仕立てていく目標を掲げた。伐期齢を50年に設定した根拠は次のとおりである。すなわち、町内人工林の主要樹種であるカラマツ、トドマツは植栽後50年を超えると樹幹内部に腐れなどの劣化を生じる危険性が高まる。したがって50年で皆伐して循環させていくことが健全な人工林づくりと判断したからだ。

50年で回していくとなると毎年64ha程度の皆伐が必要だが、その後の再造林を確実に実施していくのが必須条件である。その具体策として打ち出したのが「造林預かり金」制度だ。

現在、当麻町の素材生産量は年間１万㎥弱であるが、「長期ビジョン」の計画どおりに伐採が進めば２万５０００～３万㎥に増加する。そのうち製材用として利用できるものは当麻町の製材工場で引き受けるという算段だ。「造林預かり金」制度が森林経営の持続性とともに需要とがっちりと結びついたものであることがおわかりいただけるだろう。

当麻町森林組合の「造林預かり金」制度

さてその「造林預かり金」制度の内容は以下のようになる。組合員（森林所有者）が当麻町森林組合に伐採を委託した場合、伐採収入から１ha当たり20万円程度を組合が預かり、造林補助金と合わせて再造林やその後の下刈りなどに充てていくという仕組みである。

組合員にとって伐採収入は待ちに待ったものだけに、その一部を森林組合に預けるということに反発があるのではと予想されたが、なんと「造林預かり金」制度は９割の組合員から支持されているという。森林組合の指導力も大きいのだろうが、組合員が〝皮膚感覚〟で森林経営の持続可能性に対する危機感をもっているからに違いない。

　もう少し具体的な数字で「造林預かり金」制度の中身を、カラマツを例に見てみよう。１haのカラマツの伐採量（利用材積）は平均２３０㎥、現在のカラマツの平均価格は９５００円／㎥前後だから、組合員にとっては２２０万円／haほどの収入になる。その約９％に当たる20万円を当麻町森林組合が預かり、再造林後、下刈りがあがるまでの費用に充てている。事業が終了した時点で精算し、余剰金が生じた場合は、その後の除伐やつる切りなどの費用に充当することにしている。

森林組合が合併を契機に製材加工施設を開設

　マクロ解説編第３章で述べたように、１９８０年代〜90年代中頃（地域林業政策とそれを強化継承した森林管理システムが実施された頃）、新林業構造改善事業を利用し官民連携した製材工場が全国各地に開設された。しかしその多くは挫折の憂き目を見ている。にもかかわらず、当麻町森林組合はなぜ既存の製材工場に新たな投資を行ってリニューアルしたのか。時代錯誤（アナクロニズム）と批判する向きがあるかもしれないが、決してそうではない。北海道では国有林や道有林に原料基盤を仰いでいた製材工場の多くが地盤沈下してしまい、それに代わって出てきた民有林人工林を利用する製材加工業者がいなくなったのだ。そこで浮上してきたのが森林組合である。その典型例が当麻町森林組合であるが、ここには地域の人工林資源を持続的に利用しながら製材加工業を盛り立てていこうという明確な森林組合や組合員（森林所有者）の気概が感じられる。

　このことは当麻町森林組合に限らない。道内の森林組合は合併を契機に製材加工施設を開設したり、既存の製材工場をリニューアルする組合が出ている。十勝広域森林組合、苫小牧広域森林組合、北見広域森林組合、美幌町森林組合などがそうだ。そして十勝広域森林組合でも「造林預かり金」制度（仕組みは当麻町森林組合とほぼ同じ）を実施しているのである。

曽於地区森林組合の「持ち出しゼロ」再造林

さて次に紹介するのは、九州の大隅半島に位置する曽於地区森林組合の取り組みである。組合員７８００余名をかかえる合併組合だ。この組合は単組の共販事業とともに加工事業（杭木加工など）を行っている。

曽於地区森林組合では組合員（森林所有者）の「持ち出しゼロ」をキャッチフレーズに皆伐跡地の再造林を実現している。

曽於地区森林組合管内の森林面積は２万５６４１ha。このうち８割強が民有林で、人工林率は73％に達している。しかも主伐可能（Ⅷ齢級以上）な人工林が約１万haに及んでおり、伐採跡地の再造林は喫緊の課題になっている。曽於地区森林組合の近くにはわが国屈指の国産材産地・都城があり、その丸太集荷県内で共販所を運営している。

図８-１をご覧いただきたい。曽於地区森林組合の部門別丸太販売実績の推移である。２０１４（H26）年度以降、丸太販売量が着実に増加し、２０１７（H29）年度は６万６１９０㎥に達している。このなかで注目したいのが共販市売の縮小と協定販売の増大だ。２０１５（H27）～２０１７（H29）年度の協定取引の割合は４割前後である（外輸出についてはマクロ解説編第４章で詳述）。

協定販売とは曽於地区森林組合と需要家が双方であらかじめ丸太の規格、価格を決め、共販所を通さず（つまり市売に付さずに）山土場から需要家の工場まで直送する方式である。じつはこの協定販売の増加が「持ち出しゼロ」の再造林事業と深いかかわりがある。結論からいえば、共販事業と

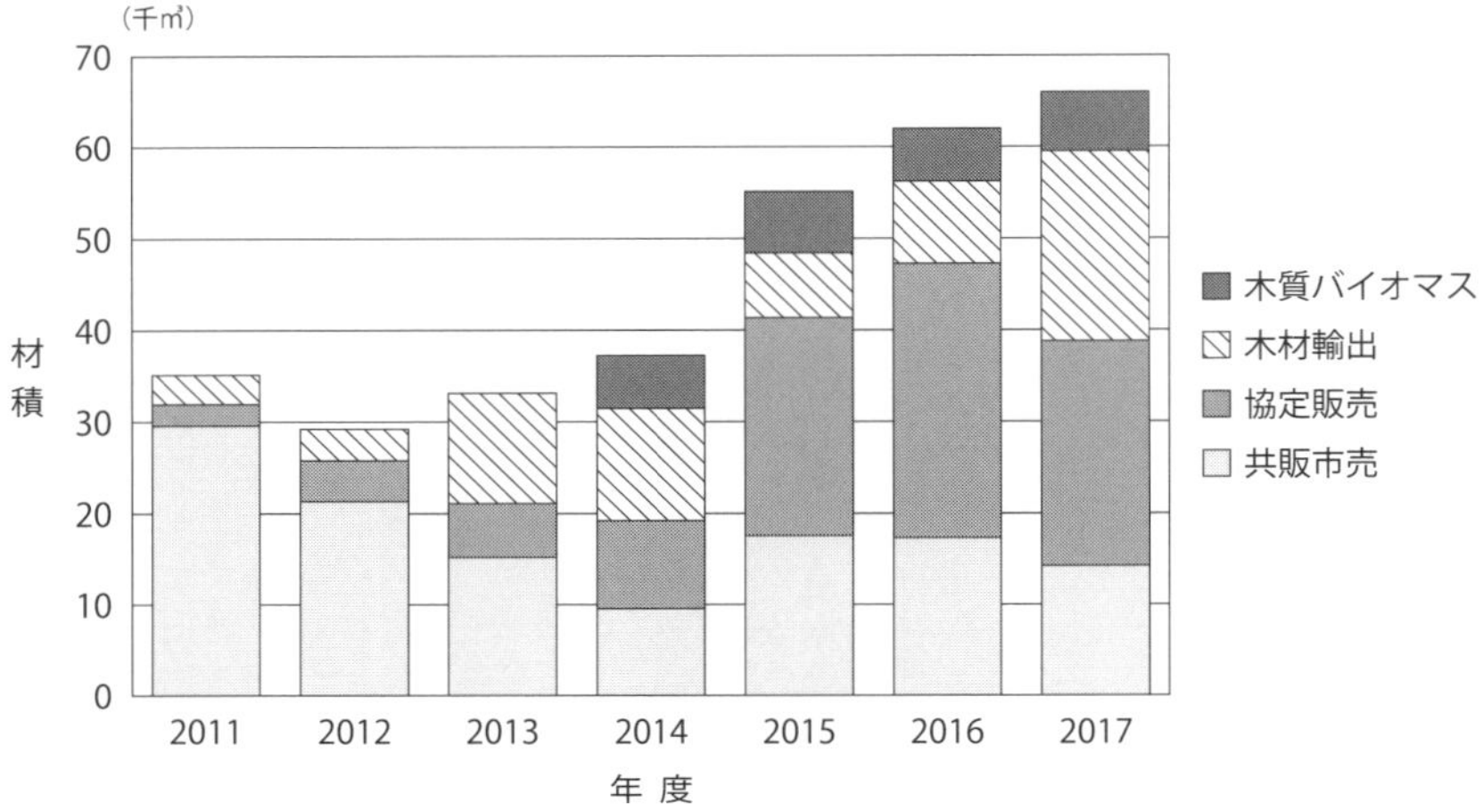

図8-1　曽於地区森林組合の部門別丸太販売実績の推移
資料：曽於地区森林組合調べ

協定取引の差額を山元還元する形で「持ち出しゼロ」に繋げている。

図8-2はその両社のコスト差を例示したものだ。ここにある量産製材工場とは近隣にある年間５万㎥のスギ丸太を消費する量産製材工場である。図のように伐採現場で出材された丸太を共販所へ運搬すると㎥当たり１５００円の経費がかかる。さらにその丸太を量産製材工場が共販所の市売で落札して自社工場へ搬入するのに１５００円／㎥を要する。都合３０００円の運送コストが発生する。

一方、共販所を経由せずに伐採現場から量産製材工場へ丸太を運搬すると経費は１５００円／㎥で済む。つまり2分の1のコストダウンになる。

量産製材工場と曽於地区森林組合では文書で協定を交わし、丸太の販売価格は半年に1回のペースで決めることを協定書のなかに盛り込んでる。

なお、図には中間土場が記載されているが、曽於地区森林組合では現在2カ所の中間土場を設け

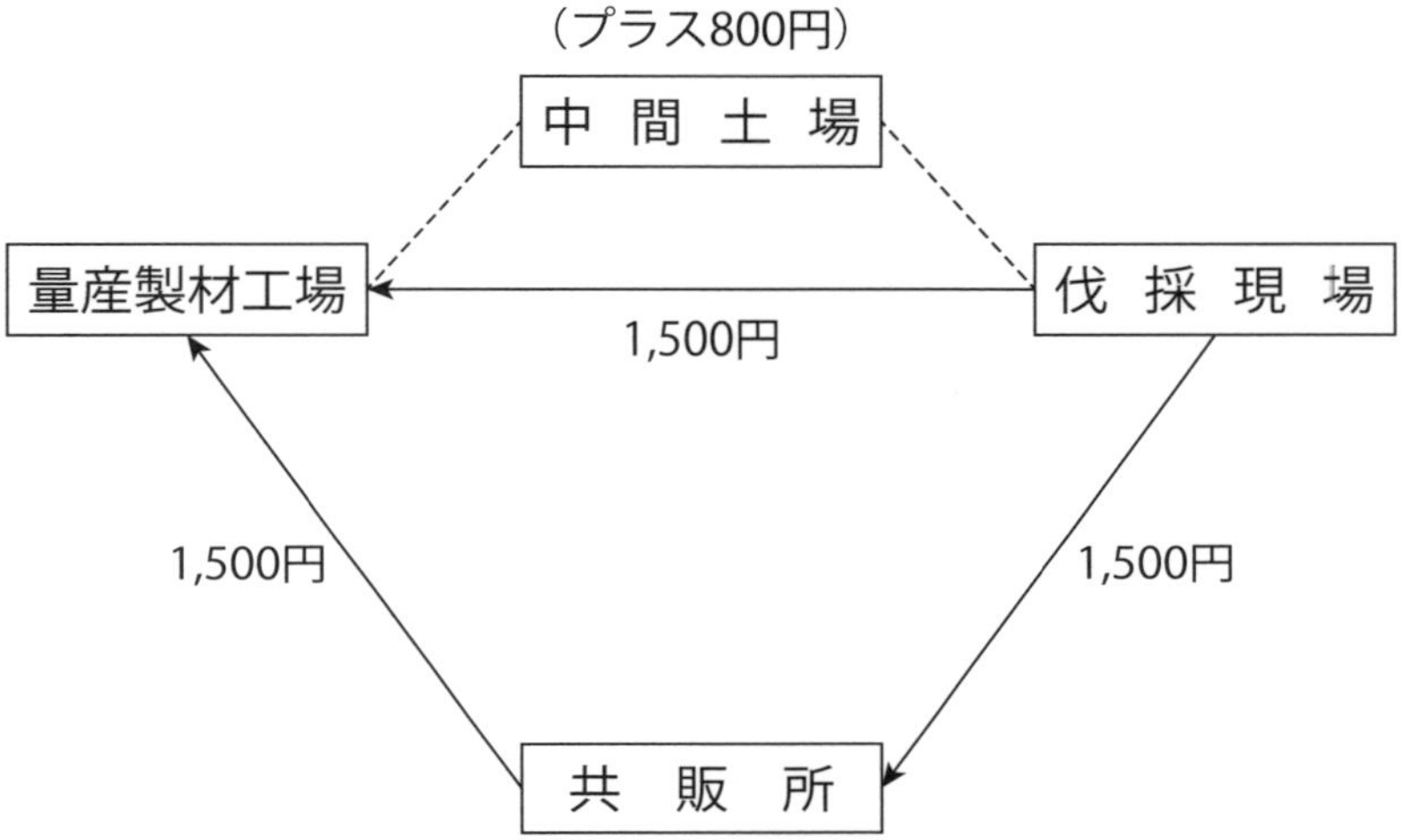

図8-2　曽於地区森林組合の丸太運搬経費の内訳
資料：曽於地区森林組合調べ
注：金額はいずれも㎥単価

ている。中間土場経由の場合は、土場の運営経費も含めてプラス８００円／㎥の経費がかかる。森林組合が伐採現場から中間土場へ丸太を搬入して椪積みし、それを量産製材工場がトラックを手配して引き取りにくるという仕組みになっている。

流通コスト縮減分の「山元還元」で再造林率１００％

さて、協定取引（直送）で浮いた１５００円／㎥はどうするのか。曽於地区森林組合では相手の量産製材工場と相談して１５００円／㎥を折半しようということになった。その７５０円／㎥を「持ち出しゼロ」の再造林費用に充てている（実質は組合手数料を差し引いた５００円／㎥）。

先述のように、曽於地区森林組合管内の人工林はオビスギが多く、林木の成長が早い。伐採した立木の利用材積は平均５００㎥／haに達する。これに浮いた５００円／㎥を掛けると25万円／haになる。

鹿児島県の場合、平均的な再造林費は80万円／haかかる。この68％に相当する54万4000円／haは補助金で賄うことができる。したがって補助残額は25万6000円になる。ここに25万円を補充することによって「持ち出しゼロ」が実現でき、実質的に組合員の自己負担は不要になる。

鹿児島県の公表データによると同県の皆伐跡地の再造林率は3割と低迷している。このなかで曽於地区森林組合では「持ち出しゼロ」によって再造林率（組合が手がけた伐採跡地）は、ほぼ100％になっている。

ではこうした「持ち出しゼロ」による再造林は他の地域でも可能だろうか。堂園司曽於地区森林組合長はこう答える。「組合員の、伐ったら植えるというサイクルを定着させるためには、森林組合にとって林産事業量の増大は不可欠だ。当組合の場合は年間丸太販売量約5万㎥のうち直営伐採班（35名）で賄っているのは約3万㎥で、残りの2万㎥は素材生産業者（14名）にお願いしている。したがってこの素材生産業者といかに密接に連携していくかが林産事業を増やしていくうえでカギになる。2万㎥となると1ha当たり500㎥として40haの伐採地を確保しなければならない。それだけの伐採仕事を毎年途切れることなく素材生産業者に用意するのは容易なことではない。そのためには立木在庫をもたなければならない。そこで当組合では約100ha、5万㎥の在庫を確保しているが今後さらに増やす必要がある。同時に在庫期間は長いほうがいいので、組合員には3年の猶予をいただいている」。

通常、森林所有者から林木を購入した場合、その伐採期間は2年だ。しかし曽於地区森林組合では素材生産業者が計画的に伐採事業ができるように、あえて3年の伐採期間を設けている。

以上、当麻町森林組合の「造林預かり金」制度と曽於地区森林組合の「持ち出しゼロ」を紹介した。両組合に共通しているのは森林組合自らが組合員の再造林費軽減のために積極的に行動を起こしていることだ。再造林が困難な条件を並べるのではなく、工夫次第で皆伐跡地の再造林は可能であることを両森林組合は示している。

消費者に支持されない国産材業界に「先」はない

さて、鹿児島県の皆伐跡地の再造林率は３割と前述した。筆者の見立てでは、全国各地（特に素材生産が盛んな地域）、だいたいこの程度の再造林率と見ていいのではないかと思うが、いかがであろうか。３割とは悲しい数字である。というのも人工林は、製材や合板の原料を提供すると同時に自然の一部だからだ。自然を酷使すると必ず人間に対する〝逆襲〟がやってくることは、これまでの人間と自然の歴史を見れば明らかだ。同時に自然の一部たる人工林を酷使すると、広範な国民の批判に晒される可能性が大きい。現に宮崎県を中心に発生している「誤伐・盗伐」問題は県民の厳しい批判を受けている（補注、２６４頁）。国民（消費者）の支持を得られない国産材業界には、もはや「先」はないと断言していい。私たち森林・林業・木材産業関係者はこのことを肝に銘じるべきである。

再造林を盛り込んだ「ガイドライン」

しかし幸いなことに、こうした危機意識を共有し、皆伐跡地の再造林率を高めていこうという動きが出始めたことは注目に値する。鹿児島県森林組合連合会（県森連）と素材生産業事業連絡協議会（素生協）が中心となって皆伐跡の再造林放棄地の解消に向けて「責任ある素材生産業のための行動規範」と「伐採・搬出・再造林ガイドライン」を策定し（２０１６〈H28〉年３月）、全国の林材業関係者の関心を集めている。この「規範」と「ガイドライン」は森林組合や素材生産業者など伐採・

運搬にかかわるすべての関係者が守るべき統一ルールを明確化したことだ。

この「ガイドライン」の参考になったのは、宮崎県のNPO法人ひむか維森の会が策定した「伐採・搬出ガイドライン」とその成果やノウハウであるが、ひむか維森の会の「ガイドライン」は文字通り伐採と搬出に関するもので皆伐跡地の再造林についいては言及していない。しかし、「ガイドライン」は一歩進んで再造林に関する規定を盛り込んだ。おそらく本邦初であろう。

国民と地域社会に対して再造林を〝約束〟

その先駆的な「ガイドライン」の骨子は以下のようになる。まず「ガイドライン」の前段として「責任ある素材生産業の行動規範」をつくっている。このなかで素材生産業者が森林所有者や木材産業、国民と地域社会、従業員に対して「責任ある行動」をとるための遵守事項を定めている。すなわち森林所有者に対しては「立木購入、作業請負いにあたり、森林経営の長期的な利益に資する森林資源の循環利用を図るため、人工林の伐採跡地では積極的に再造林を提案し、効果的、効率的な事業の実施に努める」こととする。

次いで国民と地域社会に対しては「伐採後における森林資源の循環利用を図るために、人工林の伐採跡地では再造林の推進に努める」と〝約束〟している。

特に鹿児島県の場合、人工林の多くはシラス台地の上に造成されている。しかも雨が多いので、再造林放棄地が広がると災害が起きやすい。

次の写真3点をご覧いただきたい。鹿児島県のある皆伐跡地だ（ちなみにここを伐採した素材生産業者は伐採届けを出していない）（**写真8-2**）。しかも売れる材だけを搬出したため、跡地には小径木や枝葉が散乱している。それが雨が降るたびに下に流され、林道のすぐ上まできている（林道の下は渓流）（**写真8-3**）。見兼ねた地方自治体がこ

写真8-2
皆伐跡地に散乱した伐根、
小径木、枝葉

写真8-3
林道近くまで移動した小径木、
枝条（林道の右下は渓流）

写真8-4
林道を塞いだ枝条などの
撤去作業

こを伐採・搬出した素材生産業者に改善命令を出し、伐根や末木枝条の撤去作業を行っている（写真8-4）。

このように再造林放棄は林材業関係者だけではなく、一般の県民や地域社会にとっても大きな問題だ。それだけに「ガイドライン」が国民と地域社会に対して皆伐跡地の再造林を推進することを〝約束〟した意義は大きい。

「伐採・搬出・再造林ガイドライン」の中身とは

次に〝本丸〟である「伐採・搬出・再造林ガイドライン」の中身について概略説明すると以下のようになる。すなわち「ガイドライン」は、①伐採契約・準備、②路網・土場開設、③伐採・造林・集運材、④再造林、⑤後始末、⑥健全な事業活動の6項目からなっている。このうち〝目玉〟である④の再造林については次のように規定している。

まず森林所有者に対しては「伐採から再造林までに係わる収支や再造林の必要性などをわかり易く説明するなどし、再造林に向けた意識の向上に努める」と記されている。同時に森林所有者の再造林に関する自己負担を軽減するため、伐採—地拵え—植栽の一貫作業による効率化を図ることにしている。さらに「伐採から再造林までを責任をもって、かつ効率的に行いうるよう、自社で一貫して引き受ける体制を取ることを基本とするが、困難な場合は、伐採前に再造林を請け負う事業体との連携体制を築いておく」とも定めている。

ここでいう伐採前の「連携体制」とは次の事情を配慮してのことだ。周知のように素材生産業者の経営実態は小規模・零細なものが多い。また国有林の伐採請負事業への依存度が高い素材生産業者もいる。したがって皆伐跡地の再造林をしたくても余力に乏しかったり、手順に不慣れな業者もいる。こうした現状を考慮して、素材生産業者と森林組合があらかじめ相談したり、情報を交換しておく手順を踏むことにしたためである。

苗木の確保も視野に

ところで皆伐跡地の再造林を進めていくためには苗木の確保が不可欠だ。そこで「ガイドライン」には「苗木の安定的な需給調整を図るため、素材生産業事業体や再造林者は、地域の関係者で構成する再造林推進のための連絡会等に対して、伐採・再造林面積や苗木需要に関する短・中期的な計画について、情報提供に努める」という文言を盛り込んでいる。周知のように、苗木生産業者が一番困っていることは、再造林面積がどれくらい発生するのかの情報が極端に少ないため、苗木生産量を見込めないことだ。「ガイドライン」のようにこうした情報がスムーズに苗木生産業者に伝われば、苗木生産も安定するというものだ。

「ガイドライン」を進めるための2つの課題

さて「ガイドライン」に沿って再造林を進めるにあたって、絶対に必要なものがある。造林資金だ。具体的には造林補助金（一般的な補助率は68％）の残額をどのような仕組みで補充するかである。前に紹介した当麻町森林組合では「造林等預かり金」制度を、曽於地区森林組合では丸太の協定取引（直送）で浮いたぶんを残額に充ててきた。

「ガイドライン」の場合は基金の創設を検討しているという。その基金から再造林費と5年間程度の下刈り費を助成していきたいと考えている。

「ガイドライン」を進めるにあたってはもう1つ大きな課題がある。伐採事業を担う素材生産業者のビヘイビア（行動）に問題がある場合がある。もちろん大半の素材生産業者は再造林ができるようにコストダウンを図るなどの企業努力を怠っていない。しかしなかには伐採届けを出さずに素材生産を行ったり、悪質なブローカーが介在して「誤伐・盗伐」を招く一因になったりするケースが発生していることも事実だ。

このように意識の低い素材生産業者に「ガイドライン」を遵守するよう仕向けるにはそれなりのインセンティブ措置が必要であろう。そこで鹿児島県森連と素生協が検討しているのが「責任ある素材生産事業体認定制度」の創設である。この制度の運用のなかで、県民や市民の声を反映させ、さらに信頼できる素材生産業者にお墨付きを与え、社会的ステイタスを高めていく仕組みを検討している。そのためには第三者による認定委員会を立ち上げる必要がある。まずは鹿児島県内90に及ぶ認定事業体に参加を促すことにしている。

皆伐跡地の再造林その2
エナジープランテーションという選択肢

スギ、スギ、スギで回していいのか？

さてこれまでの再造林の話は皆伐跡地に同じ樹種を植栽するものであった。例えば当麻町森林組合のように、カラマツやトドマツで循環型林業を根付かせようとするための再造林がそれだ。

しかしここ数年、国産材業界には、スギ、スギ、スギあるいはヒノキ、ヒノキ、ヒノキでいいのかという疑問が起こっている。適地適木の原則に沿って、例えばスギの適地である谷筋の人工林ではスギ、スギ、スギで回してもいいが、スギの不適地には無理してスギを植える必要はないのではないかという反省である。

もう1つがエナジープランテーションの造成である。木質バイオマス利用が盛んな欧州では、発電所などのインフラ整備とともに、エナジープランテーション（エネルギー林）の造成が進んでいる（**写真8-5**）。ポプラやヤナギなどの早生樹を一斉に造林し、移動式チッパーによってトウモロコシでも収穫するようにチッピングし、チップを満載したトラックやトレーラーが木質バイオマス発電所へ直行するというシステムができあがっている。

翻って日本では、バイオマスタウンとして有名な北海道下川町（ヤナギ）や宮崎県日南市の南部那珂森林組合（チャンチンモドキやコウヨウザンなど）などでエナジープランテーション造成への取り組みが始まっているものの、まだ全国的な動きには至

写真8-5　ドイツのエナジープランテーション（ヤナギ）
（北海道下川町役場提供）

っていない。だが各地で木質バイオマス発電所が稼働し始め、燃料用の需要が増大するなか、このまま手をこまねいていると国産材全体の〝適正利用〟が崩れてしまう恐れがある。

コウヨウザンによるエナジープランテーション

そこで以下では、南九州で新たなエナジープランテーションをつくり始めた三好産業（本社・鹿児島市）の取り組みを紹介してみよう。

三好産業は中越パルプグループへ製紙用チップを納入してきた実績を踏まえ、2015（H27）年11月から商業運転を開始した木質バイオマス発電所（2万5000kW）へ燃料用チップを納入している。ところが鹿児島県を含む南九州では木質バイオマス発電所が乱立したため、燃料用丸太価格が異常に高くなっている。現在では発電燃料用のC材価格が7000円／tというのも珍しくない。

これは㎥換算すると1万円前後になり合板用のB材丸太価格とほぼ同じ水準だ。A材価格との差も縮小している。

マクロ解説編第3章でも述べたように、戦後わが国の林業は「柱取り林業」を標榜して、木造住宅建築へ部材を供給することを前提に成り立っていた林業だ。要するにA材林業が基本で、その副産物がB材、C材の序列で市場に流通し、ABCそれぞれ一物一価が曲がりなりにも通用していた。ところがここにきてC材価格だけが異常に高くなっている。この異常事態を打開する方策としてエナジープランテーション造成構想が浮上してきた。

読者のなかには、わざわざエナジープランテーションなどを造成しなくても、林地残材を中心とした未利用材を燃料にすればいいのでは、と考える向きもいるかもしれない。しかし言うは易く行うは難しだ。容易に集まらないのが林業の現場の実状である。別の原料確保対策を考える必要がある。その対策がエナジープランテーションの造成である。

国有林の分収造林制度でコウヨウザンを植栽

そこで三好産業では、一刻も早くエナジープランテーションづくりに着手しようと考え、九州森林管理局と相談し、鹿児島県志布志市の国有林の一角でコウヨウザンの植林を開始した（**写真8-6**）。国有林の分収造林制度を利用して2・6haを契約し、650本のコウヨウザンを植栽したのを契機に、現在では14・39ha、3万210本の植林がなされている。

分収造林制度とは、造林者（国以外の者）が国有林野内に木を植えて一定期間をかけて育てたあと伐採し、収益（伐採収入）を国と造林者で分け合う仕組みだ。収益の分配割合は、通常、造林者が7、国有林が3となっている。

その分収造林の契約期間は40年が一般的だ。ところがコウヨウザンは早生樹で15～20年で伐採で

写真8-6　国有林分収造林地でコウヨウザンを植栽
（三好産業提供）

きる。したがって契約期間に〝時間差〟が生じることになるが、九州森林管理局との「造林計画書」には、「伐期については成長状況や周辺環境等も見極めながら必要に応じて森林管理署と協議を行う」とあり、弾力的な配慮がなされている。もともと九州森林管理局では、コウヨウザンなどの早生樹を含めた分収造林を積極的に企業に呼びかけていく方針をとっており、これが今回の三好産業のエナジープランテーション造成を受け入れる素地になったことは間違いない。

コウヨウザンの魅力とは?

　コウヨウザン（広葉杉）は、スギ科コウヨウザン属の常緑針葉樹で、中国中南部に分布し、湿潤、肥沃で排水性のよい土地を好む。同地域及び台湾の主要な造林樹種で（マクロ解説編第４章１６３頁参照）、日本へは江戸時代後期に渡来し、神社仏閣の境内に植栽されてきた。30年生までのコウヨウザンの樹高、胸高直径、単木材積の成長量はスギより大きく、短伐期施業に適した樹種として注目を浴びている（**写真８－７**）。

　ではコウヨウザンの魅力とは何か。一言でいえば「手のかからない林業経営」ができるからだ。その理由は第１に植栽して15～20年で伐採ができること。スギの標準伐期齢を45年とすれば、その間に３回の伐採（収穫）が可能になる。第２に萌芽更新ができるので再造林の手間が要らない。３回程度の萌芽更新ができるといわれている。第３に更新後の下刈りや間伐もほとんど必要ない。第４にスギとほぼ同じ強度があるので、木質バイオマスだけではなく、合板用の単板や集成材のラミナとして利用することもできる。

写真8-7　成長したコウヨウザン

　ところでコウヨウザンを植林するためにはそれ相応の苗木が必要になる。幸いなことに広島県尾道市の種苗農家がコウヨウザンの育苗をしているという（**写真８－８**）。三好産業ではそこから苗木を購入している。あわせて１kgの種を購入し、鹿児島県の種苗農家に依頼して苗木生産を行っている。

　現在、コウヨウザンのほかセンダン、ニセアカシア、ヤナギ、ポプラ、チャンチンモドキなどの早生樹に注目が集まっている。熊本県ではセンダンで短伐期林業を、と県をあげて取り組んでいる。こうした早生樹がエナジープランテーションの切

写真8-8　コウヨウザンの１年生苗。樹高15～20㎝に達する
（三好産業提供）

り札になるかどうかは未知数の分野がないわけではない。しかし新たな〝商品〟を木材市場に定着させるべく、各地でさまざまな挑戦が始まっている。エナジープランテーション造成という皆伐跡地への再造林の新たな選択肢が浮上してきたことだけは間違いない。

補注

ここでは本文に出てくる用語並びに関連する事項に補注を付した。何度も出てくる用語が少なくないが、煩雑さを避けるために、最初の箇所に「補注、○頁」と記しておいた。用語解説も兼ねているが、本書理解の一助になれば幸いである。

補注

マクロ解説編
第1章
「複合林産型」ビジネス創出に向けて

国産材業界という言葉づかいについて

本文にも頻繁に出てくる国産材業界という言葉について注釈を加えておきたい。『デジタル大辞泉』によれば「業界」とは「同じ産業や商業に関係する人々の社会」と説明されている。本書で用いている国産材業界もほぼこれと同じである。森林・林業・木材産業あるいは流通に関係する人々の社会という意味を込めている。具体的には森林所有者、素材生産・流通業者、製材加工、集成材、合板業者、製品流通業者、プレカット業者、住宅企業などで構成される人々の社会である。

昔ほどではないが、今でも「業界」とか「業界用語」とか、「業界紙」という言葉にはなんとなく仲間内の閉鎖的な雰囲気や胡散《うさん》臭さがつきまとっているが、本書はそういうものとははっきりと一線を画したい。国産材業が真の意味で近代産業として確立し、国民経済の発展の一翼を担う、その可能性が強まっていることは本書の至る所で述べたとおりである。そういうニュアンスを込めて使っていることを宣言しておきたい。

管柱《くだばしら》〈写真　補注－1、写真　補注－2〉

木造建築で土台から2階の軒桁までの間で継ぎ足している柱のこと。柱のサイズは105㎜角から120㎜角が一般的であるが、ムクと集成材に分けられる。近年はムクの需要が縮小気味で、集成管柱のシェアが増している。柱の長さは3mが

写真　補注−1　スギムク管柱

写真　補注−2　スギ集成管柱
（表面のラミナがフィンガージョイントされている）

スタンダードであるが、プレカット工場では3mは少なく、2m85cmや2m75cmが主流になっている。集成管柱はこうしたサイズに弾力的に対応できるメリットがある。

伊万里木材コンビナート〈写真　補注-3〉

2003(H15)年、丸太の集荷からラミナ製材加工、集成材製造までをコンビナート(複合企業体)方式で行う目的で、中国木材(本社・広島県呉市)が佐賀県伊万里市に進出。翌年、それまで伊万里市街地にあった伊万里木材市場が中国木材・伊万里事業所の隣接地に移転した。その後両社の投資を核にして西九州木材事業協同組合を設置、ラミナ製材工場を開設した。したがってコンビナートの主力メンバーは、中国木材伊万里事業所、伊万里木材市場、西九州木材事業協同組合になる。コンビナートの流れは、伊万里木材市場が丸太を集荷・選別→西九州木材事業協同組合工場でラミナ製材→中国木材伊万里事業所で米マツとスギのハ

写真　補注-3　伊万里木材コンビナート全景(後方は伊万里湾)
出典:中国木材㈱

イブリッドビーム（異樹種集成材）を製造販売という流れになる。伊万里木材コンビナートの特徴は次の4点に整理できる。①ハイブリッドビームという新製品開発によって、スギ丸太の大量消費を可能にしたこと。②当時では珍しいカーブ製材機を導入し、B材（小曲がり材）を受け入れる体制を整えたこと。③最新の製材加工システムの導入によって、製造コストを大幅に引き下げることが可能になったこと。④コンビナート方式であるため、流通コストの低下が実現できたことである。

非公式ネットワーク

非公式ネットワークとは企業間に形成されるものである。これに対して公式ネットワークとは国や自治体主導で形成することを意味している。産業クラスターは組織間のネットワークであり、そのための情報交換機能としての非公式ネットワークは重要な役割を担う。

ＬＶＬ〈写真　補注－4〉

Laminated Veneer Lumber の略称で単板積層材のこと。ロータリーレースで剥《む》かれた単板を、その繊維方向を平行にして積層接着した木質材料。寸法や形状の自由度が高く、強度、耐火性に優れている。ＪＡＳ（日本農林規格）には造作用と構造用があり、それぞれ要求される性能が異なる。

ＬＶＢ〈写真　補注－5〉

Laminated Veneer Board の略称。ＬＶＬに関するＪＡＳが改正され、中大規模建築物での面材としての使用が広がる可能性が出てきた。改正によってＬＶＬについては、従来からの構造用ＬＶＬの規格をＡ種とし、新たに直交層の挿入割合を増やせるＢ種を新設した。直交層が増えると、反りや曲がりが発生しずらくなり、とくに面材としての用途が拡大する。ただし、直交層を増やすと構造用合板との区別が曖昧になるため、Ｂ種ＬＶＬについては直交層の厚み比率を全体の30％未満

写真　補注－4　スギＬＶＬ

写真　補注－5　スギＬＶＢ（赤の部分が直交層）

として〝棲み分け〟を図ることにした。

ＯＳＢ〈写真　補注－６〉

Oriented Strand Board の略称。木材の細長い小片（ストランド）を機械的に配向させ、接着剤とともに高温で圧縮した板で、主に建築用の下地材として使われる。米国、カナダで誕生した。現在のところ日本にはＯＳＢ工場はない。ＯＳＢは「構造用パネル」という名称でＪＡＳ規格が設けられている。

ＰＫＳ〈写真　補注－７、写真　補注－８〉

Palm Kernel Shell の略語で、ヤシの実の種からパーム油を絞ったあとに残る殻の部分。インドネシアやマレーシアから輸入され、木質バイオマス発電用の燃料として利用されている。ＦＩＴ制度では「一般木材」扱いされている。

写真　補注－６　２×４住宅の下地材として使われるＯＳＢ（米国シアトル）

写真　補注-7　ＰＫＳ

写真　補注-8　日本へ輸入されたＰＫＳ

ツーバイフォー（2×4）住宅

ツーバイフォー（2×4）住宅は俗称で、正式名称は枠組壁構法住宅。木材で組まれた枠組に構造用合板などを打ち付けた床及び壁により建築物を建築する構法のこと。ツーバイフォー構法とは、壁枠組材に用いる木材の木口が厚さ2インチ（38㎜）、幅4インチ（89㎜）（世界共通のディメンションランバー）であることに由来している。日本の在来木造軸組構法住宅が、柱、梁、土台などの軸を組み合わせて建築するのに対して、ツーバイフォーは、壁、床、天井などの6面体を面全体で支えるため、地震、台風などに強いといわれる。

サプライチェーンマネジメントとロジスティクス

国産材は立木→丸太→製材品（その副産物としてのチップ）として消費される間に、さまざまな業種（素材生産業者、素材流通業者、製材業者、製品流通業者など）が介在している。そしてこれら各業種間で、それぞれの思惑に基づいて丸太や木材製品が受け渡しされてきた。こうした複雑な国産材流通を、複数の業種間で統合的な物流システムに転換していこうという考え方がサプライチェーンである。このサプライチェーンを全体として最適化していくための経営手法がサプライチェーンマネジメント（Supply Chain Management：ＳＣＭと略称）である。つまりＳＣＭとは、物流システムをある1つの企業内部に限定することなく、複数の企業間で統合的な物流システムとして再構築し、経営の成果を高めるためのマネジメント手法のことをいう。

そのＳＣＭの一部をなすのがロジスティクス（Logistics）という考え方だ。ロジスティクスとはもともと軍事用語で兵站《へいたん》を意味する。一言でいえば、前線で消耗した武器、弾薬、食糧、燃料などを補給することである。つまり消費したぶんを速やかに埋めるためのシステムづくりのことだ。

「輜重輸卒《しちょうゆそつ》が兵隊ならば蝶蝶《ちょうちょ》トンボも鳥のうち」

(輜重とは軍隊の荷物、輜卒とは人足のこと)という戯《ざ》れ歌に象徴されるように、旧日本軍はロジスティクスを軽視した。補給ができないぶんを精神力でカバーせよという考え方だ。その悲惨な結果の1つがインパール作戦であった。ロジスティクスを軽視したこの作戦では3万人を超える戦死者のうち、半数以上が食糧不足による餓死、病死だった。

こうしたロジスティクスの重要性について、国産材業界にも徐々にではあるが確実に芽生え始めたのは注目していい。その好例が中間土場だ。生産地(丸太供給地)と消費地の間に土場をつくり、そこで仕分けをして向き向きの需要に充てれば流通コストが削減できるという考え方が、中間土場の考え方のようだが、そう単純ではない。

顧客の要求を満たすため、生産地点から消費地点までの間に土場をつくり、効率的な木材の流れと保管、サービス及び関連する情報を計画・実施・コントロールする一連のプロセスのなかに位置づけられる。その中間土場は、川上主導なのか、あるいは川下主導でつくられるのか、それとも双方の共同出資で開設されるのか。そのなかで立木や丸太の在庫をどう管理するのか、発注システムをどのようにすべきなのか、まさにロジスティクスの考え方そのものである。ミクロ解説編第5章で紹介した東信木材センターは川上・川下双方の出資の土場のあり方に貴重なヒントを与えてくれる。

補注

マクロ解説編
第2章
「複合林産型」ビジネス形成の条件

川上と川下の関係

川上、川中、川下という言葉がある。簡単にいえば川上→原料、川中→製品、川下→販売という図式になる。しかし本書ではあえて川中をはずして川上、川下(川中+川下)の2項(対立)を設定して議論してみた。その理由は次のとおりである。

第1は、川中を入れると議論が煩雑に陥ること。第2は、2項を対立させることによって、議論を単純化させたほうが、むしろ本質や矛盾をえぐり取ることができることである。

ABCの出所《でどころ》はどこ?

　A材とは国産材丸太の用途区分のことで、製材用の直材のことである。B材は小曲がり材で集成材や合板用に、C材は大曲がり材で木材チップにして製紙用原料に供される。

　ではこのABCという「記号」はいつ頃から使われ始めたのだろうか。筆者の記憶では、林野庁の補助事業「国産材新流通・加工システム」（2004〈H16〉～2006〈H18〉年度）が実施された頃からだ。同事業実施に先立って林野庁に「国産材新流通・加工システム検討委員会」が設置され、筆者もその委員の1人になった。その検討会の「中間取りまとめ（対応の方向について）」（2003〈H15〉年7月。林野庁プレスリリース）のなかに「集成材や合板工場がB材（短尺材、曲がり材等の柱取りに適さない原木）を大量に調達するためには」という文言が出てくる。これがBという記号が出た最初だろう。つまり柱取りに適さない曲がった丸太という意味が込められている。

　Bを対象とした「新流通・加工」は成功裏に終わった。その余勢を駆って出されたのが「新生産システム」（2006〈H18〉～2010〈H22〉年度）であった。この事業の主目的は、製材・加工工場の規模拡大の後押しであった。そのための補助金を交付する場合、「新流通・加工システム」とダブらないよう、対財務省への予算獲得の弁明としてAという記号を思いついたのではないかというのが、筆者の見立てだ。

　ABが出揃うと、その副産物としてCが加わる。その後、木質バイオマス発電燃料用のD（林地残材）が追加され、ABCDのラインナップになって現在に至っている。したがってABCDは政策用語といってよい。財務省から予算を獲得するための説明ツールである。それにしても、妙を得た記号ではないか。発案した林野庁官僚のセンスのよさに感心せざるをえない。

木材産業関連企業の公募・誘致

地方自治体による木材関連企業の公募はこれまでに3例、すなわち兵庫県（協同組合兵庫木材センター）、青森県（ファーストプライウッド）、愛知県豊田市（西垣林業豊田工場）が見られる。誘致にいたっては森の合板協同組合（岐阜県）、高知おおとよ製材（高知県）など枚挙に暇がないほどである。

森林「家族信託」

森林「家族信託」とは森林財産所有者が意志判断能力を失い、所有森林の売却や活用が法的に難しくなることに備え、事前に親子などで森林資産の管理、活用の民事信託経営を結ぶ森林財産管理の方法。森林所有者の高齢化、不在村化、後継者不足など森林・林業を取り巻くなかで、新たな森林財産管理手法として注目を浴びている。

シームレス化の中核はプレカット

シームレス化の中核はプレカット、という筆者の考えを裏付ける興味深い言説を紹介しよう。「川上から川下まで、よりシームレスに結ぶ仕組みづくりをめざす」（『木と合板』、2015〈H27〉年、〈公財〉木材・合板博物館、13頁）に見える大手木材総合商社物林（本社東京）の考えである。同社の淡中克己社長は次のように語る。「現在弊社の事業形態は『木材関連』と『建設関連』の2つの括りにしています。川上から川下まで、木材流通の全体を俯瞰する営業展開が、川上と川下のどこが分岐になるかというとプレカット工場です。この工程から上を『川上』と位置付け、木材営業部、国産材営業部がポジションを占めます。一方、『川下』には住環境システム部、非住宅営業部、特建事業部、東北振興部、環境・景観事業部があります。（中略）弊社の業態は川上から川下までを網羅したところから、シームレスな仕組みづくりをめざします」(同、14~15頁)。この意味では、物林はタマホーム同様、企業完結型のシームレス化を目指しているといえよう。

CAD／CAM

(Computer Aided Design/Manufacture)

コンピューターを使って設計、生産を一貫して行う技法のこと。CADはコンピューター援用設計のことで、住宅設計図の作成、修正に簡単かつ迅速に対応できる。CAMはコンピューター援用製造を意味し、住宅資材生産システム、すなわちコンピューターが設計を判断し、住宅建築に必要な資材を自動生産するシステムのことをいう。CADとCAMが連携し、データの受け渡しを行うことによって、設計からプレカットまでが自動化され、効率的な住宅資材生産ができる。

スギ柱角の印字は何を意味してるのか？

写真2-1（マクロ解説編第2章、108頁）は協和木材のスギ柱角の印字であるが、最近、このように製材品（特にスギ構造材）にデータを印字する製材加工メーカーが増えてきた。しかも全数表示である。これは何を意味しているのだろうか。

「責任の分岐点」を明確化するためだ。最近、高速製材ライン、高速モルダーラインの普及によって、また人工乾燥技術、選別技術の向上によってスギ構造材に対する信頼度は著しく上がっているが、ムクであるだけに多少のバラツキは避けられない。それを数値化したのが印字だ。これによって、地震などで家屋が破損した場合、材料である構造材に欠陥（強度など）があったからか、それとも建て方に問題があったのか、その「責任分岐」を明確化することができる。したがってこの印字は産地ブランドではなく、企業ブランドである。もはや産地の概念は成り立たなくなっていることを物語っている。

補注

マクロ解説編
第3章
「複合林産型」ビジネスへ至る道筋

「柱取り林業」について

「柱取り林業」という言葉は筆者の造語だと思う。「思う」というのは森林施業や育林の専門書を隅から隅まで調べていないからだ。私がこの言葉を最初に使ったのは遠藤日雄他編著『転換期のスギ材問題—住宅マーケットの変化に国産材はどう対応すべきか—』（日本林業調査会、1996〈H8〉年）である。ここでは「柱仕立て林業」という言葉を使っているが、「柱取り林業」と同義である。それを抜粋してみる。「エンジニアリング・ウッドの台頭は、柱仕立て林業に対して強烈なパンチを与えそうなことである。日本の林業、とくに西日本の林業は、スギであれヒノキであれ、柱仕立ての森林経営が基調になっていた。戦後の拡大造林にしても、森林所有者の頭のなかには、濃淡の差こそあれ、下刈り、除間伐、枝打ちをして、できることなら無節の柱を取りたいという念願があったことは否定できない」（40頁）。

なお正確を期すと、「柱取り林業」は福島、茨城、栃木3県にまたがる八溝山系以西に見られる人工林施業である。「白河以北」の東北林業（特にスギ）は多雪地帯で根曲がりが生じるため、柱取りには不適である。東北がおしなべてスギ羽柄材（板取り）の産地であったことを思えば納得がいくだろう。

ホワイトウッド（WW）

1993（H5）年から輸入され始めた欧州産ホワイトウッドは、阪神・淡路大震災を契機に急速に増加した。その背景には次のような事情がある。

第1は、阪神・淡路大震災以後、住宅の柱などの構造材に対する耐震性、耐久性が要求されるようになったことである。そのためには人工乾燥処理（KD）が必須条件であるが、当時、KDムク構造材を安定供給できる産地は日本国内にも、また対日米ツガ構造材産地であった北米西海岸にもなかった。大手ハウスメーカーやビルダーは新たな産地を模索していたが、ここにタイミングよく参入したのが欧州産ホワイトウッドであった。ムクではなく人工乾燥処理されたラミナ（挽き板）の形で入ってきた点に特徴があった。

第2は、もともと欧州産地には長い集成材の歴史があり、ラミナの対日供給になんの違和感もなかったことだ。また、スカンジナビア、セントラルヨーロッパ、バルト諸国などでホワイトウッドやレッドウッドの森林資源が潤沢に存在していたことも見逃せない。

第3は、「コンテナ革命」である。約30年前から始まったコンテナ貨物輸送は「コンテナ革命」といわれるほど物流システムを大きく変えた。最近ではコンテナ船の大型化、高速化が進んでいる。しかも背が高く従来型より15％多く積めるハイキューブ型コンテナが増えている。欧州材が日本へ入り始めた頃、オーストリアにある製材工場で挽かれたラミナはドナウ河から運河を経由してライン河に出て、河口のロッテルダム港でコンテナ船に積まれていたものだが、最近ではスピードの速い鉄道にシフトしている。

欧州産製材品が日本に入り始めた頃、欧州産地の中心はスウェーデン、フィンランド、オーストリアの3国であったが、その後、東欧、バルト諸国、ロシア北西部に拡散しており、既にバルト諸国やルーマニアは3国に次ぐ対日有力供給産地になっている。

産地間競争から企業（産業クラスター）間競争へ

製材産地を構成する中小製材企業群は、個々の製材工場の主体性なり独自性を発揮する〝場〟が限定される（産地に埋没）面が多々あったが、企業としての独自性を発揮できると産地にとどまる理由はなくなる。では産地から抜け出して企業としての独自性を発揮できたのはなぜか。それは製材品の人工乾燥化とその延長にある集成材化を成し遂げたからだ。

かつて木材には産地銘柄（ブランド）が存在していた。例えば吉野→樽丸材、尾鷲→ヒノキ丈角（柱角）、飫肥→弁甲材というように、いわばその地域の風土に根ざした特産物的（換言すればその地域特有の生物資源としての木材）な性格をもっていた。この限りでは産地は銘柄（ブランド形成）の大きな担い手であった。しかし、戦後の林業が全国一律に「柱取り林業」に平準化され、さらに人工乾燥化や集成材化が進展すると、もはや地域性や樹種の〝垣根〟は取り払われてしまい、エンジニアードウッド（工業製品）的な銘柄（ブランド）形成へと移行する。エンジニアードウッド製造の担い手は産地ではなく、個々の企業になる。

C材丸太の価格下支え

民間調査機関帝国データバンクがはじめて実施した「林業関連事業者の経営実態調査」（2016〈H28〉年6月末時点の企業概要データベース〈146万社収録〉）から2014（H26）年及び15（H27）年決算の売上高が判明した林業関連事業者（育林業や立木の伐木販売などを主業とする事業者で、協同組合や林業公社なども含む）1616社を抽出して分析したものによれば、2015年決算の売上高は4502億7000万円で前年比7・1％の増加であった。14、15年の2期の損益を公表した事業者がこのうち644あるが、増収が51・6％、増益も51・1％といずれも過半を占め、なかでも増収益は34・6％となっている。A材価格低迷のなか、このような好業績をおさめた背景にはC材など下級材（裾物）の価格上昇が寄与しているものと考えられる。

補注

マクロ解説編
第4章
新たな国産材輸出ビジネスの胎動

梱包材・パレット材製材工場でフェンス材を挽く理由
〈写真　補注－9、写真補注－10〉

現在、九州を中心とした梱包材・パレット材製材工場でスギフェンス材が挽かれている理由は、製材システムの末端にクロスカットソーを備えていることである。梱包材やパレットは受注生産だから、注文に応じた長さに切断しなければならない。フェンスも長さが区々であり、注文に応じた寸法で納入しなければならない。ここでクロスカットソーが威力を発揮する。一般の建築用製材でクロスカットソーを備えている工場は少ない。あったとしても２ｍとか３ｍの定尺カットが中心である。

写真　補注－9　スギパレット

写真　補注-10　クロスカットソー

中国の2×4住宅フェンス材製材工程

〈写真　補注-11、写真　補注-12、写真　補注-13、写真　補注-14〉

スギフェンス材製材工程を、写真をもとに説明すると以下のようになる。①日本から輸入した4mスギ丸太をチェンソーで2mに玉切りする（写真　補注-11）→②それをフォークリフトでシングル台車へ運び、原板を製材する（写真　補注-12）→③原板をギャングリッパーに投入して板割してフェンス材にする（写真　補注-13）→④フェンスは天然乾燥（写真　補注-14）したあと人工乾燥（含水率12%）して商社へ納品する。フェンスの仕上がり寸法は、厚さ15㎜、幅150㎜、長さ1800㎜（いくつかのバリエーションがあるがこの工場ではこのアイテムが中心になっている）。

中国の〝人海戦術〟製材はいつまで続くか？

〈写真　補注-15〉

中国の製材工場を回って見ると、たしかに〝人

写真　補注-11　スギ丸太（4m）を2mに玉切り

写真　補注-12　シングル台車で原板を挽く

写真　補注-13　原板をギャングリッパーで板割

写真　補注-14　フェンス材の天然乾燥

海戦術〟製材が多い（**写真　補注－15**）。オサノコ（縦鋸）1丁で、あとは人手という製材工場が少なくない。

しかし中国も経済成長で人件費が上昇している。2012（H24）年頃は1人民元が12～13円だったが、筆者が上海浦東空港で両替したときは（2017〈H29〉年11月）18円であった。人件費は確実に上昇しており、上海周辺では3割アップというのが製材賃金の相場のようである。人件費上昇は即コスト増に繋がるので、生産性の高い製材システムが必要になる。そのためには新たな投資が求められる。競争に勝つためだ。その競争に勝つ新たな製材ビジネスが上海木材行业协会针叶材专业委员会の工場というわけだ。

中国の人件費の上昇は、日本の原木輸出にも影響を与えつつある。マクロ解説編第4章**表4－1**（153頁）をご覧いただきたい。志布志、八代、細島各港から、これまで見られなかったインドやベトナムへ原木が輸出されるようになった。もち

写真　補注－15　“人海戦術”による製材風景

ろんインドやベトナムで日本の丸太需要が増えていることも事実だが、人件費の上昇に伴って生産拠点が中国→ベトナム→インドへと移行しつつあることも充分に考えられる。やがてミャンマーやバングラデシュへ生産拠点が移るだろう。「環太平洋」の製材業は、このような変化を伴いながら展開している。

補注

ミクロ解説編
第8章
皆伐跡地の再造林をどうするか

森林盗伐について

現在、宮崎県では森林盗伐の話題で持ちきりだ。新聞、TVなど地元報道は連日のようにこれを取り上げている。当初は「誤伐・盗伐」であったが、現在では盗伐一色になり、悪質な伐採業者やブローカーに対して非難囂々《ごうごう》たる状況である。当然のことだ。森林盗伐は犯罪である。コソ泥や万引きとは違い、白昼堂々、他人の森林を侵すわけだから。国産材業界が〝上げ潮〟ムードで推移しているときだけに、これに水を差すような犯罪行為は断じて許されない。

ではなぜ森林盗伐が起きているのか。その要因としてマスコミや識者は次の諸点を指摘している。すなわち、①地籍調査が遅々として進まないため所有森林の境界が曖昧なこと。②立木・丸太価格の低迷によって森林所有者自身が森林経営に関心を失い、なかには早めに財産（所有森林）処分（売却）をしようと売り先を探しているケースが少なくないこと。③こうした森林所有者の〝弱み〟につけ込む形で悪質な伐採業者やブローカーが跳梁跋扈《ちょうりょうばっこ》していること。さらに林業技術や知識に乏しい新規参入の伐採業者が境界線の確認もせずに伐採を行っている、という指摘である。①②③すべて〝正解〟である。

しかし①②③だけで今起きている森林盗伐を十

全に説明できるだろうか。筆者には次の2つの疑問が拭いきれない。

第1は、なぜ森林盗伐が宮崎県に集中して起きているか、ということだ。もちろん宮崎県以外でも森林盗伐は散見されるが、ほとんどスギ丸太生産量日本一（既に4半世紀にわたって首座を占めている）の県に集中しているのはなぜか。悪質な伐採業者やブローカーは他県にもいるし、新規参入の伐採業者が増えているのは全国各地で見られる現象で宮崎県特有のものではない。にもかかわらず宮崎県に盗伐が集中しているのはなぜなのか？

第2は、森林盗伐がここ1～2年のうちに顕在化した、その理由である。所有森林の境界線が曖昧なことは明治初期の林野の官民有区分以来のことだ。森林所有者が森林経営に興味を失い始めたのは1990年代後半からだ（スギ丸太平均価格が1万5000円／m³を割り、皆伐跡地の再造林が難しくなってから）。ならばもっと前から森林盗伐が起きてもおかしくないはずだが、なぜここ1～2年の間に急に起きて世間を騒がせるようになったのか。2つの疑問とも、①②③では説明が難しい。

ところで意外に思うかもしれないが、歴史的に森林盗伐を最初に議論したのは『資本論』の著者マルクスである（「木材窃盗取締法に関する討論（『ライン新聞』1842年10月25日付）」、大内兵衛・細川嘉六監訳『マルクス＝エンゲルス全集』第1巻、1959〈S34〉年、大月書店）。

当時、ライン州では貧しい農民が周辺森林の枯れ枝を集めて薪に使い、生計の足しにしていた。これに対して森林所有者の声を代弁するライン州議会はこれを森林盗伐だと非難した。日本で1915（T4）年に起きた小繋事件と一脈通じている。若きマルクスは『ライン新聞』紙上で、この森林盗伐は農民の正当な入会権行使の結果起こったもので何ら非難されるべきものではないと論陣を張ったのである。したがって、この限りでは宮崎で起きている森林盗伐とライン州の森林盗伐とは性格を異にする。

しかしマルクスは、森林盗伐の背景に、当時のプロイセンが急速な工業化を遂げていた事実があることを見逃さなかった。工業化の進展に伴い、製鉄用の木炭需要が急増していたのだ。こうした木材需給逼迫のなかで森林盗伐が起きたのである。

宮崎の森林盗伐の背景にも同じような事情、すなわち丸太の需給逼迫がある。筆者はそう見ている。九州では、現在、大手国産材製材工場の規模拡大や合板メーカーの国産材利用の増大が続いている。この勢いはとどまるところを知らない。筆者が知っている限りでも、ここ2~3年のうちに次のような製材工場や合板工場の新設ラッシュが続くことが確実視されている。中国木材・日向工場の第2工場建設、松本木材（福岡）第2工場新設、高嶺木材（宮崎）の新工場建設、外山木材（宮崎）の志布志工場の新設、双日北海道与志本の九州進出、新栄合板工業（熊本）の大分工場新設などである。この他にも四国や中国筋の製材工場、合板工場が九州で丸太を買い付けていることは国産材業界では〝常識〟である。

筆者はこれらの工場新設ラッシュで、少なく見積もっても80万㎥、おそらく100万㎥程度のスギ丸太の需要が新たに発生すると見ている。スギ丸太80万㎥といえばほぼ大分県のスギ素材生産量に匹敵する。これだけの需要がここ2~3年のうちに確実に増えるのである。

ところが一方、山側に目を転じると、**図 補注-1**のように宮崎県を含む九州のスギ素材生産量はここ数年停滞気味で推移している。九州を後追いする東北と比較すれば一目瞭然だ。これを停滞と見るのか頭打ちと見るのか、はたまた次のステージ（後述のように〝伐境〟の奥地化に伴う伐採地の急峻化に対応した機械体系や増加するスギ大径材丸太の搬出方法など）に飛躍するための〝踊り場〟と見るのか議論が分かれそうだが、筆者は〝踊り場〟と位置づけたい。そしてこの〝踊り場〟で素材生産業者は苦悩しているのだ。そしてこの〝踊り場〟で森林盗伐が発生していることは注目して

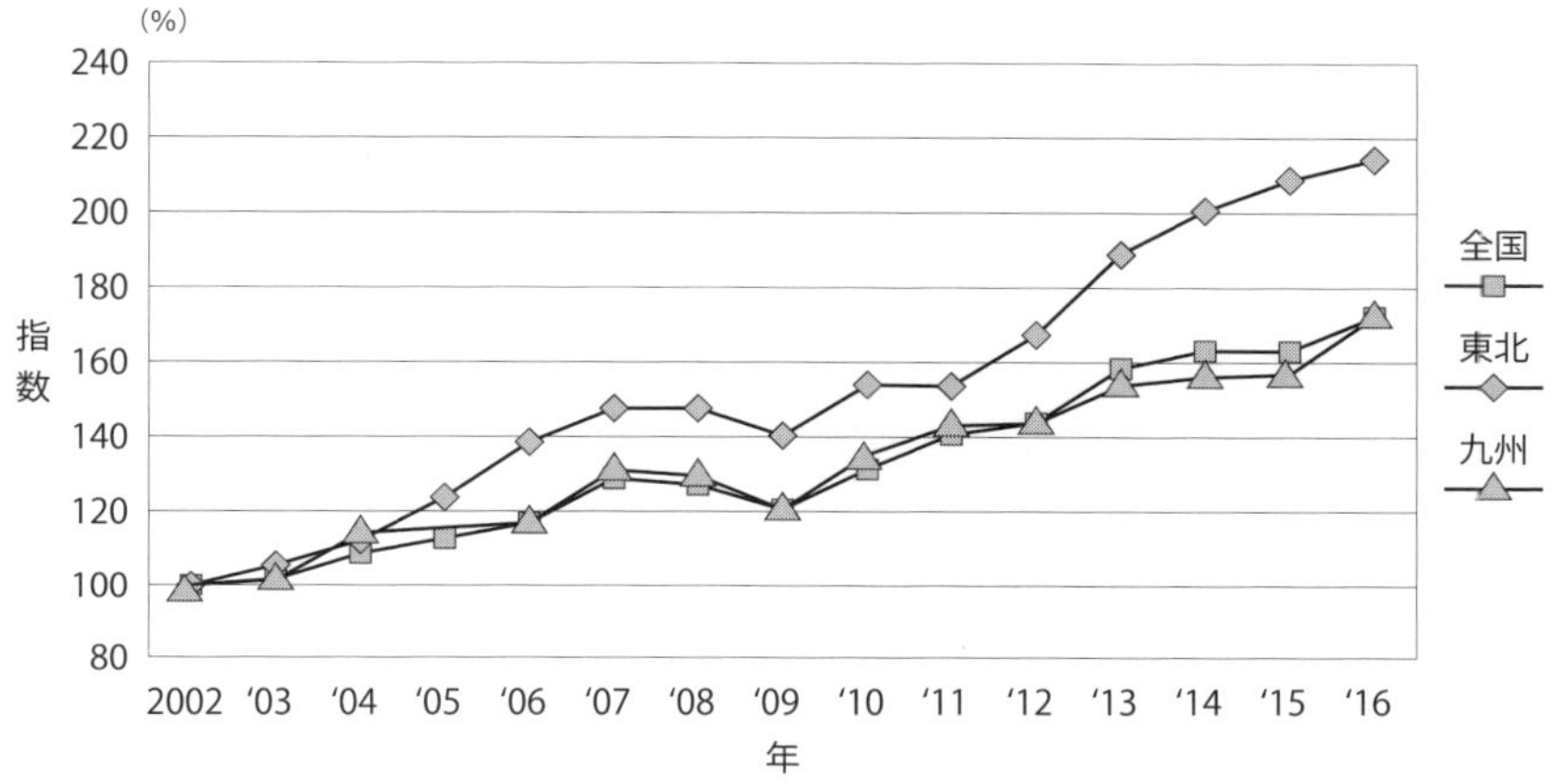

図　補注-1　地域別スギ素材生産量（指数）の推移
資料：農林水産省「木材需給報告書」
注：2002年＝100とした指数

いい。

つまり本書の議論のフレームワークである「川下の激変に川上はどう対応すべきか」に即していえば、川上が川下の激変に対応できていない、その〝ジレンマ〟（需要に見合った丸太を供給したいが、なかなかそれができない）が盗伐という極端な形で現れていると見るべきではないだろうか。

ではその〝ジレンマ〟とは具体的にどのようなものなのか？　それは素材生産業者と大手製材工場、合板工場とのスギ丸太取引きが協定取引の主流になっていることから派生したものだ。かつての素材生産業者といえば、自分の裁量で（換言すればカニが自分の甲羅に似せて穴を掘るように）立木を購入して伐採し、高く売れそうな原木市売市場へ委託販売するのが常だった。しかし、当時とは丸太の販売方法がガラリと変わっている。市売から協定取引への転換である。宮崎の大手国産材製材工場では7～8割が協定取引で丸太を仕入れている。協定取引は契約取引ではないから拘束力はない。それをいいことに協定を結びながらも、丸太価格をより高く買ってくれる工場へ売る素材生産業者もいることは事実だ。しかし、一時的に協定を破っても大目に見てもらうような時代ではなくなった。決まった量を定められた時期に納入するのが伐採ビジネスの基本として定着している。

しかし、その一方で〝伐境〟は年々奥地化している。伐採・搬出の生産性は確実に落ちているし、労働災害も増加している。丸太を製材工場へ運ぶトラック運賃も奥地化しているぶん嵩むことになる。しかし、約束した量の丸太は所定の期日までに納めなければ信用がた落ちだ。この〝ジレンマ〟のなかでどうしても伐採業者は〝無理〟をしてしまう。これが盗伐を生む遠因になっている。

したがって、現在、宮崎で起きている森林盗伐も、やがて他の地域にも波及していくことは容易に想像できる。今のうちに盗伐にストップをかけなければならない。ではどうしたら森林盗伐は防げるのか？　当面はミクロ解説編第８章で紹介した鹿児島県の「伐採・搬出・再造林に関するガイドライン」の輪を広げていくことだ。その際、重要なことは問題意識の高い伐採業者だけの、いわば仲間内の「ガイドライン」であってはならない。中小の伐採業者も積極的に取り込むことが不可欠だ。幸い鹿児島県の「ガイドライン」では〝消費者の声〟が反映される仕組みになっている。消費者から見捨てられた林業や国産材業界に明日はない。肝に銘じるべきである。

いずれにしても盗伐の〝犯人捜し〟に終始していたのでは「激変する国産材業界」の「先」は読み取れない。

なお宮崎県の「誤伐・盗伐」の詳細は「遠藤日雄のルポ＆対論『誤伐・盗伐』で揺れる宮崎県で〝対策〟を考える」（『林政ニュース』第５８４号、日本林業調査会、２０１８〈H30〉年）を参照されたい。

あとがき ―本書の総括を込めて―

本書は月刊誌『現代林業』（全国林業改良普及協会）に掲載された「『複合林産型』とシームレス産業化に向けての戦略研究」（２０１７〈H29〉年10月号）及び「日本型『複合林産型』ビジネスの手法分析」（２０１８（H30）年1月号）に加筆する形でとりまとめたものである。マクロ解説編第1章及び第2章以外はすべて書き下ろしである。

ありがたいことに『現代林業』掲載2つの論稿は各方面から注目していただいた。なかでも「未来投資会議構造改革徹底推進会合（地域経済・インフラ会合）」、「規制改革推進会議・農林業ワーキンググループ合同会合」、自由民主党「経済構造改革に関する特命委員会第1分科会」にゲストスピーカーとして招かれ異分野の方々と意見交換ができたことは貴重な経験であった。

これら会合で私見に対する意見として共通していたのは、国産材業界の「シームレス産業化」や「木材産業クラスター化」が川下を中心に進んでいることは認めるが、このなかに森林所有者をどのように組み込んでいくのか、その戦略や如何？というものであった。改めて本書の議論のフレームワークである「川下の激変に川上はどう対応すべきか」が、今後の国産材業界の「先」を読むうえで最大のテーマであることを痛感した次第である。それを念頭に置きながら本書でできるかぎり補筆したつもりである。

ところで「川下の国産材業界の激変に川上はどのような対応をすべきか」は筆者が一貫して堅持してきた問題意識でもある。例えば拙著『不況の合間に光が見えた—新しい国産材時代が来る—』（日本林業調査会、２０１０〈H22〉年）の「あとがき」で次のように述べている。「私の研究手法は、住宅・木材・建材市場から森林（特に人工林）を照射し、その問題点を浮き彫りにするというものです。ですから森林づくりの過程で出てきた丸太の利用は川下が考えろ、というプロダクトアウト方式の伝統的な林野行政とは正反対の位置にあります」。

ところがその「伝統的な林野行政」が「正反対」の方向へと大きな転換を図ったのである。この「転換」とはプロダクトアウトからマーケットインへの方向転換にほかならない。その象徴的な言説がマクロ解説編第2章で紹介した沖修司氏（当時次長、その後長官を歴任）の発言だ。すなわち「川下と川上を一体的に動かし、地域再生のなかに林業を位置づけて進めていこうというのが、今の林野庁の取り組みだ。林野庁の施策は川上からのアプローチが主だったが、木材の需要拡大がなければ川上にお金が返らないことになる。林家を元気にするためには、川下と連携した需要拡大が必要。そういう意味では戦後数十年とは正反対の取り組みをしている」。

旧来の「伝統的な林野行政」とは「正反対の取り組み」をするようになった、沖氏はそう断言している。これは正鵠《せいこく》を射た指摘である。ようやく林野庁も認識の対象を獲得した本来の森林・林業・木材産業政策を展開するようになったと、筆者自身は個々の施策はともかく政策基調としては共感できる面が少なくない。では林野行政の「正反対の取り組み」はいつ頃から始まったのだろうか。

戦後日本の西暦年数末尾に5のつく年はいずれも社会経済の転換期であった。1945（S20）年は敗戦の年だ。1955（S30）年は高度経済成長がスタートした年でもあり「55年体制」が誕生した年でもある。1995（H7）年は阪神・淡路大震災、オウム真理教地下鉄サリン事件が発生した年として未だに記憶に生々しい。他の末尾5の西暦年数も例外ではない。

これに倣《なら》えば、国産材業界では2005（H17）年が大きな転換期になったのではないか、筆者はそう考えている。この年は国産材業界だけでなく、9・11総選挙によって小泉自民党が圧勝し、既得権益打破の新政治体制に突入した年でもある。経済評論家の田中直毅氏はこのことをもって「55年体制」が終焉し、「2005年体制」の幕が開けたと位置づけている（田中直毅『二〇〇五年体制の誕生—新しい日本が始まる—』、日本経済新聞社、2005年）。

翻って国産材業界に目を転じてみよう。森林・林業基本法が制定されたのが2001（H13）年である。同法はそれまでの林業生産中心の政策から森林の多面的機能の持続的発展を図る政策、換言すれば木材産業よりも環境を優先させた政策への転換であった。「失われた10年」のなかで木材産業の未来像が描けなかったという苦しい事情もあったと思う。同法制定にはやむを得ない時代的制約があった。

しかし皮肉なことに、この頃から世界経済が同時好況局面に入り、地球規模で資源の需給バランスが崩れた。原油、銅、アルミニウム、鉄鉱石、原料炭などの資源価格が騰勢を強め、2005年頃には史上最高値をつけた。世界の針葉樹丸太価格も同様であったことは本書でも指摘したとおりだ（103頁）。

日本経済も長いデフレから脱却し、2003（H15）年のGDP実質成長率は6・4%と世界の先進工業国でも突出した数字を示すに至った。1990年代後半、減少の一途をたどった国産材素材生産量も2003年から増加に転じた。この頃から大手国産材製材工場の規模拡大や合板メーカーの国産材シフトが顕著になった。

先述のように、森林・林業基本法は環境優先の色彩を強くもっていた。同法制定と同時に策定された「森林・林業基本計画」で、京都議定書におけるCO_2吸収による温室効果ガス削減の目標達成に向け、森林吸収対策源として間伐を推進する方向が打ち出されたのは当然であった。この間伐材の有効利用策として出されたのが「国産材新流通・加工システム」（2004〈H16〉～2006〈H18〉年度実施）であった。2005年はちょうどその中間にあたる。

「新流通・加工システム」は、それまであまり利用されなかった間伐材（特にスギB材）を集成材や合板用に使うため、低コストかつ大ロットで丸太を供給できる体制を構築しようとしたもので、全国10ヵ所でモデル的な事業が実施された。これが成功裏に終わった。10勝0敗といっても過言ではない。これを契機に、合板や集成材を中心にスギB材が利用され始めた。注目すべきは合板業界でのスギB材利用の拡大であった。その利用量は2005年から急増し、それまで4000円／㎥程度にすぎなかったスギB材丸太価格が一挙に倍以上にアップしたのである。

そこで林野庁は柳の下に2匹目のドジョウを狙おうと、「新生産システム」〈2006〈H18〉～2010〈H22〉年〉を打ち出した。「新流通・加工システム」の勢いに乗じてA材需要の拡大を図ろうとしたのである。選定された全国11のモデル地域の成果はまだら模様であったが、大手国産材製材工場の規模拡大を後押ししたことは確かである。

この2つのプロジェクトこそが「伝統的な林野行政」を「正反対の」方向に転換する起爆剤になったことは間違いない。両プロジェクトに共通するコンセプトは「はじめに需要ありき」である。この需要に対して川上サイドは何ができるのか、その手法と手腕が問われた。「中間土場」「大ロット供給」「協定販売（直送）」はその1つの〝解〟であった。この〝解〟はさらに磨きがかけられ、本文でも言及したサプライチェーンマネジメントやロジスティクスの芽ばえとなって現在に至っている。これらの素地が整えば国産材業界へのICT導入にも弾みがつくはずだ。

沖氏の「木材の需要拡大がなければ川上にお金が返らない」という指摘はまさしくこのことをいっているのだ。2018（H30）年5月、国会で成立した森林経営管理法もこの文脈で出されるべくして出されたものである。間伐中心から皆伐への転換もまた然りだ。川下の需要が拡大しているのに対して、川上が皆伐で対応するためである。その限りでは2005年以降の林野行政にブレはない。

以上のように、筆者は2005年を国産材業界の転換を示す象徴的な年と位置づけている。それを田中直毅氏にあやかって国産材業界の「2005年体制」の幕開けと言い切れる自信は今のところないが、その輪郭が整いつつあることだけは間違いなさそうだ。そのことは本書で縷々《るる》述べたとおりである。

その内容を一言でいえば、「まえがき」で述べたように国産材業界はいい線を行っているということになる。ただ気になるのは、この動きを「林業バブル」と捉える向きがあることだ。筆者はこの「林業バブル」には違和感をもっている。けっしてバブルではない。というのも本書で明らかにしたように、川下の製材業規模拡大や合板メーカーの国産材シフトといったきちんとした「モノづくり」に支えられているからである。それを「林業バブル」と錯覚するのは、川下で生じた利益の適正な配分が森林所有者まで行き渡らず、一部の箇所（事業体）で滞留しているからだ。本書で国産材業界の「シームレス産業化」の必要性を訴えたのもそのためである。

むしろ心配なのは世界的なバブル経済である。世界のＧＤＰが75・3兆ドルであるのに対し、通貨供給量は87・9兆ドル（いずれも２０１６〈H28〉年）だ。リーマンショック以降、通貨供給量がＧＤＰを上回り世界経済がバブル状態にある。もしこれが弾けた場合、いい線を行っている国産材業界に大きな打撃を与えることは必至である。

本書は激変する国産材業界が今後どうなっていくのか、その「先」を筆者なりに読んだものである。内容は本文のとおりであるが、読者のためにその「先」読みの「手の内」を披露しておくのも悪くはないと思う。本書を読む際の一助となれば幸いである。

「先」読みは２つの軸で構成されている。第１の軸はマーシャルである。マーシャルの「産業集積」論は大学院生時代に勉強した。指導教官だった黒田迪夫教授（故人）から手ほどきを受けたものだ。黒田教授はマーシャル贔屓《びいき》で、当時、既に馬場啓之助の日本語訳『経済学原理』全４冊が東洋経済新報社から出版されていたが、訳本は見ないで８７０頁に及ぶ分厚い原著『PRINCIPLES OF ECONOMICS』のなかの第10章「INDUSTRIAL ORGANIZATION, CONTINUED. THE CONCENTRATION OF SPECIALIZED INDUSTRIES IN PARTICULAR LOCALITIES」（「産業上の組織続論、特定地域への特定産業の集積」）を私が訳出し、その推敲を兼ねて産業集積論を講義してもらうというマンツーマンのゼミであった。

当時、筆者は大分県日田産地を研究のフィールドとしていたが、この産地構造を説明するのにマーシャルの「産業集積」論がじつによく当てはまるのであった。

しかしマーシャルの「産業集積」論はその後ずっと行李《こうり》のなかにしまい込んだままだった。当時の林業経済学研究ではマルクス経済学が優勢だったからである。

行李のなかからマーシャルを取り出したのは、林野庁のプロジェクト「新生産システム」（２００６年度から5年間実施）で大分圏域（日田地域が中心）の調査研究に関わってからである。このなかで日田産地＝マーシャルの「産業集積」の枠組みが崩れ始めているのではないかとの思いが日増しに強くなっていった。と同時に、東北や北関東を調査しているうちに、マーシャルでは激変する国産材業界の「先」を読み込めないのではという思いが日に日に強くなっていった。

そこでマイケル・E・ポーターの提唱したクラスター論が本書の第２の軸をなすわけだが、しかし筆者はマーシャルからひとっ飛びにポーターのクラスター論に接したわけではない。

まずノーベル賞経済学者ポール・クルーグマンの『脱「国境」の経済学―産業立地と貿易の新理論』（日本語訳1994〈H6〉年）を勉強した。クルーグマンはこのなかで、産業の地域集中化を最初に議論したのはマーシャルであって、その意義は大きく、現代経済学で無視されているのはおかしいと指摘して、マーシャルを批判的に検討しながらクルーグマン自身の産業立地論を提示している。

次いでアナリー・サクセニアンの『現代の二都物語』（日本語訳1995〈H7〉年）を読んだ。この書は「なぜシリコン・バレーは復活し、ボストン・ルート128は沈んだのか」を問題にして彼女自身の地域産業システム論を組み立てている。それによれば、ここ半世紀のハイテク産業集積地域を見ると、オープン性や水平分業型のネットワーク効果を活かしながら展開しているのが特徴と指摘している。本書の「志布志モデルⅠ・Ⅱ」を考えるうえでおおいに役立った。

ただ、クルーグマンにしろサクセニアンにしろ、そこではクラスターという概念の提示は見られない。そこにはマーシャルを批判的に摂取して新たな産業立地論や産業システム論が展開されているだけである。ではその「先」をどう読んだらいいのか、考えあぐねていたところ、ある研究会で島根大学の伊藤勝久教授から産業クラスターのヒントをもらい、ピンとくるものがあった。ピンときたというのは、既にポーターの『競争戦略論Ⅰ・Ⅱ』にざっと目を通し、産業クラスターの概要は覚えていたからである。伊藤教授は、これを私の頭のなかから引き出してくれたのだ。伊藤教授には感謝の気持ちでいっぱいである。

また2つ年上の先輩で畏友の餅田治之筑波大学名誉教授には、北海道、東北、北関東、九州の国産材業調査の過程で、同じように議論にのっていただき、さまざまのご教示を賜った。本書のそこかしこにその成果が活かされている。この場を拝借してお礼を申し述べたい。

いずれにしても若いときの勉強は役に立つし、その勉強の成果を1つのテーマに沿って整序するためには多くの方々との議論が欠かせない。そのことを本書執筆で改めて痛感した次第である。読者の皆様から忌憚のないご意見を賜れば幸いである。

本書刊行にあたっては編集制作部の本永剛士部長、『現代林業』編集部の皆様にたいへんお世話になった。白石善也編集長には節目、節目で適切なアドバイスをいただき、迷走しがちな筆を修正していただいた。岩渕光則氏には折に触れ、励ましのお言葉を頂戴した。吉田憲恵氏には煩雑な原稿整理と校正作業で多大なご協力をいただいたうえ、索引までつけていただいた。ここに記して心からお礼を申し上げたい。

最後に私事で恐縮であるが、筆者はこの7月で69歳になった。来年は古稀を迎えることになる。そろそろ写経でもしながら静かに「お迎え」を待つ年齢に達したわけだが、最近しきりともう少し生きてみたいという気持ちが抑えきれない。ほかでもない、「激変する国産材業界」の「先」をこの目で確かめたいからだ。そんなわけで年甲斐もなくヴァレリーの詩句「風立ちぬ。いざ生きめやも」を口ずさんでいる昨今である。

2018(H30)年初秋

遠藤日雄

参考・引用文献

全体を通して

『日刊木材新聞』（日刊木材新聞社）
『木材建材ウイクリー』（日刊木材新聞社）
『林政ニュース』（日本林業調査会）
ウィキペディアフリー百科事典（非営利団体ウィキメディア財団）
『ナイスビジネスレポート』（ナイス経済研究センター）

マクロ解説編　「複合林産型」ビジネスの創造

第1章「複合林産型」ビジネス創出に向けて

A・マーシャル、馬場啓之助訳『経済学原理Ⅱ』（原題はPRINCIPLES OF ECONOMICS）、東洋経済新報社、１９６６（Ｓ41）年
『昭和51年度　図説林業白書』、１９７７（Ｓ52）年、農林統計協会
P・クルーグマン、北村行伸他訳『脱「国境」の経済学』（原題はGEOGRAPHY AND TRADE）、東洋経済新報社、１９９４（Ｈ６）年
アナリー・サクセニアン、大前研一訳『現代の二都物語』（原題はREGIONAL ADVANTAGE）、講談社、１９９５（Ｈ７）年
マイケル・E・ポーター、竹内弘高訳『競争戦略論Ⅰ』（原題はON COMPETITION）、ダイヤモンド社、

１９９９〈Ｈ11〉年
マイケル・Ｅ・ポーター、竹内弘高訳『競争戦略論Ⅱ』（原題はON COMPETITION）、ダイヤモンド社、１９９９〈Ｈ11〉年
宮嵜晃臣「産業集積論からクラスター論への歴史的脈絡」（『専修大学都市政策研究センター論文集』第1号、専修大学、２００５〈Ｈ17〉年）
岩下伸朗「マーシャルにおける『産業組織』と地域」（秋田清・中村守編『環境としての地域―コミュニティ再生への視点』、晃洋書房、２００５〈Ｈ17〉年）
細谷祐二「集積とイノベーションの経済分析―実証分析のサーベイとそのクラスター政策への含意―」（前編）（『産業立地』２００９〈Ｈ21〉年7月号、〈一財〉日本立地センター）
「遠藤日雄の『ルポ＆対論』：王子グループの木質バイオマス発電戦略上・下』」（『林政ニュース』４６４～４６５号、２０１３〈Ｈ25〉年）。
笹野尚『産業クラスターと活動体』、２０１４〈Ｈ26〉年、エネルギーフォーラム
「突撃レポート・内陸から輸出！北上プライウッド『結の合板工場』」（『林政ニュース』５０８号、日本林業調査会、２０１５〈Ｈ27〉年）
「遠藤日雄のルポ＆対論：高品質のムク製材品で需要を掴む金子製材」（『林政ニュース』№５４２、２０１６〈Ｈ28〉年）
「遠藤日雄の『ルポ＆対論』：小規模熱電併給で〝自立〟する『那珂川モデル』」（『林政ニュース』５５４号、２０１７〈Ｈ29〉年）
堀川保幸『木と共に生きて―変化に対応して65年―』、日刊木材新聞社、２０１７〈Ｈ29〉年

遠藤日雄「『複合林産型』とシームレス産業化に向けての戦略研究」(『現代林業』2017〈H29〉年10月号、全国林業改良普及協会)

第2章「複合林産型」ビジネス形成の条件

遠藤日雄『スギの行くべき道』(林業改良普及双書№141)、2002(H14)年、全国林業改良普及協会
堺正紘編著『森林資源管理の社会化』、2003(H15)年、九州大学出版会
林業経営の将来を考える研究会編『森林経営の新たな展開』、2010(H22)年、大日本山林会
遠藤日雄「木材から住宅までの一貫生産で森林を再生する」(『農業と経済』2011〈H23〉年4月号、昭和堂)
遠藤日雄「『川上』・『川下』の視点から見た戦後の森林・林業政策」(『森林・林業再生プランで林業はこう変わる!』〈林業改良普及双書№169〉、2012〈H24〉年、全国林業改良普及協会)
中村達也『ガルブレイスを読む』(岩波現代文庫)、2012(H24)年、岩波書店
田中彰『戦後日本の資源ビジネス―原料調達システムと総合商社の比較経営史―』、2012(H24)年、名古屋大学出版会
伊東光晴『ガルブレイス―アメリカ資本主義との格闘―』(岩波新書)、2016(H28)年
遠藤日雄「日本型『複合林産』ビジネスの手法分析」(『現代林業』2018〈H30〉年1月号、全国林業改良普及協会)
「遠藤日雄の『ルポ&対論』:スギ2×4部材を輸出(上)」(『林政ニュース』第566号、2017〈H29〉年、日本林業調査会)

「遠藤日雄の『ルポ&対論』：スギ２×４部材を輸出（下）」（『林政ニュース』第５６７号、２０１７〈Ｈ29〉年、日本林業調査会）

第3章「複合林産型」ビジネスへ至る道筋

牛丸幸也・西村勝美・遠藤日雄編著『転換期のスギ材問題―住宅マーケットの変化に国産材はどう対応すべきか』、１９９６（Ｈ８）年、日本林業調査会
遠藤日雄「産地形成の変遷過程とスギ材産地形成の課題―プラザ合意以降の構造材市場競争の視点から―」（『国産材産地形成のありかた』〈農林水産叢書№31〉、１９９９〈Ｈ11〉年、農林水産奨励会）
遠藤日雄『木づかい新時代』、２００５（Ｈ17）年、日本林業調査会
田中直毅『２００５年体制の誕生―新しい日本が始まる』、２００５（Ｈ17）年、日本経済新聞社
遠藤日雄『不況の合間に光が見えた！―新しい国産材時代が来る―』、２０１０（Ｈ22）年、日本林業調査会
遠藤日雄「岐路に立つ日本の森林・林業―問われる素材の増産・仕分け・配給・需給調整」（『山林』№１５５４、２０１３〈Ｈ25〉年、大日本山林会）
遠藤日雄「近代化と日本の森林・林業・木材産業構造」（餅田治之・遠藤日雄編著『林業構造問題研究』、２０１５〈Ｈ27〉年、日本林業調査会）
遠藤日雄「国産材自給率50％時代への模索」（『木と合板』第33号、２０１６〈Ｈ28〉年、〈公財〉ＰＨＯＥＮＩＸ〈木材・合板博物館〉）

第4章　新たな国産材輸出ビジネスの胎動─丸太から製材品への可能性を探る─

柴田明夫・丸紅経済研究所編『資源を読む』（日経文庫）、2009〈H21〉年、日本経済新聞出版社
遠藤日雄「国産材丸太輸出が炙り出す『スギ大径材問題』・上」（『木材情報』2017〈H29〉年4月号、日本木材総合情報センター）
遠藤日雄「国産材丸太輸出が炙り出す『スギ大径材問題』・下」（『木材情報』2017〈H29〉年5月号、日本木材総合情報センター）
「遠藤日雄の『ルポ&対論』：スギフェンス材増産！上海の南通青墩进出口有限公司」（『林政ニュース』571号、2017〈H29〉年）
遠藤日雄「国産材輸出をリードする志布志港」（『港湾振興　PORT PROMOTION』第51回通常総会号、2017〈H29〉年、日本港湾振興団体連合会）
九州地区広域原木流通協議会・（一財）日本木材総合情報センター『九州における国産材輸出動向調査報告書』（2017〈H29〉年）

ミクロ解説編　国産材業界の経営・技術革新

第5章　木材流通の経営・技術革新の事例

対談　遠藤日雄×酒井秀夫「『中間土場』とは何か─その機能と役割を探る」（『中間土場の役割と機能』〈林業改良普及双書№180〉、2015〈H27〉年、全国林業改良普及協会）
「『三方よし』の木材ビジネスで飛躍する東信木材センター協同組合連合会」（『木材情報』2016〈H28〉年7月号、日本木材総合情報センター）
遠藤日雄「国産材素材需要の大ロット化・広域化に対応した素材生産・流通組織再編の現状と課題」（『木

材情報』２０１６〈H28〉年12月号、日本木材総合情報センター）

第6章　「A材問題」打開に向けた経営・技術革新

「遠藤日雄の『ルポ&対論』：ログハウスの進化形で福島復興・芳賀沼製作所」（『林政ニュース』第５５０号、２０１７〈H29〉年、日本林業調査会）

「遠藤日雄の『ルポ&対論』：『BP材』でA材の需要を広げる工芸社・ハヤタ」（『林政ニュース』第５６２号、２０１７〈H29〉年、日本林業調査会）

「遠藤日雄の『ルポ&対論』：熊本復興で再評価される『木』と『家』が示す進路・下」『林政ニュース』第５７３号、２０１８〈H30〉年、日本林業調査会）

第7章　「スギ大径材問題」とその打開策

遠藤日雄「経営面からみた長伐期施業の可能性」（全林協編『長伐期林を解き明かす』〈林業改良普及双書№１５３〉、２００６〈H18〉年、全国林業改良普及協会）

伊地知美智子・遠藤日雄「スギ大径材の有効利活用に関する研究」（『鹿児島大学農学部演習林研究報告』第37号、２０１０〈H22〉年、鹿児島大学農学部附属演習林）

遠藤日雄「大径材問題のカギ─その実態・課題・対策」（遠藤日雄他共著『スギ大径材利用の課題と新たな技術開発』〈林業改良普及双書№１７９〉、２０１５〈H27〉年、全国林業改良普及協会）

遠藤日雄「『スギ大径材問題』とは何か?その対応策を考える─製材品販路拡大の視点から」（『森林技術』№９０１、２０１７〈H29〉年、日本森林技術協会）

九州地区広域原木流通協議会『スギ大径材問題分科会報告書』（２０１８〈H30〉年）

遠藤日雄「『スギ大径材問題』とその打開に向けて」（『山林』1610、2018〈H30〉年、大日本山林会）

第8章　皆伐跡地の再造林をどうするか

「遠藤日雄の『ルポ&対論』：コウヨウザンでエナジープランテーション造成」」（『林政ニュース』第522号、2015〈H27〉年、日本林業調査会）
「遠藤日雄の『ルポ&対論』：再造林を推進（上）当麻町森組の『預り金』制度」（『林政ニュース』第540号、2016〈H28〉年、日本林業調査会）
「遠藤日雄の『ルポ&対論』：再造林を推進（下）『持出しゼロ』の曽於地区森組」（『林政ニュース』第541号、2016〈H28〉年、日本林業調査会）
「遠藤日雄の『ルポ&対論』：鹿児島発の『再造林ガイドライン』を全国へ（上）」（『林政ニュース』第555号、2017〈H29〉年、日本林業調査会）
「遠藤日雄の『ルポ&対論』：鹿児島発の『再造林ガイドライン』を全国へ（下）」（『林政ニュース』第556号、2017〈H29〉年、日本林業調査会）

補　注

K・マルクス「木材窃盗取締法に関する討論」（大内兵衛・細川嘉六監訳『マルクス＝エンゲルス全集』第1巻、1959〈S34〉年、大月書店）
『日刊木材新聞の読み方』、2003（H15）年、日刊木材新聞社

索引

さ〜そ

た〜と

な～の

は〜ほ

ま〜も

著者プロフィール

遠藤日雄
えんどう くさお

1949（S24）年生まれ。

九州大学大学院農学研究科博士課程修了。農学博士（九州大学）。専門は森林政策学。

農林水産省森林総合研究所東北支所・経営研究室長、同森林総合研究所（筑波研究学園都市）経営組織研究室長、（独）森林総合研究所・林業経営／政策研究領域チーム長、鹿児島大学農学部教授、附属演習林長を経て、現在に至る。

2005（H17）年、林業経済学会賞受賞。国土交通省国土審議会専門委員、南日本新聞社客員論説委員、林業経済学会評議員、日本森林学会評議員、（財）林政総合調査研究所理事、東京大学大学院非常勤講師、奈良県森林審議会委員、大分県森林審議会委員なども歴任。

現在は、ＮＰＯ法人活木活木（いきいき）森ネットワーク理事長、高知県立林業大学校特別教授（森林・林業政策概論担当）、（一財）林業経済研究所フェロー研究員、（一社）日本木材輸出振興協会理事、全国森林組合連合会間伐材マーク運営・認定委員会委員（座長）、国産材の安定供給体制の構築に向けた中央需給情報連絡協議会委員（座長）、国産材の安定供給体制の構築に向けた九州地区需給情報連絡協議会委員（座長）、九州森林管理局国有林材供給調整検討委員会委員（座長）などを務めている。

主な著書に、『林業改良普及双書No.141　スギの行くべき道』（全国林業改良普及協会）、『丸太価格の暴落はなぜ起こるか－原因とメカニズム、その対策－』（全国林業改良普及協会）、『山を豊かにする木材の売り方　全国実践例』編著（全国林業改良普及協会）、『木づかい新時代』（日本林業調査会）など多数。

メールアドレス：kusakura@kde.biglobe.ne.jp

装幀・デザイン　株式会社クリエイティブ・コンセプト

「複合林産型」で創る国産材ビジネスの新潮流
川上・川下の新たな連携システムとは

2018年9月20日　初版発行

著　者　遠藤 日雄
発行者　中山　聡
発行所　全国林業改良普及協会
〒107-0052　東京都港区赤坂1-9-13　三会堂ビル
電話　03-3583-8461（販売担当）
03-3583-8659（編集担当）
FAX　03-3583-8465
ご注文FAX　03-3584-9126
webサイト　http://www.ringyou.or.jp/

印刷・製本所　松尾印刷株式会社

Printed in Japan　ISBN978-4-88138-364-3

ロープ高所作業（樹上作業）特別教育テキスト

アーボリスト®トレーニング研究所　著

定価：本体2,800円＋税

ISBN978-4-88138-350-6

A4判　120頁　カラー

特別教育を必要とする業務「ロープ高所作業（樹上作業）者」のための必携テキスト！

業務で使う林業QGIS
徹底使いこなしガイド

喜多耕一　著

定価：本体5,400円＋税

ISBN978-4-88138-348-3

A4判　552頁　カラー

徹底した網羅的解説の決定版。フリーソフトだから、全員で使えてデータ共有！

「読む」植物図鑑
樹木・野草から森の生活文化まで　Vol.3

川尻秀樹　著

定価：本体2,000円＋税

ISBN978-4-88138-338-4

四六判　300頁

森林インストラクター川尻秀樹が野山で出会った世界。好奇心と知の探求。第三弾。

「読む」植物図鑑
樹木・野草から森の生活文化まで　Vol.4

川尻秀樹　著

定価：本体2,000円＋税

ISBN978-4-88138-339-1

四六判　348頁

森林インストラクター川尻秀樹が野山で出会った世界。
好奇心と知の探求。第四弾。

木材とお宝植物で収入を上げる
高齢里山林の林業経営術

津布久 隆　著

定価：本体2,300円＋税

ISBN978-4-88138-343-8

B5判　160頁　カラー

その里山林には、価値ある商品が眠っています！

林業改良普及双書No.187
感動経営
林業版「人を幸せにする会社」
―長寿企業に学ぶ持続の法則

全国林業改良普及協会　編

定価：本体1,100円＋税

ISBN978-4-88138-354-4

新書判　184頁

長寿企業が教える持続の法則とは。持続こそ林業の大目標。

林業改良普及双書No.188
そこが聞きたい
山林の相続・登記相談室

鈴木慎太郎　著

定価：本体1,100円＋税

ISBN978-4-88138-355-1

新書判　232頁

相続や譲渡で悩んだら、この１冊。

林業改良普及双書No.189
続・椎野先生の「林業ロジスティクスゼミ」
IT時代のサプライチェーン・マネジメント改革

椎野 潤　著

定価：本体1,100円＋税

ISBN978-4-88138-356-8

新書判　224頁

サプライチェーン・マネジメントで進化する企業の手法がここに。